普通高等学校
电类规划教材

电工电子
实验技术

下册 | 第2版

肖建 ◎ 总主编

张瑛 孙科学 朱震华 唐珂 ◎ 编著

刘陈 ◎ 主审

人民邮电出版社

北　京

图书在版编目（CIP）数据

电工电子实验技术. 下册 / 张瑛等编著. -- 2版
. -- 北京 ： 人民邮电出版社，2022.1（2023.12重印）
普通高等学校电类规划教材
ISBN 978-7-115-55847-3

Ⅰ. ①电… Ⅱ. ①张… Ⅲ. ①电工技术－实验－高等
学校－教材②电子技术－实验－高等学校－教材 Ⅳ.
①TM-33②TN-33

中国版本图书馆CIP数据核字(2020)第268270号

内 容 提 要

本套教材分为《电工电子实验技术（上册）（第 2 版）》和《电工电子实验技术（下册）（第 2 版）》，上册为电路和模拟电路部分，下册为信号和数字电路部分。

本书主要内容包括电工电子实验基础知识、信号与系统实验、数字电路实验基础知识、数字逻辑电路基础实验、基于 Verilog HDL 的数字电路设计、可编程器件及其应用、可编程器件实验、数模转换器和模数转换器、数字系统设计等。本书在每个实验前都详细介绍相关实验的工作原理，列举各种设计思路和方法，以及器件的各种不同用法，有助于开拓思路，培养创新意识。

本书可作为通信工程、信息工程、电子科学与技术、自动化、微电子等专业的教材，也可以作为电子电路爱好者的自学参考书。

◆ 编　著　张　瑛　孙科学　朱震华　唐　珂

　　主　审　刘　陈

　　责任编辑　李　召

　　责任印制　王　郁　马振武

◆ 人民邮电出版社出版发行　　北京市丰台区成寿寺路 11 号

　　邮编　100164　电子邮件　315@ptpress.com.cn

　　网址　https://www.ptpress.com.cn

　　三河市君旺印务有限公司印刷

◆ 开本：787×1092　1/16

　　印张：15　　　　　　　　　　2022 年 1 月第 2 版

　　字数：395 千字　　　　　　　2023 年 12 月河北第 5 次印刷

定价：59.80 元

读者服务热线：(010)81055256　印装质量热线：(010)81055316
反盗版热线：(010)81055315
广告经营许可证：京东市监广登字 20170147 号

前　言

自本书第 1 版出版至今，电子行业的变化是翻天覆地的，新型的仪表、器件、软件层出不穷。虽然本书第 1 版得到了大家的一致好评，在通信工程、电子科学与技术等多个专业的本科专业基础实践与创新教育中发挥了重要作用，但是为了紧跟电子技术发展步伐，提高人才培养质量，需要对其做一些更新和调整，尤其是将数字电路器件更新为可编程器件，使本书内容更具有实用性和先进性。

本书具有以下特色。

（1）打牢基础，培养能力。

数字电路的经典内容和基本理论是数字电路设计的基础，适当增加基础实验，符合学生的认知规律，有助于巩固学生的专业理论知识，培养学生迎接千变万化的信息时代挑战的能力。

（2）内容新颖，与时俱进。

电子技术日新月异，教科书必须紧跟时代的前进步伐，尽可能快地反映数字技术和设计方面的最新成果。可编程器件、FPGA 作为数字系统设计的主流器件，已经大量应用于数字电路与数字系统中。本书通过设计实例，详细介绍了 FPGA 数字系统项目的开发步骤、设计思路和相关技巧，实例涉及数字系统、通信信号处理和 FPGA 三大热门领域，调试全部通过，易学易懂。本书还介绍了计算机仿真软件 Multisim 14 的使用方法，使课堂教学更加生动，把实验室搬到了教室、宿舍。

（3）详略得当，方便自学。

无论是在分立元器件和可编程逻辑器件方面，还是在数字系统设计方面，本书内容都非常广泛，且有一定的深度和难度。"电工电子实验"这门课系统性较强，内容较多，教学计划中实验课时较少，尤其数字系统设计是一大难点，所以以本书强调数字系统"自顶向下"的设计方法，并配合具体的题目给出了详细的设计过程和实现方法，帮助学生高质量地在课前预习，完成电路系统的设计，提高实验课堂效率。

电工电子实验的目的不仅是巩固和加深对相应理论的理解，也是学习实验本身涉及的理论和技术。在"电工电子实验"课的教学过程中，我们不仅要求学生在实验预习时对实验进行软件仿真，还设计了多个综合的大型实验，并通过 FPGA 来实现。本书是一本理论与实践相结合的综合性教材，基于我们多年实验教学与科研的经验，清晰地介绍了实验技术的基本理论和方法，并加入了部分科研成果，突出了实用性和先进性。

本书第 1 章、第 3 章、第 8 章、第 9 章由张瑛编写，第 2 章由唐珂编写，第 4 章、第 7.1 节由朱震华编写，第 5 章、第 6 章、第 7.2 节由孙科学编写。张瑛负责全书的统稿。本书的编写还得到了南京邮电大学电工电子实验中心张豫滇、李家虎等老师的关心和支持，在此表示衷心的感谢。

编者

2021 年 12 月于南京邮电大学

目 录

第 **1** 章　电工电子实验基础知识

1.1　电工电子实验的意义和目的

教育部"卓越工程师教育培养计划"(简称"卓越计划"),是贯彻落实《国家中长期教育改革和发展规划纲要(2010—2020 年)》和《国家中长期人才发展规划纲要(2010—2020 年)》的重大改革项目,也是促进我国由工程教育大国迈向工程教育强国的重大举措。该计划旨在培养造就一大批创新能力强、适应经济社会发展需要的高质量各类型工程技术人才。"卓越计划"着重提高学生的工程实践经验、工程实践能力和工程实践意识。

世界许多国家都十分重视实验教学,实验教学在综合能力和创新能力培养中,起着理论教学不可替代的特殊作用,在实验过程中,通过分析、验证电子器件的功能与原理,对电路进行分析、调试、故障排除和性能指标的测量,自行设计、制作各种功能的实际电路等,学生的各种技能得以提高,实际工作能力也得到了锻炼,同时,学生的创造性思维能力、观测能力、表达能力、动手能力、查阅文献资料的能力等也得到了提高。另外,实验教学可以消除或减轻学生对科学研究的幻想,使学生对科技事业的艰苦性和平凡性有一定的思想准备,走出校门后能较快地适应社会发展的要求。

1.2　实验的有关规定

在电工电子实验室进行实验时,应遵守以下规定。

(1)为确保人身安全,实验时必须穿绝缘性能良好的鞋子,测量 36V 以上的电压时,应先检查连线绝缘情况再做测量,测量时务必使用右手单手操作。

(2)按《电工电子实验操作规范》使用仪表和实验器材,自觉养成良好的操作习惯。爱护实验设施,如发现仪表和实验装置异常,应及时报告指导教师,不得自行处理,否则,由此造成的损坏应依照学校相关规定赔偿。

(3)实验前上交前次实验报告,出示预习报告。未按要求完成预习报告的不允许做实验,无故未按时上交的实验报告不予批改。

(4)实验应独立完成,自觉应用理论知识分析和解决实验中的问题,如实记录实验数据,不得生造数据或抄袭他人的报告,否则,按旷课处理。

(5)实验时必须按指定位置就座,不得擅自调换实验桌和实验设备,实验设备和器材编号应与实验桌号码匹配，否则，指导教师不认可实验结果。

（6）实验时应保持实验桌面整洁，除实验器材和书本外，其他物品不得放在桌面上。实验时不得吃东西，不得听录音，不得乱扔纸屑。

（7）不得在计算机上做与实验无关的事情，否则，取消本次实验资格。

（8）实验室开放时，应按照实验中心的安排或预约，在规定的时间和地点完成实验并刷卡考勤。

（9）实验完成后必须经指导教师验收、签字。离开实验室前必须按要求整理好仪表、连线、实验器材、工具和桌椅。

（10）自觉遵守实验考勤制度，未经教师同意不得自行调换实验时间和实验室。实验开始前和结束后应主动刷卡考勤。在规定的实验课时内迟到或早退15分钟均按旷课处理。实验课缺课累计达到总课时的三分之一时，无考试资格。

1.3　数字电路实验的流程与要求

1.3.1　实验前的准备

为避免盲目性，参加实验者应对实验内容进行预习：明确实验目的；了解相关器件的基本知识；掌握相关软件的使用方法；完成电路设计；对设计电路进行仿真；最后做出预习报告。

实验前，教师要检查预习情况，并对学生进行提问，预习不合格者不准进行实验。

1.3.2　电路图的绘制

电子电路制图中有工程原理图、元件连线图之分，如图 1-1 和图 1-2 所示。工程原理图不但要反映电路的功能和工作原理，还应反映所用元件及其相互之间的连接关系，所以，在绘制工程原理图时，既要画出元件的符号，又要标明各个端子的序号（即管脚号），同时，一般还要求标注元件的型号和参数。元件连线图则主要用于描述电路中各种元件管脚之间的连接关系，它不能描述电路的功能和工作原理，没有可读性。在实验或设计中主要使用的是工程原理图。在实验报告中绘制电路图时，如果电路简单，所需图幅较小，可不采用国标要求的图幅尺寸，但是，要求一幅电路图独占实验报告页面中的若干行，不可在与电路图平行的空白处填写实验报告中的其他内容，以免影响读图。

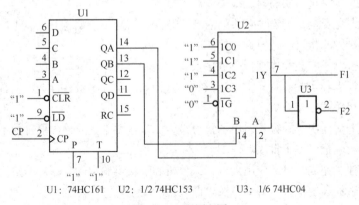

U1: 74HC161　　U2: 1/2 74HC153　　　U3: 1/6 74HC04

图 1-1　工程原理图

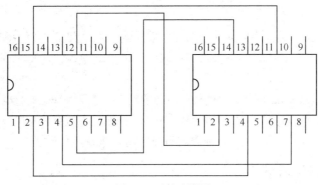

图 1-2 元件连线图

1.3.3 电路的装配

数字电路具有集成化程度高、输入和输出信号较多的特点,因此,数字电路的装配有如下一些特殊要求。

1. 布局要求

在实验阶段,为了调整方便,应尽量按照功能模块来安排器件位置,一个功能模块的所有器件集中在一处,同时,按信号的传输方向安排各个功能模块,一般按从左到右、从上到下的顺序排列。所有集成电路的标志缺口统一向左,这样便于查找器件的管脚。一些需要人工参与的控制电路,安排在实验箱的右下方,以方便操作。显示电路一般放在上方。

2. 布线

布线时应先将地线和电源线接好。地线一般采用冷色(如黑色或蓝色),电源线一般采用暖色(如红色或黄色)。为了避免遗漏,应按一定的信号类别接线。例如,先接所有的输入线再接输出线,先接所有的数据线再接控制线。相邻的同一类信号线有多条时(如 A、B、C、D 4 条数据线),要用不同的颜色,以便区分。

实验时需要更换器件,所以,导线不可从集成电路上跨过。

3. 集成电路的插拔

图 1-3 所示为部分集成电路的外观,将集成电路插入插座时,必须使缺口朝左且管脚与插座对准,在插座够用情况下集成电路的管脚数与插座管脚数一致。如果管脚出现歪斜,则应先将管脚用镊子校正,再插入插座。否则,将造成集成电路管脚与插座旁的管脚号标注不一致或遗漏管脚。起拔集成电路时,应该用起子或镊子从集成电路与插座之间插入,将集成电路轻轻地并保持平衡地撬出。否则,极易将集成电路的管脚弄弯或损坏。绝不可用手直接拔出或调整管脚。

图 1-3 集成电路的外观图

4. 引出测试点

除万用表外，避免测试仪表的连线直接与器件管脚连接，应该用导线将被测管脚信号引到实验箱的"外接仪表"接线柱上，测试仪表与接线柱连接。

5. 增加滤波电容

实验中有各种干扰信号，例如，直流稳压电源的输出特性不是理想的，电源内阻不为零，导线具有一定的电阻和电感，多条导线并列时导线之间存在电容。而数字信号以矩形波为主，含有较多的高频谐波频率成分，各种信号作用在电源内阻和导线上时将产生干扰。

1.3.4 电路的调试

电路调试的一般顺序如下。

1. 检查电源

先检查整体电路电源的输入电压值是否正确，观察直流稳压电源的纹波大小；电路被施加正确的电源电压后，观察电路中各器件有无异常情况，若发现器件有异常发热、冒烟等情况，应立即关断电源，检查集成电路方向有没有插反、电源正负极有没有接反等，故障排除后方可重新接上电源。

2. 检查集成电路的电源、使能端、控制端

通常集成电路背部（印有字符）的缺口朝左时，左下角为 1 脚、左上角为接电源的 V_{cc} 脚、右下角为接电源的 GND 脚。大多数电路工程原理图中不画出 V_{cc} 脚和 GND 脚，实际使用时，必须在左上角与右下角间接入 5V 直流电源，且不可接错极性。检查集成电路的地和电源时，最好直接对管脚进行测量。

正常工作情况下输入高电平 $5V>V_{IH}>2.5V$，输入低电平 $0V<V_{IL}<0.8V$。所有输入端应按逻辑要求接入电路，不要悬空处理，否则易受干扰，破坏逻辑功能。与门和与非门的多余输入端应接高电平或并联使用（当前级驱动能力较强）。或门和或非门的多余输入端应接低电平或接地。

集成电路的使能端和控制端也不能悬空，都应根据功能要求连接相应电平/管脚/信号。

3. 根据电路原理进行调测

（1）先用静态或单脉冲测试，以便观察和分析电路的工作状态。

静态测试就是用人工方法逐步改变输入变量，同时测试相应的输出。这种方法速度慢，一旦输入并保持，被测电路在测试过程中不发生变化，故称其为静态测试，如图 1-4 所示。这种测试方法适用于验证中、小规模集成电路的好坏和测试输出输入变量不多、状态不多的逻辑电路。按照电路的真值表或功能表依次改变输入逻辑电平信号并逐项核实输出状况即可完成静态测试。

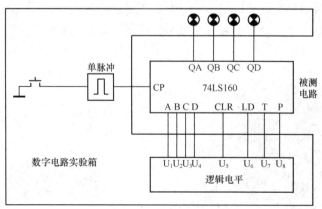

图 1-4 时序电路的静态测试

（2）再用连续脉冲动态测试。

动态测试用的输入信号是自动产生并且不断变化的逻辑电平信号，输出信号也是不断变化的逻辑电平信号，整个测试始终处于变动状态，故称这种测试方法为动态测试，如图1-5所示。

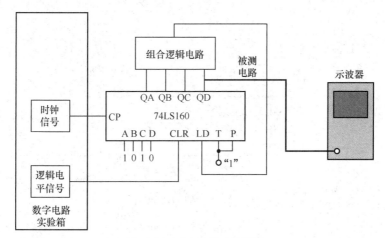

图1-5 时序电路的动态测试

有时，电路调试会采用静态与动态相结合的方法，即用静态方式给出某些输入的数据和控制信号（如置数、位移控制等），在给定的各种控制状态下进行动态测试。

在实验报告中，常常需要画出一些波形来反映电路调试结果。绘制波形图的要求如下。

① 绘制波形图时必须为绘制的所有波形命名。命名的方法有两种：一是直接采用波形所示信号的名称，如 U_i、U_0、Clk 等；二是根据波形所示信号位置命名，即"符号"加"："再加"管脚号"，例如，"D_1：12"表示在 D_1 所代表的器件的第 12 条管脚处测得的波形，"V_1：C"表示在 V_1 所代表的三极管的 C 极测得的波形。波形名称应标注在波形的左侧或纵坐标的箭头上方。

② 在实验中应根据实验目的和测试要求，合理地掌握记录被测信号的波形的详略程度。

在记录信号的电参数时，一般应完整记录信号的电压、幅度、频率、形状等，如果需要，还应记录信号波形的电位值。例如，在测试脉冲信号的电参数时，必须记录它的高电平值和低电平值。又如，在测试放大器的动态范围时，需要观测和记录信号的最高和最低的电位值，以便确定输出信号的失真是饱和失真、截止失真还是非线性失真。

在记录周期信号的波形时，一般应画出信号的两个完整的周期以反映信号的周期性。在记录两个或更多信号之间的相位关系时，应使几个信号的时间轴对齐。

③ 在测试数字信号时一般有两种情况：信号的电参数测试和信号的状态量测试。如果要测试的是信号的电参数，则绘制要求与上述要求相同；如果仅关心信号的状态量（即"0"或"1"），则将高低电平分别用"1"和"0"表示即可。

在分析、记录多个数字信号之间的分频、计数或相位关系（确切地说是时间关系）时，要注意以下几点。

● 最低频率的信号波形至少应画出一个周期，并标注一个完整的周期 T。

● 信号波形的起点应认真分析后再画出。示波器显示的波形的起点是由示波器的触发电路确定的，不一定是信号周期的起点，为了使波形能更清楚地反映测试结果，应合理选择所画波形的起点。

● 记录多个信号之间的相位关系时，应合理选择各个信号的排列顺序。例如，记录按 BCD

码输出的计数器的 4 个输出信号时，应将低权位的信号画在上面，最高权位的信号画在最下面。

图 1-6 所示为波形的实例图。

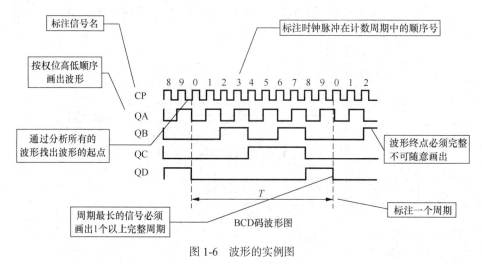

图 1-6　波形的实例图

1.3.5　实验报告

撰写实验报告是实验的一项基本要求，也是实验的重要技能之一。通过书写实验报告，可以汇总实验数据，总结整个实验过程，思考实验中出现的现象，深入理解相关理论知识。

电工电子实验报告格式如下。

1. 实验名称
2. 实验目的
3. 测试用仪表及型号
4. 实验任务
5. 设计过程
6. 设计电路图
7. 实验结果和波形图
8. 实验数据分析
9. 实验小结
10. 附录

第2章 信号与系统实验

2.1 周期信号的频谱分析

一、实验目的

1. 了解和掌握周期信号频谱分析的基本概念。
2. 掌握用软件进行频谱分析的基本方法。
3. 理解周期信号时域参数变化对其谐波分量的影响及变化趋势。

二、预习要求

1. 复习周期信号频谱分析的基本概念。
2. 准备好数据表格。

三、实验原理与提示

1. 实验原理

一个非正弦周期信号，运用傅里叶（Fourier）级数总可分解为直流分量与许多正弦分量之线性叠加。这些正弦分量的频率必定是基波频率的整数（n）倍，称为谐波分量。各谐波分量的振幅和相位不尽相同，取决于原周期信号的波形。周期信号的频谱分为幅度谱、相位谱和功率谱 3 种，分别是信号各频率分量的振幅、初相和功率按频率由低到高排列构成的谱线图。

周期信号 $f(t)$ 展开为三角形式的傅里叶级数时，有

$$f(t) = a_0 + \sum_{n=1}^{\infty} A_n \cos(n\omega_1 t + \phi_n)$$

$$A_n = \sqrt{a_n^2 + b_n^2}$$

$$\phi_n = \arctan\left(\frac{-b_n}{a_n}\right)$$

$$a_0 = \frac{1}{T} \int_{-\frac{T}{2}}^{\frac{T}{2}} f(t)\mathrm{d}t$$

$$a_n = \frac{2}{T} \int_{-\frac{T}{2}}^{\frac{T}{2}} f(t)\cos n\omega_1 t \mathrm{d}t \qquad (n = 1, 2, \cdots)$$

$$b_n = \frac{2}{T} \int_{-\frac{T}{2}}^{\frac{T}{2}} f(t)\sin n\omega_1 t \mathrm{d}t \qquad (n = 1, 2, \cdots)$$

通常讲的频谱一般是指幅度谱，一个正、负峰值均为 V 的矩形周期信号 $f(t)$ 展开为傅里叶级数时，其中：

$$a_0 = \frac{V(2\tau - T)}{T}$$

$$A_n = \frac{2V}{n\pi} \sin\left(\frac{n\omega_1 \tau}{2}\right) \qquad (n = 1, 2, \cdots)$$

式中，V 为矩形脉冲的峰值，τ 为矩形脉冲的脉宽，T 为矩形脉冲的周期，ω_1 为矩形脉冲的角频率。

运用仿真软件中的傅里叶分析可以非常方便、直观地得到周期信号的单边频谱图。

2．实验提示

（1）在 Multisim 软件的主窗口下选取示波器、信号发生器、电阻和地线符号，按图 2-1 所示的实验电路进行连接。

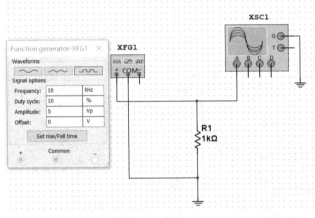

图 2-1　实验电路

（2）鼠标双击信号发生器，设置信号参数，如图 2-1 所示。

（3）关闭信号发生器参数设置窗口。鼠标双击示波器，出现示波器对话框，参照图 2-2 调整示波器的相关参数。单击运行开关，观察示波器显示的波形是否正确，若有错，找出原因并纠正。

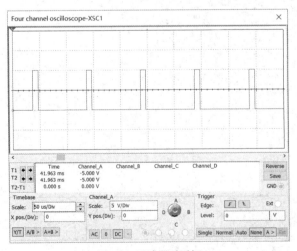

图 2-2　示波器对话框

（4）单击 "Options" / "Sheet Properties"，在弹出的对话框中设置网络名，如图 2-3 所示。

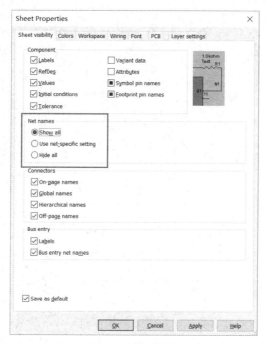

图 2-3　网络名设置

（5）单击 "Analyses and Simulation" / "Active Analysis" / "Fourier"，出现傅里叶分析参数设置对话框，参照图 2-4 设置相关参数。

图 2-4　傅里叶分析参数设置

（6）单击傅里叶分析参数设置对话框中的 "Run" 按钮，出现图 2-5 所示的傅里叶分析窗口。观察谱线图，并将相应的数据记录于表 2-1 中。

注意，表 2-1 中 0kHz 对应的列是直流分量（DC component），图 2-5 中 DC component 的数值为 4.00391，理论计算结果应为 $5 \times 0.1 + (-5) \times 0.9 = -4(V)$，这是 Multisim 14 的问题，必须在记录数据时更正。

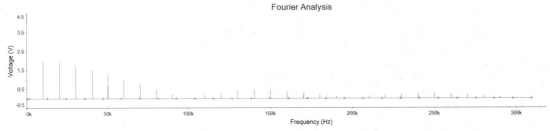

图 2-5 傅里叶分析窗口

（7）在信号发生器参数设置对话框中按照表 2-1 改变信号的波形占空比，并重复以上步骤。

四、实验内容

1. 根据表 2-1 给定的波形及参数测量直流分量和各谐波分量的幅度。
2. 根据测试数据绘制其中矩形波和正弦波的谱线图。
3. 理论计算直流分量并验证是否正确。

表 2-1 直流分量和各谐波分量的幅度

波形占空比	f/ kHz										
	0	10	20	30	40	50	60	70	80	90	100
矩形波 10%											
矩形波 30%											
矩形波 50%											
正弦波 50%											
三角波 50%											
三角波 70%											
三角波 90%											
$n=$	0	1	2	3	4	5	6	7	8	9	10

五、实验报告要求

1. 根据测试数据画出表 2-1 中矩形波和正弦波的谱线图。
2. 观察表 2-1 中的测试数据，留意其中为零的数据点，试分析原因并总结规律。

六、思考题

分析表 2-1 中的测试数据，回答以下问题。

1. 非正弦周期信号的谱线是_____的（连续、离散），其角频率间隔为_____，且只存在于_____的整数倍上。（设周期信号的周期为 T。）

2. 大多数非正弦周期信号的幅度谱包含_____条谱线，但其主要能量集中在谱线幅度包络线的第_____个零点以内，这段包络线称为主峰，其频率范围称为有效频带宽度。

3. 矩形周期信号的直流、基波和各谐波分量的幅值与矩形脉冲幅度成_____比。

4. 在有效频带宽度内，矩形周期信号谐波幅度按_____规律收敛，三角形周期信号谐波幅度按_____规律收敛。

5. 矩形周期信号的幅度和周期保持不变，随着占空比的增加（即脉宽加大），主峰高度_____，主峰宽度_____，各谱线间隔_____，主峰包含的谱线数量_____，有效频带宽度_____，主峰内高次谐波分量_____。

6. 理想的正弦波的幅度谱包含_____条谱线，证明其只有_____，而无_____分量，如果能测出谐波分量，说明该正弦波已有_____。

2.2 连续时间系统的模拟

一、实验目的

1. 学习如何根据给定的连续系统的传输函数，用基本运算单元组成模拟装置。
2. 掌握将 Multisim 软件用于系统模拟的基本方法。

二、预习要求

1. 复习系统传输函数的基本概念。
2. 掌握根据传输函数画出系统模拟框图的方法。
3. 分别求出图 2-14 和图 2-15 所示电路的传输函数 $H(s)$，并据此画出系统模拟框图。

三、实验原理与提示

1. 实验原理

求系统响应的问题，实际上就是解微分方程的问题。一些实际系统的微分方程可能是一高阶方程或一微分方程组。在电学中，系统的模拟就是用由基本运算单元电路组成的模拟装置来模拟实际系统。这些实际系统可以是电的或非电的物理量系统，也可以是经济、军事等非物理量系统。模拟装置可以与实际系统内容完全不同，但是两者的微分方程完全相同，输入/输出关系即传输函数也完全相同。模拟装置的激励和响应是电物理量，实际系统的激励和响应不一定是电物理量，但它们之间是一一对应的。所以，可以通过对模拟装置的研究来分析实际系统，最终达到在一定条件下确定最佳参数的目的。对于那些用数学手段较难处理的高阶系统来说，系统模拟更为有效。在 Multisim 软件中利用其控制器件库所提供的积分器、微分器、乘法器、除法器、比例模块等构成模拟电路，会使这种仿真过程变得更为简便。若已知实际系统的传输函数为

$$H(s) = \frac{Y(s)}{F(s)} = \frac{a_0 s^n + a_1 s^{n-1} + \cdots + a_n}{s^n + b_1 s^{n-1} + \cdots + b_n}$$

分子、分母同乘以 s^{-n}，得

$$H(s) = \frac{Y(s)}{F(s)} = \frac{a_0 + a_1 s^{-1} + \cdots + a_n s^{-n}}{1 + b_1 s^{-1} + \cdots + b_n s^{-n}} = \frac{P(s^{-1})}{Q(s^{-1})}$$

式中，$P(s^{-1})$ 和 $Q(s^{-1})$ 分别代表分子、分母的多项式。因为

$$Y(s) = P(s^{-1})\frac{1}{Q(s^{-1})}F(s)$$

令

$$X = \frac{1}{Q(s^{-1})}F(s)$$

则

$$F(s) = Q(s)X = X + b_1 s^{-1} X + \cdots + b_n s^{-n} X$$

$$X = F(s) - b_1 s^{-1} X - \cdots - b_n s^{-n} X$$

$$Y(s) = P(s^{-1})X = a_0 X + a_1 s^{-1} X + \cdots + a_n s^n X$$

根据式 $F(s) = Q(s)X = X + b_1 s^{-1} X + \cdots + b_n s^{-n} X$ 可以画出部分系统模拟框图，如图 2-6 所示。在该图的基础上考虑式 $Y(s) = P(s^{-1})X = a_0 X + a_1 s^{-1} X + \cdots + a_n s^n X$ 就可以画出完整的系统模拟框图，如图 2-7 所示。

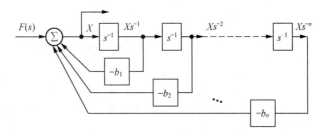

图 2-6　部分系统模拟框图

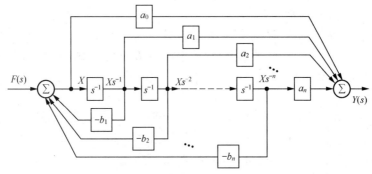

图 2-7　完整的系统模拟框图

2. 实验提示

为了说明测量方法，以图 2-8 所示电路为例，该电路的电压传输函数为

$$H(s) = \frac{V_2(s)}{V_1(s)}$$

$$= \frac{\dfrac{\dfrac{R}{sC}}{R + \dfrac{1}{sC}}}{R + \dfrac{1}{sC} + \dfrac{\dfrac{R}{sC}}{R + \dfrac{1}{sC}}} = \frac{\dfrac{1}{RC}\dfrac{1}{s}}{1 + \dfrac{3}{sCR} + \dfrac{1}{R^2 C^2}\dfrac{1}{s^2}}$$

代入数值（一定要用标准单位），得

$$H(s) = \frac{1000 \frac{1}{s}}{1 + 3000 \frac{1}{s} + 10^6 \frac{1}{s^2}}$$

在 Multisim 软件中直接测量图 2-8 所示的 RC 带通
电路的传输特性，测量电路如图 2-9 所示。

画出系统模拟框图，如图 2-10 所示。

在 Multisim 软件中用积分器、电压比例模块和三端电
压加法器搭建模拟系统，如图 2-11 所示。

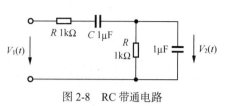

图 2-8　RC 带通电路

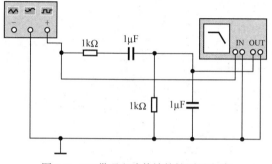

图 2-9　RC 带通电路传输特性测量电路

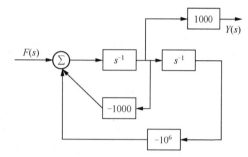

图 2-10　带通电路系统模拟框图

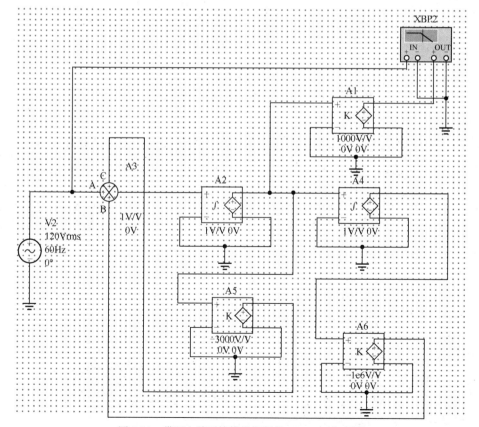

图 2-11　带通电路系统模拟框图的 Multisim 仿真图

单击运行开关，双击打开波特仪界面，分别观察模拟系统的幅频特性曲线和相频特性曲线，如图 2-12 和图 2-13 所示。

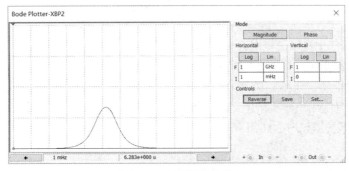

图 2-12　幅频特性曲线

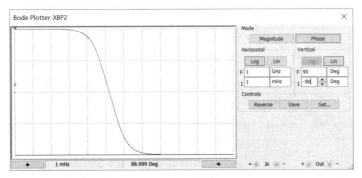

图 2-13　相频特性曲线

四、实验内容

1. 直接测量图 2-14 和图 2-15 所示电路的幅频特性、相频特性，并测出相应的数据。测点自定，但半功率点和谐振点必须在其中。

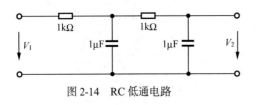

图 2-14　RC 低通电路

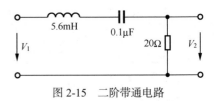

图 2-15　二阶带通电路

2. 根据预习时计算出的传输函数 $H(s)$ 分别搭建两个电路的系统模拟测试电路，分别测量幅频特性、相频特性，并按直接测量时所选的测点进行测量。

3. 分别比较两个电路直接测量出的传输特性数据与系统模拟测出的传输特性数据，若有差异（计算精度造成的差异除外），找出原因并予以纠正。

4. Multisim 软件中是否还有更简便的系统模拟（由传输函数得到输出结果）的方法？请试一试，并写出操作要点。

五、实验报告要求

1. 自己设计数据表格，记录实验内容 1 和实验内容 2 中的测量数据。

2. 根据测量结果画出频率特性曲线。

六、思考题

观察实验中两个电路的频率特性曲线，半功率点的电压比和相位差分别是多少？半功率点的相位差是否是 45° 或者-45°？如果不是，请说明原因。

2.3 波形的谐波分量测量

一、实验目的

1. 了解方波周期信号的频谱是由谐波分量组成的。
2. 了解三角波周期信号的频谱是由谐波分量组成的。
3. 进一步了解不同波形周期信号的单边频谱图。

二、预习要求

1. 了解 QP272AII 型选频电平表用于选频测量的操作步骤。
2. 复习周期信号频谱分析的基本概念（单边谱）。
3. 设计数据表格，计算各次谐波分量的理论电平（单边谱，有效值）。

三、实验原理与提示

1. 实验原理

一个非正弦周期信号总是可以分解为直流分量和许多正弦分量的线性叠加。这些分量的频率必定是基波 ω_1 的整数倍，称为谐波分量。各谐波分量的振幅和相位取决于原周期信号的波形。周期信号的频谱分为幅度谱、相位谱和功率谱 3 种，分别是信号各频率分量的振幅、初相和功率按频率由低到高排列构成的谱线图。通常讲的频谱为幅度谱，可用选频电平表（简称选频表）或波形分析仪逐个测得，也可用频谱仪直接显示。

（1）矩形脉冲周期信号的各次谐波分量的电压电平值为

$$B_n = 20\lg\left\{\left[\sqrt{2}V/(n\pi)\sin(n\pi\tau/T)\right]/0.7746\right\}(\text{dB})$$

（2）宽度为 2τ，峰峰值为 V 的三角波周期信号的各次谐波分量的电压电平值为

$$B_n = 20\lg\left\{\left[(\sqrt{2}V\tau/T)Sa^2(n\pi\tau/T)\right]/0.7746\right\}(\text{dB})$$

2. 实验提示

QP272AII 型选频电平表是一台能从一个周期电压信号中测出其次谐波分量的选频表，其读数为绝对电平，定义为

$$B = 20\lg(V/0.7746)(\text{dB})$$

式中，V 为被测电压的有效值（正弦交流）。但它不能测出周期信号中的直流分量。

选频表使用前应预热，并利用自身的校准信号进行频率和幅度校准。经校准后，它是一台具有较高精度的测量仪表，使用中一般以它的读数为标准值。

用选频表测量周期信号的谐波分量时有两种情况。

（1）测试前不知被测信号的有关参数，则以选频表测量值为准，测出各次谐波分量后可综合成被测信号。

（2）已知被测信号的频率、幅度、脉宽等参数的参考值，但不一定精确，则可利用选频表校准被测信号的参数。

由于目前所使用的信号源自带频率计，可认为其频率示值是准确的，因此只需对信号源电压幅度进行校准。其方法如下。

事先计算出某次谐波分量（一般取基波）的理论电平值，在频率和脉宽已经准确的基础上将选频表的实测值与之比较。若相同，说明被测信号的幅度符合要求；否则调整信号源输出幅度，使选频表读数与理论电平值相符。此时示波器屏幕上显示的信号幅度仅供参考，不作为测量幅度的依据。

测量各次谐波分量时，将选频表"频率调整"摇到被测频率上，还应微调内圈微调钮，使指针有最大偏转（注意转换适当挡位），然后读数。

利用选频表可测出图 2-16 和图 2-17 所示的周期信号的各次谐波分量（有效电平）。

四、实验内容

1. 用选频表测出下列 4 种周期信号从基波到 10 次谐波分量的单边谱有效电平（不考虑直流分量）。

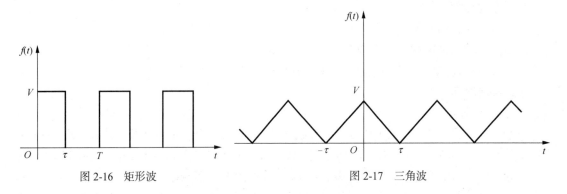

图 2-16　矩形波　　　　　　　　　图 2-17　三角波

（1）频率 10kHz、峰峰值 V_{pp}=2V、脉宽 $\tau = T/2$ 的对称方波（基波分量 1.3dB）。

（2）频率 10kHz、峰峰值 V_{pp}=2V、脉宽 $\tau = T/5$ 的矩形波（基波分量 −3.3dB）。

（3）频率 5kHz、峰峰值 V_{pp}=3V、$T = 200\mu s$、$\tau = 100\mu s$ 的三角波周期信号（基波分量 0.9dB）。

（4）频率 10kHz、峰峰值 V_{pp}=5V 的正弦波（基波分量 7.16dB）。

2. 把所测数据换算成电压值（V），画出 4 种周期信号的波形图及各次谐波分量电压有效值的单边频谱。

五、实验报告要求

1. 根据实验内容在坐标纸上画出相应的波形图和谱线图。

2. 将测量值和理论计算值做比较，若有较大误差，试说明其原因。

六、思考题

1. 说明理论计算与实测结果出现差异的原因。

2. 根据实验内容 1 和实验内容 2 分析脉宽的变化对频谱结构的影响。

2.4　线性系统的频率特性

一、实验目的

1. 用选频表测量线性系统输入、输出信号的幅度频谱。

2. 了解求系统幅频特性的过程。

3. 了解信号通过线性系统后波形的变化情况及其与该系统的频率特性的对应关系。

二、预习要求

1. 列出网络输入信号电平的计算公式。

2. 计算表 2-2 中的各理论值。

三、实验原理与提示

1. 实验原理

一个矩形脉冲周期信号可以分解为除直流分量外的许多正弦谐波成分。在它通过一个含有动态元件的线性网络后（见图 2-18），由于不同频率成分的衰减和相移不同，其输出 $V_2(t)$ 的波形将不同于输入 $V_1(t)$，变化规律取决于网络的结构及其参数。

分析非正弦周期信号的频谱可得到这样一个概念：非正弦周期信号中的低频成分决定了信号波形缓慢变化部分的大致轮廓，而信号波形中的跳变、尖角和细节部分主要取决于信号中的高频成分。因此，一个矩形脉冲周期信号通过低通电路后，示波器上显示的信号将失去跳变部分；通过高通电路后，示波器上显示的信号恰会保留其跳变部分，但失去原矩形脉冲的大致轮廓。所以，也可以从波形的变化情况来定性地判断其频率成分的变化情况。

图 2-18 所示的电路用频域表示时，输入信号和输出信号的关系为

$$V_2(\omega) = V_1(\omega)H(\omega)$$

其中，$H(\omega)$ 称为该系统的频率特性，其幅值 $|H(\omega)|$ 称为幅频特性。$H(\omega)$ 只与系统的结构有关，而与输入信号无关。本次实验就是要研究简单的 RL 低通网络和 RC 高通网络的幅频特性。

由 $V_2(\omega) = V_1(\omega)H(\omega)$ 得

$$|H(\omega)| = |V_2(\omega)|/|V_1(\omega)|$$

两边取对数再乘以 20，则有

$$20\lg|H(\omega)| = 20\lg|V_2(\omega)| - 20\lg|V_1(\omega)| = N_2(\omega) - N_1(\omega) = N(\omega)$$

根据电压电平的定义，$20\lg|V_2(\omega)|$ 和 $20\lg|V_1(\omega)|$ 正好分别与输入、输出电压电平的定义相符，故 $|H(\omega)|$ 可由系统的输出信号与输入信号的电平差 $N(\omega)$ 求得。这是测量系统频率特性的另一种方法。在实际工作中，常常直接用 $N(\omega)$ 来表征 $|H(\omega)|$ 而无须求出 $|H(\omega)|$，$N(\omega)$ 清楚地表明了图 2-18 所示的线性时不变网络对任一个确定频率的正弦信号具有 $N(\omega)$dB 的衰减（$N(\omega)$ 为负值时）或增益（$N(\omega)$ 为正值时）。

图 2-19（a）所示为一个简单的低通网络，其频率特性为

$$H(\omega) = 1/(1 + j\omega L/R)$$

$|H(\omega)| - \omega$ 幅频特性曲线如图 2-19（b）所示，在半功率频率 $\omega_L = 1/\tau = R/L$ 上，$|H(\omega)| = 0.707$。

图 2-20（a）所示为一个简单的高通网络，其频率特性为

$$H(\omega) = j\omega RC/(1 + j\omega RC)$$

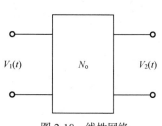

图 2-18 线性网络

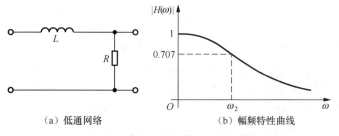

（a）低通网络   （b）幅频特性曲线

图 2-19 低通网络及其幅频特性曲线

$|H(\omega)| - \omega$ 幅频特性曲线如图 2-20（b）所示，在半功率频率 $\omega_L = 1/\tau = 1/RC$ 上，$|H(\omega)|$ =0.707。

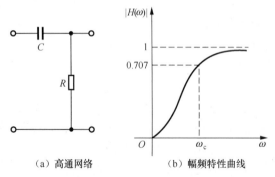

（a）高通网络　　　　　　（b）幅频特性曲线

图 2-20　高通网络及其幅频特性曲线

2．实验提示

本次实验是利用选频表分别测出线性网络的输入电平和输出电平，根据 $N(\omega)$ 得到该网络的幅频特性。

信号源输出阻抗为 50Ω。选频表输入阻抗置 600Ω。图 2-19 和图 2-20 所示的电阻 R，在实验接线中以选频表的 600Ω 输入阻抗代替。

四、实验内容

1．测量输入信号频谱。

（1）电路连接如图 2-21 所示。

（2）用示波器和选频表仔细校准信号源输出信号为周期 $T = 200\mu s$、脉宽 $\tau = 60\mu s$、峰峰值 V_{pp}=5V 的矩形脉冲，并画出波形图。

（3）按表 2-2 的要求测出信号各次谐波的电平值 $N_1(\omega)$。

（4）观察示波器波形并将其画在坐标纸上。

2．测量低通网络的输出电平。

（1）电路连接如图 2-22 所示。

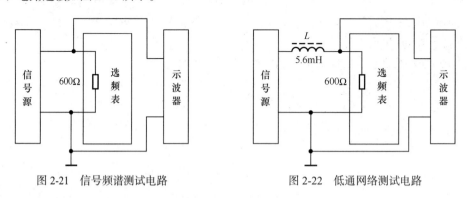

图 2-21　信号频谱测试电路　　　　　图 2-22　低通网络测试电路

（2）按表 2-2 第 5 列的要求测出低通网络输出电平值 $N_d(\omega)$。

（3）观察示波器波形并将其画在坐标纸上。

3．测量高通网络的输出电平。

（1）将图 2-22 所示电路中的 L 改为 0.01μF 的电容。

（2）按表 2-2 第 8 列的要求测出高通网络输出电平值 $N_g(\omega)$。

（3）观察示波器波形并将其画在坐标纸上。

4. 分别计算高、低通电路的幅频特性 $N(\omega)$ 并画出幅频特性曲线。

表 2-2　　　　　　　　　　　低、高通网络输出电平值测量表　　　　　　　　　　单位：dB

频率 / kHz	信号电平 $N_1(\omega)$		低通电路电平 $N_0(\omega)$		$N(\omega)=$ $N_0(\omega)-N_1(\omega)$	高通电路电平 $N_0(\omega)$		$N(\omega)=$ $N_0(\omega)-N_0(\omega)$
	理论值	实测值	理论值	实测值		理论值	实测值	
5								
10								
15								
20								
25								
30								
35								
40								
45								
50								

五、实验报告要求

根据实验内容在坐标纸上画出相应的波形图和幅频特性曲线。

六、思考题

1. 分析各次谐波衰耗情况对输出波形的影响。

2. 分析实验数据与理论值不完全一致的原因。

3. 幅频特性曲线中的 ω_c 等于多少？对应半功率点的衰耗是多少？

2.5　利用 MATLAB 对信号进行傅里叶分析

一、实验目的

1. 掌握将 MATLAB 用于信号与系统分析的基本方法。

2. 加深对周期信号展开为傅里叶级数这一知识点的理解。

二、预习要求

1. 复习周期信号展开为傅里叶级数的相关知识。

2. 了解 MATLAB 的基本操作方法。

三、实验原理与提示

1. 实验原理

前面的实验中有周期信号频谱分析的相关内容，我们知道，一个非正弦周期信号运用傅里叶级数总可分解为直流分量与许多正弦分量的线性叠加。在这次实验中我们通过叠加不同数量的谐波得到不同的波形，然后对比得到的这些波形，从而更加直观地来理解这一概念。本实验中我们使用的分析软件是 MATLAB。

已知周期信号为 $f(t)$，展开为三角形式的傅里叶级数：

$$f(t) = a_0 + \sum_{n=1}^{\infty} A_n \cos(n\omega_1 t + \phi_n)$$

$$A_n = \sqrt{a_n^2 + b_n^2}$$

$$\phi_n = \arctan\left(\frac{-b_n}{a_n}\right)$$

$$a_0 = \frac{1}{T}\int_{-\frac{T}{2}}^{\frac{T}{2}} f(t)\mathrm{d}t$$

$$a_n = \frac{2}{T}\int_{-\frac{T}{2}}^{\frac{T}{2}} f(t)\cos n\omega_1 t\mathrm{d}t \qquad (n=1,2,\cdots)$$

$$b_n = \frac{2}{T}\int_{-\frac{T}{2}}^{\frac{T}{2}} f(t)\sin n\omega_1 t\mathrm{d}t \qquad (n=1,2,\cdots)$$

在此基础上利用信号波形的对称性，可以更方便地求取傅里叶级数的系数。

（1）$f(t)$ 为偶函数，即 $f(t)=f(-t)$，波形对称于纵轴，则傅里叶级数展开式中只有常数项和余弦项。

$$a_0 = \frac{1}{T}\int_{-\frac{T}{2}}^{\frac{T}{2}} f(t)\mathrm{d}t = \frac{2}{T}\int_{0}^{\frac{T}{2}} f(t)\mathrm{d}t$$

$$a_n = \frac{2}{T}\int_{-\frac{T}{2}}^{\frac{T}{2}} f(t)\cos n\omega_1 t\mathrm{d}t = \frac{4}{T}\int_{0}^{\frac{T}{2}} f(t)\cos n\omega_1 t\mathrm{d}t \qquad (n=1,2,\cdots)$$

$$b_n = 0$$

（2）$f(t)$ 为奇函数，即 $f(t)=-f(-t)$，波形对称于原点，则傅里叶级数展开式中只有正弦项。

$$a_0 = 0, a_n = 0$$

$$b_n = \frac{2}{T}\int_{-\frac{T}{2}}^{\frac{T}{2}} f(t)\sin n\omega_1 t\mathrm{d}t = \frac{4}{T}\int_{0}^{\frac{T}{2}} f(t)\sin n\omega_1 t\mathrm{d}t \qquad (n=1,2,\cdots)$$

（3）$f(t)$ 为偶谐函数，即 $f(t)=f\left(t\pm\dfrac{T}{2}\right)$，$f(t)$ 的前半周期波形平移 $T/2$ 后与后半周期波形完全重叠，这种函数又称半波重叠函数，即周期仅为 $T/2$ 的周期函数。显然，傅里叶级数展开式中只有偶次谐波项。

（4）$f(t)$ 为奇谐函数，即 $f(t)=-f\left(t\pm\dfrac{T}{2}\right)$，$f(t)$ 的前半周期波形平移 $T/2$ 后与后半周期波形对称于横轴，这种函数又称为半波对称函数。傅里叶级数展开式中只有奇次谐波项。

现在我们考虑用有限项级数逼近 $f(t)$ 引起的均方误差，以图 2-23 所示的周期方波信号为例。由图 2-23 可知 $f(t)$ 是奇函数，又是奇谐函数，故 $a_0 = 0, a_n = 0$ 且只含有奇次谐波，可以求出傅里叶级数：

$$f(t) = \frac{4}{\pi}\left[\sin(\omega_1 t) + \frac{1}{3}\sin(3\omega_1 t) + \frac{1}{5}\sin(5\omega_1 t) + \frac{1}{7}\sin(7\omega_1 t) + \cdots\right]$$

下面计算有限项级数逼近 $f(t)$ 引起的均方误差。

当只取基波时

$$\overline{\varepsilon_1^2} = 1 - \frac{1}{2}\left(\frac{4}{\pi}\right)^2 = 0.189$$

当取基波和三次谐波时

$$\overline{\varepsilon_1^2} = 1 - \frac{1}{2}\left(\frac{4}{\pi}\right)^2 - \frac{1}{2}\left(\frac{4}{3\pi}\right)^2 = 0.0994$$

当取基波、三次谐波和五次谐波时

$$\overline{\varepsilon_1^2} = 1 - \frac{1}{2}\left(\frac{4}{\pi}\right)^2 - \frac{1}{2}\left(\frac{4}{3\pi}\right)^2 - \frac{1}{2}\left(\frac{4}{5\pi}\right)^2 = 0.0669$$

当取一、三、五、七次谐波时

$$\overline{\varepsilon_1^2} = 1 - \frac{1}{2}\left(\frac{4}{\pi}\right)^2 - \frac{1}{2}\left(\frac{4}{3\pi}\right)^2 - \frac{1}{2}\left(\frac{4}{5\pi}\right)^2 - \frac{1}{2}\left(\frac{4}{7\pi}\right)^2 = 0.0504$$

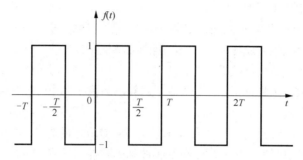

图 2-23　周期方波信号

图 2-24 给出了不同数量的各次谐波叠加后得到的一个周期的方波的效果图。由图 2-24 可见，包含的谐波分量越多时，波形越接近于原来的方波信号 $f(t)$，其均方误差越小；还可以看出，频率较低的谐波振幅较大，它们组成方波的主题，而频率较高的高次谐波振幅较小，它们主要影响波形的细节，波形所包含的高次谐波越多，波形边缘越陡峭。

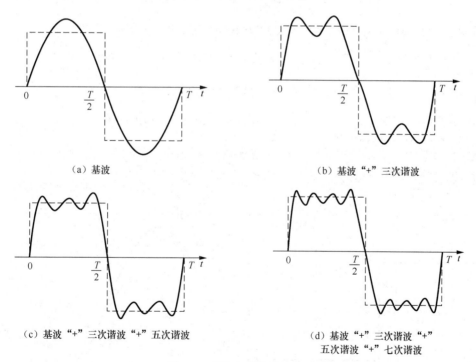

图 2-24　周期方波信号的合成

2. 实验提示

MATLAB（Matrix Laboratory，矩阵实验室）是在 1984 年由美国 MathWorks 公司推出的数值计算及图形工具软件。顾名思义，它是一种以矩阵运算为基础的交互式程序语言，专门针对科学、工程计算及绘图。相较于其他计算机语言，MATLAB 具有使用方便、输入简洁、运算高效、内容丰富等特点，并且很容易由用户自行扩展，因此当前 MATLAB 已成为教学和科研中最常用且必不可少的工具之一。基于这些特点，MATLAB 同样特别适用于信号与系统分析。

它的主要特点如下。

（1）MATLAB 可以用来解线性方程组、进行矩阵变换与运算和数据插值运算等，能使用户从繁杂的数学运算分析中解脱出来。

（2）MATLAB 中有许多高级的绘图函数，包括二维、三维、专用图形函数和图形句柄等，用户利用这些函数可以轻松地完成各种图形的绘制和编辑工作，实现计算结果和编程的可视化。

（3）友好的用户界面和接近数学表达式的自然化语言，使学习者易于掌握。

（4）功能丰富的应用工具箱（如信号处理工具箱、通信工具箱、控制系统工具箱等）为用户提供了大量方便实用的处理工具。

MATLAB 的上述特点，使它深受工程技术人员及科技专家的欢迎，并很快成为应用学科计算机辅助分析、设计、仿真、教学等领域不可缺少的基础软件。目前，国内很多理工院校已经或者正在把使用该软件列为学生必须掌握的一种技能。利用 MATLAB 的信号处理工具箱和图形处理及数据可视化，教师可以将结论直接用图形来演示，从而让学生对抽象的概念和定理以及结论有直观的认识，加深对一些重要概念的理解。

图 2-25 所示的周期性方波（为了突出观察效果取其一个周期 $T = 2\pi$），其傅里叶级数为

$$f(t) = \frac{4}{\pi}\left[\sin t + \frac{1}{3}\sin 3t + \cdots + \frac{1}{2k-1}\sin(2k-1)t + \cdots\right] \qquad (k = 1, 2, \cdots)$$

用 MATLAB 演示谐波合成情况，MATLAB 程序如下。

```
t=0:0.01:2*pi;                                    %设定一个时间数组，有 629 个点
y=square(t,50);
plot(t,y);                                        %方波信号，如图 2-25 所示
y=4/pi*sin(t);
plot(t,y);                                        %频率为 w=1(f=1/2π) 的基波，如图 2-26 所示
y=4/pi*(sin(t)+sin(3*t)/3);
plot(t,y);                                        %叠加三次谐波，如图 2-27 所示
y=4/pi*(sin(t) +sin(3*t)/3+sin(5*t)/5+sin(7*t)/7+sin(9*t)/9);
plot(t,y)                                         %叠加一、三、五、七、九次谐波，如图 2-28 所示
```

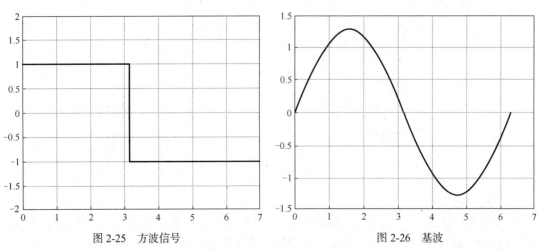

图 2-25　方波信号　　　　　　　　　　　　　　图 2-26　基波

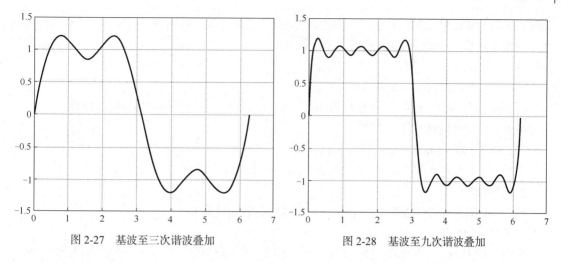

图 2-27 基波至三次谐波叠加   图 2-28 基波至九次谐波叠加

四、实验内容

1. 设有周期三角波，其周期 $T=2$，高低电平为 1V 和 –1V。要求利用 MATLAB 绘制满足要求的三角波波形图并将该三角波周期信号展开为傅里叶级数的形式。

2. 利用 MATLAB 观察并记录傅里叶级数只取基波时的波形。

3. 利用 MATLAB 观察并记录傅里叶级数取基波至三次谐波时的波形。

4. 利用 MATLAB 观察并记录傅里叶级数取基波至五次谐波时的波形。

5. 利用 MATLAB 观察并记录傅里叶级数取基波至九次谐波时的波形。

五、实验报告要求

1. 记录实验内容各步骤的结果，在坐标纸上绘制出相应的波形图。

2. 仔细观察实验提示中正弦波的例子和实验内容中三角波的例子，分析并总结在对周期信号进行傅里叶分析的过程中，低次谐波分量和高次谐波分量对波形的影响。

2.6 利用 MATLAB 分析系统的频率特性

一、实验目的

1. 进一步强化对系统的频率特性相关知识点的学习。

2. 掌握使用 MATLAB 分析系统的频率特性的方法。

二、预习要求

1. 复习系统的频率特性相关知识点。

2. 复习低通、高通、带通和带阻 4 种基本传输网络的频率特性。

3. 熟悉 MATLAB 中相关操作。

三、实验原理与提示

1. 实验原理

在电路结构和参数已经确定的情况下，改变信号源的频率，观察和研究电路的输出信号幅值和相位随频率的变化而改变的情况，这是在研究各种交流电信号传输和处理过程中所必须考虑的。因此，一是要求传输网络具有尽可能宽的频带，即在给定的宽频范围内，网络输出的幅值和相位均不随频率而变化；二是要求传输网络对信号频率有选择作用，即输入信号中有多种频率成分时，网络能够让特定的频率通过，而阻止其他频率通过，或是阻止特定频率通过，而其他频率能不同程度地通过。通过选择合适的电路结构和参数来满足不同频率信号的传输要求的网络称为滤波器。

目前我们学习过的绘制频率特性曲线的方法有以下两种。

（1）搭电路使用信号源、交流毫伏表和示波器等仪表测量不同频率下传输网络的激励和响应，通过描点的方法得到频率特性曲线。

（2）利用 Multisim 软件中的波特图仪。

本实验中我们用 MATLAB 来得到传输网络的频率特性曲线。

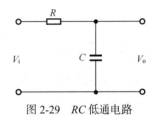

图 2-29　RC 低通电路

2. 实验提示

利用 MATLAB 的数据处理和作图功能可以很方便地计算和绘制系统的幅频和相频特性。

以图 2-29 所示的一阶低通电路的频率响应为例，可以求得该传输网络的频率响应函数

$$H(s) = \frac{V_2(s)}{V_1(s)} = \frac{-\mathrm{j}\dfrac{1}{\omega C}}{R - \mathrm{j}\dfrac{1}{\omega C}} = \frac{1}{1 + \mathrm{j}\omega CR} = \frac{1}{1 + \mathrm{j}\dfrac{\omega}{\omega_\mathrm{c}}}$$

式中，$\omega_\mathrm{c} = \dfrac{1}{RC}$ 为截止频率。为了编程方便，取 $\omega_\mathrm{c} = 1\mathrm{rad/s}$。

MATLAB 程序如下。

```
clear, clc,
ww=0:0.001:4;                    %设定频率组数
H=1./(1+j*ww);                   %求复频率响应
plot(ww,abs(H)),
%绘制幅频特性曲线
xlabel('ww')
ylabel('abs(H)')
plot(ww, angle(H))              %绘制相频特性曲线
xlabel('ww'),
ylabel('angle(H)')
```

程序运行结果如图 2-30 和图 2-31 所示。

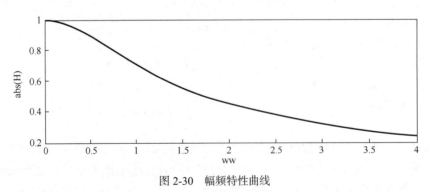

图 2-30　幅频特性曲线

由于频率特性曲线中横轴频率的变化范围比较宽，因此在绘制横坐标时通常取对数的形式，

故有以下 MATLAB 程序。

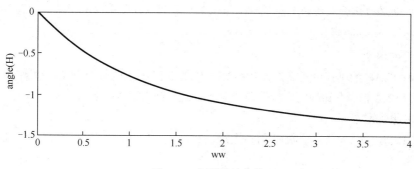

图 2-31 相频特性曲线

```
clear, clc,
ww=0:0.001:100;                    %设定频率组数
H=1./(1+j*ww);                     %求复频率响应
Subplot(2,1,1),                    %以两行一列的形式先绘制第一行的图
semilogx(ww,abs(H)),               %绘制幅频特性曲线，且横坐标为对数形式
xlim([0.1,100])                    %设定横坐标取值范围
xlabel('ww')
ylabel('abs(H)')
grid                               %给图加上网格便于观察和读取数值
Subplot(2,1,2),                    %以两行一列的形式再绘制第二行的图
semilogx(ww,angle(H))              %绘制相频特性曲线，且横坐标为对数形式
xlim([0.1,100]),
ylim([-pi./2,0])
xlabel('ww'),
ylabel('angle(H)')
grid
```

程序运行结果如图 2-32 所示。

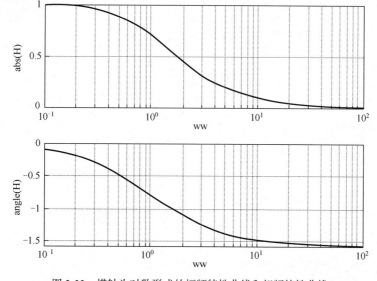

图 2-32 横轴为对数形式的幅频特性曲线和相频特性曲线

这里的横轴表示的是角频率，如果要表示频率，则需要利用两者的关系转换一下。

四、实验内容

1. 用 MATLAB 绘制并分析 2.2 节中图 2-14 和图 2-15 所示的两个电路的频率特性曲线。

2. 将其与 2.2 节中得到的频率特性曲线对比，观察两者是否一致。

五、实验报告要求

根据实验内容在坐标纸上绘制相应的频率特性曲线。

六、思考题

1. 在本次实验中如何利用 MATLAB 找出半功率点？

2. 图 2-15 所示的二阶带通电路中，品质因数 Q 与哪些值有关？分析电路中电阻的大小对 Q 值的影响以及 Q 值的大小对通频带和幅频特性曲线形状的影响，并通过 MATLAB 验证。

第 **3** 章　数字电路实验基础知识

3.1　数字电路的基本特性

从信号处理的角度来看，现代电子电路可以分为模拟电路和数字电路。模拟电路所能处理的是模拟电压或电流信号，数字电路只能处理逻辑电平信号，因此，数字电路又叫作数字逻辑电路。数字电路的基本性质如下。

（1）严格的逻辑性。数字电路实际上是一种逻辑运算电路，其系统描述是动态逻辑函数，因此数字电路设计的基础和基本技术之一就是逻辑设计。

（2）严格的时序性。为实现数字系统逻辑函数的动态特性，数字电路各部分的信号之间必须有严格的时序关系。时序设计也是数字电路设计的基本技术之一。

（3）基本信号只有高、低两种逻辑电平或脉冲。数字电路是一种动态的逻辑运算电路，因此其基本信号只能是脉冲信号。脉冲信号的特征是只有高电平和低电平两种状态，两种电平状态各有一定的持续时间。

（4）与逻辑值（0或1）对应的电平随使用的实际电路而不同。

（5）固件特点明显。固件是现代电子电路，特别是数字电路或系统的基本特征，也是现代电子电路的发展方向。固件是指结构和运行靠软件控制的电路或器件，这与传统的数字电路完全不同。传统数字电路完全由硬件实现，一旦硬件电路或系统确定，电路的功能是不能更改的。而固件由于硬件结构可以由软件决定，因此电路十分灵活，同样的集成电路可以根据实际需要实现完全不同的功能电路，甚至可以在电路运行中进行电路结构的修改，如可编程逻辑门阵列和单片机等。

任何一个工程系统都可以被看成一个信号处理系统，而信号处理实际上就是一种数学运算。数字电路的工程功能，就是用硬件实现所设计的计算功能。不难看出，用模拟电路可以实现连续函数的运算，但模拟电路所能实现的工程功能是十分有限的。与模拟电路不同，数字电路可以实现基本的运算单元，这些基本运算单元通过程序设计，可以直接进行各种计算，所以，数字电路可以实现各种复杂运算。目前，数字电路已经成为现代电子系统的核心。由于数字电路所处理的是逻辑电平信号，因此，从信号处理的角度看，数字电路比模拟电路具有更高的信号抗干扰能力。

3.2 数字集成电路的分类及主要参数

数字集成电路有多种分类方法，以下是几种常用的分类方法。

1. 按集成电路规模的大小分类

根据集成电路规模的大小，数字集成电路通常分为小规模集成电路（Small Scale Integration，SSI）、中规模集成电路（Medium Scale Integration，MSI）、大规模集成电路（Large Scale Integration，LSI）和超大规模集成电路（Very Large Scale Integration，VLSI）。

（1）小规模集成电路。

小规模集成电路通常指含逻辑门少于 10 门（或含元件少于 100 个）的电路。

（2）中规模集成电路。

中规模集成电路通常指含逻辑门 10 ～ 99 门（或含元件 100 ～ 999 个）的电路。

（3）大规模集成电路。

大规模集成电路通常指含逻辑门 100 ～ 9999 门（或含元件 1000 ～ 99999 个）的电路。

（4）超大规模集成电路。

超大规模集成电路通常指含逻辑门 10000 门或多于 10000 门（或含元件 100000 个或多于 100000 个）的电路。

2. 按电路的功能分类

根据电路的功能，数字集成电路可分为以下类别。

（1）门电路：与门/与非门、或门/或非门、非门等。

（2）触发器、锁存器：RS 触发器、D 触发器、JK 触发器等。

（3）编码器、译码器：二—十进制译码器、BCD-7 段译码器等。

（4）计数器：二进制、十进制、N 进制计数器等。

（5）运算电路：加/减运算电路、奇偶校验发生器、幅值比较器等。

（6）时基、定时电路：单稳态电路、延时电路等。

（7）模拟电子开关：数据选择器。

（8）寄存器：基本寄存器、移位寄存器（单向、双向）。

（9）存储器：RAM、ROM、E2PROM、Flash ROM 等。

（10）CPU。

3. 按结构工艺分类

按结构工艺分类，数字集成电路可以分为厚膜集成电路、薄膜集成电路、混合集成电路、半导体集成电路四大类。世界上生产最多、使用最多的为半导体集成电路，因此半导体集成电路通常被直接称为数字集成电路，其主要分为 TTL、ECL、CMOS 三大类。

TTL 电路、ECL 电路为双极型集成电路，基本元器件为双极型半导体器件，其主要特点是速度快、负载能力强，但功耗较大、集成度较低。双极型集成电路主要有 TTL（Transistor-Transistor Logic，晶体管-晶体管逻辑）电路、ECL（Emitter Coupled Logic，射极耦合逻辑）电路和 I2L（Integrated Injection Logic，集成注入逻辑）电路等。其中 TTL 电路的性能价格比最佳，故应用最广泛。ECL 电路也称电流开关型逻辑电路，它是利用运放原理通过晶体管射极耦合实现的门电路。在所有数字电路中，它工作速度最高，其平均延迟时间 t_{pd} 可小至 1ns。这种门电路输出阻抗低，负载能力强。它的主要缺点是抗干扰能力差，电路功耗大。

MOS（Metal Oxide Semiconductor，金属氧化物半导体）电路为单极型集成电路，又称为 MOS 集成电路，它采用金属-氧化物半导体场效应管制造，其主要特点是结构简单，制造方便，集成度高，功耗低，但速度较低。MOS 又分为 PMOS（P-channel Metal Oxide Semiconductor，P 沟道金属氧化物半导体）、NMOS（N-channel Metal Oxide Semiconductor，N 沟道金属氧化物半导体）和 CMOS（Complement Metal Oxide Semiconductor，复合互补金属氧化物半导体）等类型。

MOS 电路中应用最广泛的为 CMOS 电路，CMOS 数字电路中应用最广泛的为 4000 系列、4500 系列。CMOS 电路不但适用于通用逻辑电路的设计，而且综合性能很好，它与 TTL 电路是数字集成电路的两大主流产品。

Bi-CMOS 是双极型 CMOS，这种门电路的特点是逻辑部分采用 CMOS 结构，输出级采用双极型三极管，因此兼有 CMOS 电路的低功耗和双极型电路的输出阻抗低的优点。

（1）TTL 电路。

这类集成电路以双极型晶体管（即通常所说的晶体管）为开关元件，输入级采用多发射极晶体管，开关放大电路也都由晶体管构成，所以称为晶体管-晶体管逻辑。TTL 电路在速度和功耗方面都处于现代数字集成电路的中等水平。它的品种丰富、互换性强，一般以 74（民用）或 54（军用）为型号前缀。

① 74LS 系列（简称 LS、LSTTL 等）。这是现代 TTL 电路的主要应用产品。其主要特点是功耗低，品种多，价格便宜。

② 74S 系列（简称 S、STTL 等）。这是 TTL 电路的高速型，也是目前应用较多的产品之一。其特点是速度较高，但功耗比 LSTTL 大得多。

③ 74ALS 系列（简称 ALS、ALSTTL 等）。其速度比 LSTTL 提高了一倍以上，功耗降低了一半左右，是 LSTTL 的更新换代产品。

④ 74AS 系列（简称 AS、ASTTL 等）。其速度比 STTL 提高近一倍，功耗比 STTL 降低一半以上，与 ALSTTL 共同成为 TTL 的主要标准产品。

⑤ 74F 系列（简称 F、FTTL 或 FAST 等）。这是美国仙童半导体公司开发的类似于 ALSTTL、ASTTL 的高速型 TTL 产品，性能介于 ALSTTL 和 ASTTL 之间，已成为 TTL 主流产品之一。

（2）ECL 电路。

ECL 电路是双极型逻辑门的一种非饱和的门电路，它的电路构成和差分放大器相似，但工作在截止与放大两种状态。它是非饱和的发射极耦合形式的电源开关，故称为射极耦合逻辑电路。由于它工作在非饱和状态，其突出优点是开关速度非常高，在逻辑上具有灵活性，因此它是高速逻辑门电路中的主要类型。同时，这类电路还具有逻辑功能强、扇出能力高、噪声低和引线串扰小等优点，因此广泛应用于大型高速计算机、数字通信系统、高精度测试设备等。此类电路的缺点是功耗大，此外，由于电源电压和逻辑电平特殊，使用上难度略高。通用的 ECL 电路主要有 ECL10K 系列和 ECL100K 系列等。

① ECL10K 系列。这是门电路传输延迟时间为 20ns、功耗为 25mW 的逻辑电路系列，属于 ECL 电路中的低功耗系列，是目前应用很广泛的一种 ECL 电路。

② ECL100K 系列。该系列最初由美国仙童半导体公司生产，是现代数字集成电路中性能非常优越的系列，其特点是速度高，逻辑功能强，集成度高，功耗低。它已广泛应用于大型高速计算机和超高速脉码调制器。

（3）CMOS 电路。

CMOS 电路具有微功耗、集成度高、噪声容限大和宽工作电压范围等突出优点，所以发展速度很快，应用领域不断扩大，现在几乎渗透到所有的相关领域。尤其是随着大规模和超大规模集成电路的工作速度和密度不断提高，过大的功耗已成为设计上的一个难题，于是具有微功耗特点的 CMOS 电路成为现代集成电路中重要的一类，并且越来越显示出它的优越性。

CMOS 电路的产品主要有 4000B（包括 4500B）系列、40H 系列、74HC 系列。

① 4000B 系列。这是国际上流行的 CMOS 通用标准系列，包括美国无线电公司的 CD4000B 系列、美国摩托罗拉公司的 4500B 系列和 MC4000 系列、美国国家半导体公司的 MM74C000 系列和 CD4000 系列、美国德州仪器公司的 TP4000 系列、美国仙童半导体公司的 F4000 系列、日本东芝公司的 TC4000 系列、日本日立公司的 HD14000 系列。国内采用 CC4000 标准，这个标准与 CD4000B 系列完全一致，从而使国产 CMOS 电路与国际上的 CMOS 电路兼容。

4000B 系列的主要特点是速度低、功耗最小，并且价格低、品种多。

② 40H 系列。这是日本东芝公司初创的较高速铝栅 CMOS，其后由夏普公司生产，分别用 TC40H-、LR40H- 为型号，我国生产的定为 CC40 系列。40H 系列的速度不及 LSTTL。此系列品种不太多，其优点是管脚与 TTL 的同序号产品兼容，功耗、价格比较适中。

③ 74HC 系列（简称 HS 或 H-CMOS 等）。这一系列首先由美国国家半导体公司和摩托罗拉公司生产，随后，许多厂家相继成为第二生产源，其品种丰富，且管脚和 TTL 电路兼容。此系列的突出优点是功耗低、速度高。

国内外 74HC 系列产品各对应品种的功能和管脚排列相同，性能指标相似，一般都可方便地直接互换及混用。国内产品的型号前缀一般用国标代号 CC，即 CC74HC。

3.3 数字集成电路的性能

为了帮助读者系统地掌握各类数字集成电路的主要性能，便于实际应用时选择合适的器件，现将各类数字集成电路的性能进行比较，如表 3-1 所示。

表 3-1　　　　　　　　　　各类数字集成电路的性能

性　能	LSTTL	ECL	PMOS	NMOS	CMOS
主要特点	高速，低功耗	超高速	低速，廉价	高集成度	微功耗，高抗干扰
电源电压/V	5	−5.2	20	12.5	3 ~ 8
单门平均延时/ns	9.5	2	1000	100	50
单门静态功耗/mW	2	25	5	0.5	0.01
功耗延迟积/ pJ	19	50	100	10	0.5
直流噪声容限/V	0.4	0.145	2	1	电源的 40%
扇出系数	10 ~ 20	100	20	10	1000

表 3-1 所列出的各种技术数据为一般产品的平均数据，与各公司生产的各品种的集成电路的实际情况可能不完全相同。具体选用时，还需查更详细的资料。下面对表 3-1 中所列的量化性能进行说明。

1. 电源电压

TTL 电路的标准工作电压都是 5V，其他逻辑器件的工作电压一般都有较宽的允许范围，特别是 MOS 器件，例如，CMOS 中的 4000B 系列可以工作在 3 ~ 18V，PMOS 一般可工作在 10 ~ 24V，NMOS 系列为 2 ~ 6V。

另外，在用各种器件组成系统时，要注意相互连接的器件必须使用同一电源电压，否则，就可能不满足 0、1（或 L、H）电平的定义范围，而造成工作异常。

2. 单门平均延时

单门平均延时是指门传输延迟时间的平均值 t_{pd}（单位：ns），它是衡量电路开关速度的一个动态参数，用以说明一个脉冲信号从输入端经过一个逻辑门，再从输出端输出要延迟多长时间。从输出电压下降沿的 50% 到输入电压上升沿的 50% 的时间称为导通延迟时间，即 t_{PHL}；从输出电压上升沿的 50% 到输入电压下降沿的 50% 的时间称为关闭延迟时间，即 t_{PLH}；平均延迟时间 t_{pd} 定义为 $t_{pd}=(t_{PHL}+t_{PLH})/2$。

TTL 与非门一般要求 $10 < t_{pd} \leq 40$，通常把 $40 < t_{pd} \leq 160$ 的称为低速集成电路，把 $15 < t_{pd} \leq 40$ 的称为中速集成电路，把 $6 < t_{pd} \leq 15$ 的称为高速集成电路，把 $t_{pd} \leq 6$ 的称为甚高速集成电路。由表 3-1 可见，ECL 的速度最高，PMOS 的速度最低。

3. 单门静态功耗

单门静态功耗指单门的直流功耗，它是衡量一个电路质量好坏的重要参数。静态功耗等于工作电源电压与其泄漏电流的乘积，一般来说静态功耗越小，电路的质量越好，由表 3-1 可知，CMOS 电路的静态功耗是极微小的，因此对于一个由 CMOS 器件组成的工作系统来说，静态功耗与总功耗相比常可以忽略不计。

4. 功耗延迟积

功耗延迟积也叫速度·功耗积（$S \cdot P$），它是衡量数字集成电路性能优劣的一个很重要的基本特征参数。不论何种数字集成电路，其平均延时都受到功耗的制约。一定形式的数字逻辑电路，其功耗约与平均延时成反比，因此，一般用每门（电路）的平均延时 t_{pd} 与功耗 P_d 的乘积来表征数字集成电路的优劣，这个乘积就是速度·功耗积，即 $S \cdot P=t_{pd} \cdot P_d$。式中 $S \cdot P$ 的单位为 pJ（皮焦耳），t_{pd} 的单位为 ns，P_d 的单位为 mW。通常，$S \cdot P$ 越小，电路性能越好。在选用电路时，$S \cdot P$ 是一个需要考虑的重要参数。但一般不能仅仅依据 $S \cdot P$ 来选择，还应根据实际情况，兼顾速度（或功耗）、抗干扰性能和价格等因素。

5. 直流噪声容限

直流噪声容限又称抗干扰度，它是反映逻辑电路在最坏工作条件下的抗干扰能力的直流电压指标。该电压值常用 V_{NM}、V_{NL} 及 V_{NH} 表示（单位：V），指逻辑电路输入与输出各自定义 1 电平和 0 电平的电压差值。TTL 电路只能用 5V 电源，输入 1 电平定义为 $\geq 2V$，0 电平定义为 $\leq 0.8V$，输出 1 电平定义为 $\geq 2.7V$，0 电平定义为 $\leq 0.4V$，所以 1 电平的 $V_{NH}=2.7-2=0.7$，0 电平的 $V_{NL}=0.8-0.4=0.4$。对 ECL 电路来说，电源多用 -5.2V，$V_{NH} \approx -1-(-1.1)=0.1$，$V_{NL} \approx -1.5-(-1.6)=0.1$。CMOS 及 HCMOS 可以在很宽的电源电压范围内工作，输出电平范围接近电源电压范围，而输入电平范围不论 1 电平还是 0 电平，均可达到 $45\%V_{CC}$，也就是 $V_{NM} \approx 45\%V_{CC}$，最低限度可以达到 $V_{NL} \geq 19\%V_{CC}$，$V_{NH} \geq 29\%V_{CC}$。V_{CC} 越高噪声容限越大，即 V_{CC} 高则抗干扰能力强。

6. 扇出系数

扇出系数也就是输出驱动系数，它是反映电路带负载能力大小的一个重要参数，表示输出可以驱动同类型器件的数目。例如，TTL 标准门电路的扇出系数为 10，表示这个门电路的输出最多可和 10 个同类型的门电路的标准输入端连接。表 3-1 中所列出的是各种数字集成电路的直流扇出系数的理论值，CMOS、HCMOS 静态时扇出系数很大，尽管输出电流一般在 0.5mA 以内，但因其输入电流仅有几 nA，所以，直流扇出系数可达 1000 以上，甚至更大。但是它们的交流（动态）扇出系数就没有这样高，取决于工作频率（速度）和输入电容（一般约 5pF）。

在微机系统的接口电路中，常用 CMOS（HCMOS）电路驱动 TTL 电路，表 3-2 给出了 CMOS 驱动 LSTTL 和 STTL 的输入端数目的比较，其中，4049UB 内部无输出缓冲级（型号尾带 U 的是仅一级 CMOS 反相器），虽对直流来说也能驱动一个 STTL 的输入端，但由于 CMOS 的上升/下降延迟时间长，用于驱动 STTL 是不合适的。

表 3-2 CMOS 的驱动能力

接收端驱动源	器件	LSTTL	STTL
4000B 系列	4011B	1	0
	4049UB	8	1
TC40H 系列	TC40H000	2	0
CC40H 系列	TC50H000	5	1
74HC 系列	74HC00	10	2
LSTTL 系列	74LS00	20	4

从表 3-2 中可以看出，74HC 的驱动能力接近 LSTTL，40H 系列的驱动能力较差。另外，ECL 电路的直流扇出系数也是比较大的，这是由于 ECL 电路的输入阻抗高，输出阻抗低。但是，ECL 电路的实际扇出系数受到交流因素的制约，一般来说主要受容性负载的影响（ECL10K 系列每门输入电容约为 3pF），因为电路的交流性能与容性负载直接相关，容性负载越大，交流性能越差。所以，在实际应用中，为了使电路获得良好的交流性能，一般希望将门的负载数（扇出数）控制在 10 以内。

3.4 TTL 与 CMOS 数字集成电路使用注意事项

1. TTL 器件使用规则

（1）电源。

TTL 器件对电源电压要求很严，电源电压 V_{CC} 必须为+(5±10%)V，超过这个范围将损害器件或使功能不正常。TTL 电路的静态电流相当可观，应使用稳定的、内阻小的稳压电源，并要求良好接地。

TTL 器件的浪涌电流流进电源，在电源内阻内会产生电压尖峰，这在电路系统中会产生较大的干扰。因此有必要在电源接入端接几十 μF 的电容做低频滤波，每隔 5～10 个集成电路在电源和地之间加一个 0.01～0.1μF 的电容做高频滤波。

（2）多余输入端的处理。

对与门和与非门的多余输入端可采用下面 3 种方法来处理。

① 接高电平。当电源在 5.5V 以下时，可直接接电源，也可串入一只 1～10kΩ 的电阻，或者接 2.4～4.5V 的固定电压。

② 若前级驱动能力强，则可将多余输入端与使用端并联使用。

③ 悬空处理。当 TTL 器件接入带电系统时，其悬空输入端相当于高电平。对于小规模集成电路和使用较少器件的电路，实验时可将多余输入端悬空。对于接有长线的输入端和中、大规模的集成电路，以及使用集成电路较多的复杂电路，所有输入端必须按逻辑要求接入电路，不得悬

空处理，否则易受干扰，破坏逻辑功能。

对于或门、或非门，多余输入端不能悬空，只能接地。对于与或非门中不使用的与门，至少应有一个输入端接地。TTL 多余输入端的处理如图 3-1 所示。

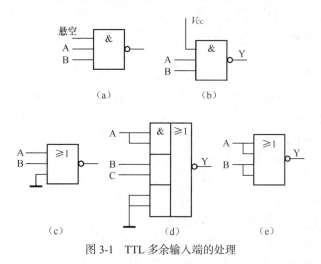

图 3-1　TTL 多余输入端的处理

触发器不用的置"1"端和置"0"端应接高电平而不能悬空。

（3）输入电压。

输入电压的允许范围为−0.7 ~ +5.5V。输入电压高于上限值，多发射极晶体管的发射结可能击穿；低于下限值，衬底结可能导通。这些都将影响电路正常工作，甚至损坏器件。

（4）输出端。

输出端不允许直接接+5V 电源或接地。除集电极开路和三态电路外，输出端不允许并联使用，否则可能引起逻辑混乱，甚至损坏器件。

2. CMOS 器件使用规则

CMOS 电路是一种高输入阻抗的微功耗电路，它本身有许多特殊性，因此必须注意正确使用，否则极易造成电路的损坏。

（1）电源工作电压应保持在最大极限范围内，且电源极性不能接反，否则会使 V_{DD} 和 V_{SS} 之间的寄生二极管正偏，只要电源内阻较低就会损坏该二极管，使电路永久性失效，保护二极管也会因电流过大而损坏。

（2）输入电压应限制在一定范围内。为使 CMOS 电路正常工作，输入信号的高电平应大于 V_{ON}，输入信号的低电平应小于 V_{OFF}。实际集成块中都有输入保护电路，但该保护电路允许功耗较小，仅对静电感应引起的过压有保护作用，而内阻很低的输入信号的过压将使较大的电流流过保护电路，造成保护元件的损坏。所以输入电压的最大值不得超过（V_{DD}+0.5V），而输入电路的最小值不得低于（V_{SS}−0.5V），推荐的最佳输入信号高电平为 V_{DD}，低电平为 V_{SS}。

（3）输入脉冲信号的上升和下降时间必须小于 15μs，否则在电源电压大于 5V 时，功耗将会超过额定功耗，从而损坏器件。即使不损坏器件也会使输出端的电平处于不稳定状态，使电路失去正常的功能。

（4）多余输入端不能悬空，因悬空时电位不定（实际上取决于保护二极管的反向电阻），可能破坏正常的逻辑关系，另外悬空容易受到外界干扰，引起误动作。

CMOS 电路的多余输入端应根据逻辑要求接 V_{DD} 和 V_{SS}，或与使用端并联使用。但一般不宜采用后一种方法，因为这样会使前级负载电容增加，工作速度降低，动态功耗增加。若对速度要求不高，而又有某些特殊要求，多余输入端可以并联使用。例如，要求增大或非门带灌流负载能力时，可采用输入端并联，此时驱动管并联在一起同时带灌流负载，这种并联会使输出电平降低，但也会使门槛电平减小，从而降低电平噪声容限；要求增大与非门带拉流负载能力时，输入端可以并联，此时负载管并联在一起同时带拉流负载，这种并联会使门槛电平增加，高电平噪声容限下降。

（5）输出端不允许直接接 V_{DD} 或 V_{SS}，否则会导致器件损坏。

除三态门外，CMOS 电路的输出端不允许单独并联使用，否则导通的 PMOS 管和导通的 NMOS 管的低输出阻抗将使电源短路。但若将同一集成电路上不同门的输入、输出分别并联，则可同时提高驱动拉流、灌流的负载能力，如图 3-2 所示，而且驱动能力的增加与并联的输入-输出端数成正比。如果不是在同一集成电路上并联，各片电路的门槛电平不同会造成并联后的电路在开关期间工作时输出端的短路。前面所提到的输入端并联可提高带灌流或拉流的能力，不能使两者同时提高。

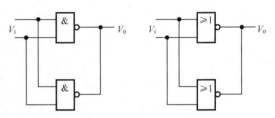

（6）测试时，CMOS 电路一定要先加 V_{DD} 后加输入信号，先撤去输入信号再去掉 V_{DD}。

图 3-2　同一集成电路 CMOS 的并联使用

3. TTL 器件与 CMOS 器件之间的接口电路

在实际工作中，一个逻辑系统中常常有几种类型电路混合使用，以利各取所长，因此就存在各种类型电路之间的耦合问题。不论是哪两类电路之间的耦合，为使逻辑动作正常，都应满足如下要求。

（1）应具有良好的逻辑电平兼容性。换句话说，驱动级的输出高、低电平应分别在被驱动级的输入高、低电平容限范围内，如图 3-3 所示。显然，从逻辑可靠性来说，驱动级的输出低电平比被驱动级的关门电平越低越好；而驱动级的输出高电平比被驱动级的开门电平越高越好。

（2）驱动能力要适配。这就是说，驱动级应为被驱动级提供足够的驱动电流。

① TTL 驱动 CMOS。

CMOS 电路为高阻抗器件，输入电流很小，而 TTL 电路输出电流较大，从驱动能力来说是不存在问题的。但 TTL 电路输出高电平时，V_{OH} 的规范值为 2.4V，而 CMOS 电路在 V_{DD} 为 5 V 时的最小输入高电平约 3.5V，这就使得 TTL 电路与 CMOS 电路存在接口上的不匹配，因而需要解决逻辑电平的兼容问题。

若 V_{DD} 为 5V，则这种耦合很容易实现，只要在普通 TTL 门输出端接一只提升电阻 R_L，就可满足 CMOS 电路输入高电平的要求，如图 3-4 所示。R_L 的限制值由下式计算。

$$R_{Lmin} = \frac{V_{DD} - V_{OL}}{I_{OL}}$$

$$R_{Lmax} = \frac{V_{DD} - V_{OH}}{I_{OH}}$$

式中，V_{OL} 为 TTL 门允许的输出低电平；I_{OL} 为 TTL 门输出低电平为 0.4V 时所允许灌入的负载电流；V_{OH} 为 CMOS 门要求的输入高电平（可取为 3.5V+1.1V=4.6V）；I_{OH} 是 TTL 门输出高电平时 T_5 管的输出漏电流，其最大值为 250μA。可计算出 R_{Lmin} 和 R_{Lmax} 分别为 288Ω 和 1.6kΩ，R_L

应在该范围内选择。R_L 大, 功耗小, 速度低; R_L 小, 功耗大, 速度高。

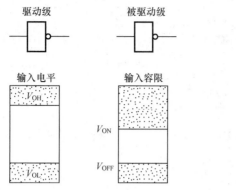

图 3-3　耦合电路之间的逻辑电平

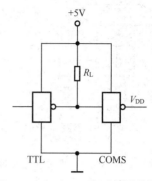

图 3-4　TTL 与 CMOS 电路直接耦合

$V_{DD} > 5V$ 时, 耦合必须通过接口电路来实现。通常采用 TTLOC 门作为接口, 通过提升 R_L 将输出高电平上拉到 V_{DD} 左右, 如图 3-5 所示, R_L 限制值的计算公式同上。也可采用晶体管来耦合, 如图 3-6 所示。

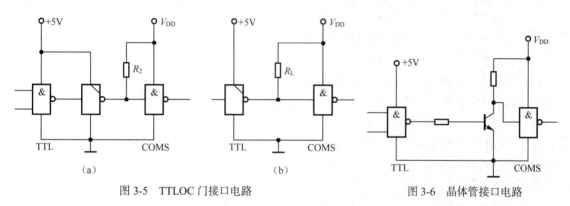

图 3-5　TTLOC 门接口电路

图 3-6　晶体管接口电路

V_{DD} 为 5V 时, 耦合也可用 $V_{DD} > 5V$ 时所采用的两种方法来实现。

② CMOS 驱动 TTL。

CMOS 电路输出高电平为 V_{DD} 左右, 它的工作电压范围宽, 因此, 从逻辑电平兼容性来说可满足 TTL 电路的要求。问题是 CMOS 电路的驱动能力。在 CMOS 电路输出低电平时, CMOS 电路不能承受 TTL 电路的 I_{IL}, 致使输出低电平大大提高, 超过 TTL 电路所允许的最大输出低电平。

若 V_{DD} 为 5V, 则可将同一集成电路上的两个门的输入、输出分别并联, 以增加驱动电流, 如图 3-7 所示。

若 $V_{DD} > 5V$, 则必须采用接口电路。目前已有专门用于 CMOS 电路驱动 TTL 电路的接口电路。双电源的有反相缓冲变换器 CC4010。在 V_{DD} 为 10V 时, 它们的输出低电平驱动电流 I_{DN} 可达 6.4 mA。单电源的有反相缓冲变换器 CC4049 和同相缓冲变换器 CC4050。V_{DD} 为 10V 时, 它们的输出低电平驱动电流 I_{DN} 可达 8 mA。

图 3-8 所示为双电源和单电源两种缓冲变换器构成的 CMOS-TTL 变换电路。

也可用晶体管作为接口电路, 转换电路的连接类似图 3-6, 只是把器件类别和电源左右调换一下。

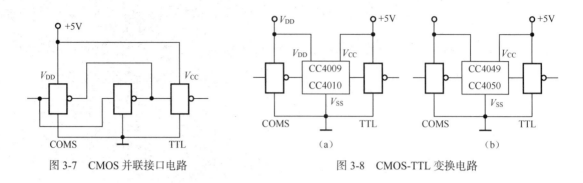

图 3-7　CMOS 并联接口电路　　　　　　　　　图 3-8　CMOS-TTL 变换电路

3.5　数字电路的几种基本电路的测试方法

数字电路的测试目的有两类：一是功能测试；二是结构测试。功能测试的目的是验证被测电路的功能，而结构测试主要针对电路的硬件故障，通过测试确定电路中某节点的故障情况。本书主要介绍功能测试。

与模拟电路相比较，数字电路的测试有其明显的特点：①有较多的被测变量，例如，RAM 有多个地址变量（$A_0 \sim A_n$），多个数据变量（$D_0 \sim D_7$），多个控制变量（读 R，写 W，片选 CS）；②有较多的状态值，例如，一个 16 位的计数电路，其输出就有 2^{16}=65536 个不同的状态值；③多数情况下测试的是逻辑变量，即只关心被测变量的逻辑值"1"和"0"，而不细究它们的电压值；④数字器件的电气参数（如延迟、驱动能力、工作电压）在选定器件后就已经基本确定，设计者测量时仅考虑这些参数对逻辑关系的影响，如延迟参数形成的"竞争""冒险"现象。

数字电路测试的上述特点使得数字电路的测试难点主要是测试工作量过大。随着数字器件集成度的日益提高，数字系统的电路规模越来越大，在整个数字系统开发中，测试所占的比例也越来越大。例如，某组合电路输入变量有 n=48 个，为保证测试的完整性，需要将 2^{48} 个输入状态一一测试。在这种情况下，即便采用每秒 10^9 次的高速自动测试设备，完成测试也需要一年的时间。显然，这种测试方法是不适用的。为了研究数字电路的测试问题，已经形成了"数字域测试"这一学科。目前，解决数字电路测试问题的有效方法是，在电路设计时，使电路不但能满足逻辑功能要求，还便于测试，就是说，电路应该具有可测性。解决可测性问题的较为成熟的方法有电路划分技术、边界扫描技术等。数字电路的可测性问题已经超出了本书范畴，有兴趣的读者可以参阅相关资料。

本节介绍的数字电路测试方法是适于初学者的较简单电路的测试方法，主要用于测试数字电路的功能是否符合设计要求。数字电路功能的测试方法有两类：静态测试和动态测试。

1. 静态测试

（1）组合电路的静态测试。

静态测试组合电路时，由实验箱的逻辑电平开关提供输入变量，逻辑电平开关的内部等效电路如图 3-9（a）所示，当开关 S 置于"1"位置时，输出电平为"1"，开关置于"2"位置时，输出电平为"0"。同时，为方便起见，设有若干个电平指示灯，用于指示被测信号电平的高低，如图 3-9（b）所示。当被测信号为"1"时，三极管导通，LED 发光；反之，LED 熄灭。用 LED 来显示逻辑电平的"1"和"0"比用电压表测量高低电压值更为方便、直观。

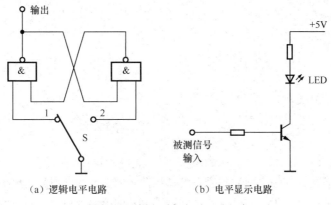

（a）逻辑电平电路　　　　　　　　（b）电平显示电路

图 3-9　逻辑电平与电平显示电路

现以 4 选 1 数据选择器的测试为例，说明静态测试的逻辑组合方法。4 选 1 数据选择器功能表如表 3-3 所示，其静态测试电路如图 3-10 所示。

表 3-3　　　　　　　　　　　　　4 选 1 数据选择器功能表

地址	输出
AB	Y
00	$\overline{D_0}$
01	$\overline{D_1}$
10	$\overline{D_2}$
11	$\overline{D_3}$

　　测试时先将逻辑电平开关 $U_1 \sim U_6$ 分别接到被测电路的输入端 $D_0 \sim D_3$、地址端 A 和 B、$U_1 \sim U_6$ 的电平值均为"0"，输出端 Y 接至实验箱上的电平指示灯的输入端，当 A 和 B 为 U_5U_6="00" 时，应有 Y=$\overline{D_0}$。为验证这一关系是否存在，在 A=B="0" 的条件下改变 U_1 的逻辑电平值，当 U=D_0="1" 时，Y=$\overline{D_0}$ = "0"，电平指示灯灭；再令 U_1= "0"，则应 Y=$\overline{D_0}$ = "1"，指示灯亮。此结果说明，AB= "00" 时逻辑关系正确。接着变换地址值，令 A= "1"，B= "0"，变化相应的输入变量 U_2，观察 Y 是否随着 U_2 变化……组合电路的静态测试基本上是按这一思路进行的。

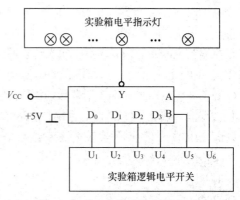

图 3-10　组合电路的静态测试电路

　　测试注意事项如下。

　　① 严格地讲，4 选 1 电路共有 2^6=64 种输入状态，在测试 A=B= "0" 时，不但要测 D_0 变化对 Y 的影响，也应该测试 D_1、D_2、D_3 对 Y 的影响。但是，按功能表测试时只测试了其中的 8 种状态。如果将所有的输入情况一一测试，这种方法称为穷举法。而按功能表测试的方法称为功能法。本书介绍的均为功能法测试。

　　② 静态测试时输入变化很慢（人工改变输入的时间以秒为单位），并且输入信号是逐个改变的，与实际工作时的输入变化速度可能不同，测量输出信号时，显示的输出变量是输入电平稳定

后的情况，所以，静态测试的条件与实际工作的条件不同，测试结果与实际情况可能不同。而当输入信号变化很快时，如果电路因器件延迟而产生了"竞争"或"冒险"现象，由于"竞争"或"冒险"产生的"毛刺"是非常窄的脉冲，用 LED 也无法显示出来。这是静态测试的主要缺点。

（2）时序电路的静态测试。

时序电路的测试比组合电路要复杂，测试的内容不仅有逻辑功能，还有其他功能，如自启动特性。

① 逻辑功能的测试。

时序电路的静态测试与组合电路的静态测试相似，但是，时序电路的输入信号对电路的影响并不限于逻辑电平的高低，很多时序电路是靠输入信号的前沿或后沿来触发的，所以，测试时序电路时，对边沿有要求的输入端必须输入一个脉冲信号，以得到需要的前沿或后沿。实验箱提供了单脉冲信号，它由一个自复开关控制，每按一下自复开关就产生一个单脉冲。单脉冲产生电路的原理如图 3-11 所示。

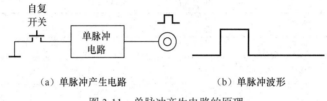

(a) 单脉冲产生电路　　　　　　(b) 单脉冲波形

图 3-11　单脉冲产生电路的原理

现以 74160 的逻辑功能为例，说明时序电路的静态测试方法。74160 的逻辑符号如图 3-12 所示，其功能表如表 3-4 所示，测试电路如图 3-13 所示。测试时先使用实验箱上的电平开关为 74160 的数据输入端 A、B、C、D 设置一组逻辑电平，如 $U_1U_2U_3U_4$= "1010"，并用逻辑电平开关使 $\overline{CR}$ = "1"，$\overline{LD}$ = "0"，此时可以先测 LD 端的置数功能。按实验箱上的单脉冲开关后，输入到时钟脉冲（Clock Pulse，CP）端的单脉冲的上升沿产生，用电平指示灯显示测试结果，如果得到 $Q_AQ_BQ_CQ_D$=ABCD，即表明置数控制端 LD 有效。在 $\overline{LD}$ = "0"时，变化数据输入端 A、B、C、D 的数字，随后按单脉冲开关，如果 $Q_AQ_BQ_CQ_D$ 随着 ABCD 变化，则说明数据输入端 A、B、C、D 有效。再在 $Q_AQ_BQ_CQ_D$ 为某值的时候（如 $Q_AQ_BQ_CQ_D$= "1010"时），令 $\overline{LD}$ =$\overline{CR}$ =T=P= "1"，这时 74160 为计数状态，若每按一次单脉冲开关，送入一个 CP 信号，$Q_AQ_BQ_CQ_D$ 就增加一个数，按 16 次单脉冲开关后 $Q_AQ_BQ_CQ_D$ 的状态值

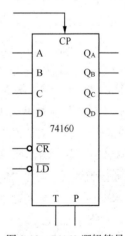

图 3-12　74160 逻辑符号

出现一次循环，则说明该器件的计数功能正常。测试器件的保持功能时，令 $\overline{CR}$ =$\overline{LD}$ =T= "1"，P= "0"，此后不断地按单脉冲开关，若 $Q_AQ_BQ_CQ_D$ 不变，则说明保持功能正常。测试异步清零功能时，先用置数方法使 $Q_AQ_BQ_CQ_D$ 为某一值，$\overline{LD}$ =P=T 为任意值，此时，用逻辑电平开关使 $\overline{CR}$ = "0"，若 $Q_AQ_BQ_CQ_D$= "0000"，则说明清零端 $\overline{CR}$ 的功能正常。采用这一方法，可以逐步测试时序电路各个功能端的功能，也可以测试其输出端 Q_A、Q_B、Q_C、Q_D 的逻辑值是否正确。

表 3-4　　　　　　　　　　　　　　　　　74160 功能表

CP	$\overline{CR}$	$\overline{LD}$	P	T	A	B	C	D	Q_A	Q_B	Q_C	Q_D
φ(↑)*	0	φ	φ	φ	φ	φ	φ	φ	0	0	0	0
↑	1	0	φ	φ	a	b	c	d	a	b	c	d
↑	1	1	1	1	φ	φ	φ	φ	计　　　　数			
↑	φ	φ	φ	φ	φ	φ	φ	φ				
↑	1	1	0	φ	φ	φ	φ	φ				
↑	1	1	φ	0	φ	φ	φ	φ	保　　　　持			

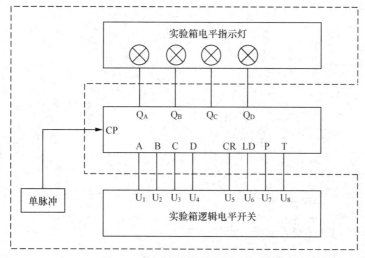

图 3-13　时序电路的静态测试电路

测试注意事项如下。

● 74160 的输入端共有 8 个（未考虑 CP 端），若用穷举法测试，则有 2^8=256 个测试步骤。若将各种条件下的计数功能都测试一遍，测试的工作量是非常大的。因此，实际测试时，一般清零端功能只测一次，保持功能的 P 端和 T 端也测一次，在测试置数端时，变化 A、B、C、D 端的数据可多测几次（如 ABCD 分别为 "0001" "0100" "0010" "1000" "1111" "0000"），测试计数功能时，$\overline{CR}$ =P=T=$\overline{LD}$ = "1"，测试 16 次，这样，整个测试只有 30 多个测试步骤。

● 时序电路的输出状态往往较多，例如，一个 16 位计数器就有 16 个输出端 $Q_1 \sim Q_{16}$，共有 2^{16}=65536 种输出状态，一一测试显然是不可能的。遇到这种情况时，一般可将一个 16 位计数器分为两个 8 位计数器分别进行测试，这样，每一个 8 位计数器的输出状态有 2^8=256 个，两个计数器共有 512 个输出状态，当两个计数器测试均正常时再将两个计数器合为一个，这时，主要测试第 8 位计数满后向第 9 位的进位情况，如果进位正常，则可以认为整个计数器正常。由这一思路可知，如果能在设计时就对电路状态进行划分，则可以给测试带来很大的方便。设计时将数字电路划分为若干模块，是数字电路可测性设计的一个重要方法。

② 自启动特性的测试。

时序电路中有 n 个触发器，则触发器最多可提供 2^n 个状态，如果时序电路并没有使用所有的 2^n 个状态，而是只用了其中的一部分，则称已经使用的状态为有效状态，没有使用的状态为偏离状态。如果电路通电后，时序电路处于偏离状态，经过若干个状态转移操作后电路能转移到有效状态，则认为该电路具有自启动特性；否则，认为其无自启动特性。无自启动特性的时序电路是不能可靠工作的。时序电路的自启动特性可以通过理论分析得出，但还需要经过实验验证。

验证自启动特性的方法：首先分析出所有的偏离状态；然后用静态测试时采用的置数方法，使电路处于某一偏离状态；接着，用逻辑电平开关为电路的各个功能端设置合适的电平，并用单脉冲开关向电路送入 CP 信号，每输入一个信号，记录一次状态转移的情况；最后，如果送入若干单脉冲后电路进入有效状态，则说明在该偏离状态下可以进入有效状态，然后选择另一个偏离状态。重复以上步骤，所有的偏离状态都逐一测试后，方可证明电路是否具有自启动特性。时序电路的自启动特性测试电路如图 3-14 所示。

图 3-15 所示的为扭环形计数器，设计时选择有效状态，如图 3-16 所示。经分析可知，其偏离状态有 8 个。下面实测其自启动特性。

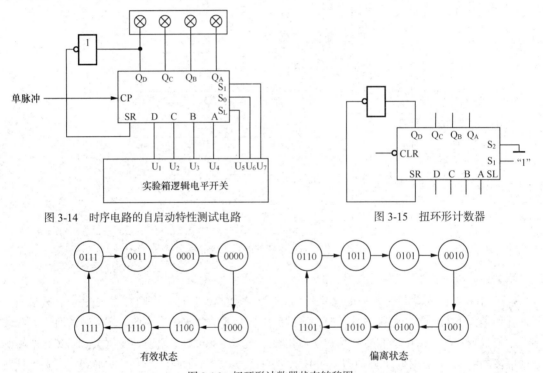

图 3-14 时序电路的自启动特性测试电路　　　　图 3-15 扭环形计数器

图 3-16 扭环形计数器状态转移图

为了将该电路起始状态置为偏离状态，需要将控制端 S_2、S_1 和数据端 D、C、B、A 接在实验箱的逻辑电平输出上。选择一个偏离状态如 "0110"，令 DCBA= "0110"，再令 $S_2S_1=$ "11"，使电路处于置数状态，输入一个 CP 信号后，$Q_DQ_CQ_BQ_A=$DCBA= "0110"，再令 $S_2S_1=$ "01"，使电路处于计数状态，随后在 CP 端输入一个单脉冲，用电平指示灯观测各 Q 端的输出状态并做记录。由实验可知，图 3-15 所示的电路没有自启动特性，必须进行修正。

2. 动态测试

静态测试法测试效率较低，而且电路的某些与动态特性相关的逻辑现象（如"冒险""竞争"）难以测出。动态测试法可以弥补静态测试法的不足。

（1）组合电路的动态测试。

组合电路动态测试的思路是采用穷举法，即由实验箱上的测试用信号源自动产生一组测试码，该组测试码涵盖了输入信号的所有状态组合，再用示波器观测输入波形与输出波形的关系，两者的关系应该符合真值表要求。

例如，动态测试图 3-17 所示电路。A、B、C、与 F 的信号波形如图 3-18 所示。

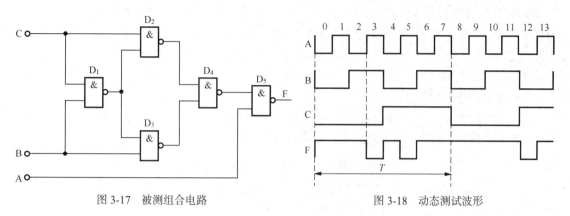

图 3-17　被测组合电路　　　　　　　　　　图 3-18　动态测试波形

测试注意事项如下。

① 示波器一般只有双踪，测试多个波形关系时有一些特定的操作要求。

② 如果输出端 F 的波形不正常，可以写出信号传输路径中各个门电路输出端的真值表，用示波器测量各点波形并与真值表对照。与真值表不符之处即为故障所在。

③ 示波器的屏幕较小，分辨率也有限，可显示的信号长度有限，有时输入信号数量较多，其穷举的信号序列较长（如 8 个输入信号的测试序列长达 $2^8=256$ 个），而示波器上最多能显示出几十个信号周期，这种情况正是数字电路的测试难点所在。因此，在测试长序列信号时，一般要采用数字式存储示波器或逻辑分析仪。

（2）时序电路的动态测试。

时序电路动态测试一般在被测电路时钟要求的频率范围内进行，时钟信号源由实验箱提供，示波器为观测各个被测点上波形的主要测量仪表。在测量计数器、分频器、分配器等时序电路时，用实验箱上的连续脉冲信号作为输入的时钟信号，用示波器观测各个输出端的波形关系。有一些时序电路不但需要时钟信号，而且需要多种控制信号。例如，移位寄存器等电路除需要时钟信号外还需要置数控制、位移控制、加减计数方式控制等多种输入信号，如果也用穷举法产生所有控制功能端的组合测试信号，则会使测试码非常长，以致用示波器无法观测一个完整的测试序列。所以，如果时序电路有置数等控制信号，大多采用静态与动态相结合的测试方法，一部分测试输入信号（如 CP）采用动态信号，一部分测试输入信号（如置数控制、位移控制等）由静态法产生。

测试注意事项如下。

① 当时序电路的置数控制等外部输入信号较多时，用穷举法提供动态测试信号是比较困难的。在这种情况下，一般应采用静态与动态相结合的方法。

② 在实际工作中，有时仅靠现有仪表和设备无法完成数字电路的测试，需要设计一些专门的测试电路。专用测试电路可能比原有的逻辑功能电路更为复杂。目前，在数字系统的开发过程中，为测试数字电路所花费的时间和物力，有时占到整个设计的 30%～50%，甚至测试费用超过了系统逻辑设计的费用。

3. 数字电路相位关系的正确测试

和模拟电路相比，数字电路测试中要观测的对象往往更多、更复杂，主要表现在信号的频率和均匀性更多样化。作为观察波形的强有力工具，示波器必须要有观察这些多样化信号的能力。另一方面，使用者能否正确使用示波器来进行测试，也是观察结果是否可靠的重要因素。

当需要测量两个有时间关系的波形之间的相位关系时，应正确选择显示方式开关（MODE），频率高时用"ALT"，频率低时用"CHOP"，同时选用周期较长的一路信号作为触发信号，并调节电平旋钮。通常这样就可正确稳定地显示出两个被测波形。但在某些情况下，按上述做法并不能得到正确结果，还必须要注意到扫描时间和触发信号对显示波形的影响。下面就以 V-222 示波器显示波形为例进行讨论。

（1）触发信号为均匀波形。

图 3-19（a）所示为由 D 触发器构成的 2 位二进制计数器，图 3-19（b）所示为它的工作波形，各点波形本身的高、低电平时分别相等，都是均匀波形。

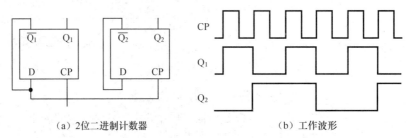

（a）2 位二进制计数器　　　　　　　　（b）工作波形

图 3-19　2 位二进制计数器及工作波形

假定信号的频率在 1～10kHz，这种情况下，观察双踪波形时 MODE 既可置于"ALT"也可置于"CHOP"。假定我们要观察 CP 和 Q 的波形。对于 ALT 显示方式，我们先选用短周期的 CP 作为触发信号，且选用正触发极性（以下同），实际测试中会产生两种情况。

① $(2n-1)T_i < T_1 < 2nT_i$，即每次扫描的起扫点都对应欲观察的长周期波形的某个时刻（上升沿或下降沿），其中 T_i 为 CP 周期，n 为正整数，T_1 为扫描时间。

图 3-20（a）所示的 S_1 锯齿波就属这种情况。我们知道，荧光屏上的扫描轨迹的形状就是该时间内被显示的波形。由图 3-20（a）可见，奇、偶次扫描所得到的 CP 和 Q_1 的轨迹均分别相同。它们重合成图 3-20（b）所示的稳定波形，并且奇、偶次扫描的起扫点都对应 Q_1 波形的上升沿，CP 和 Q_1 波形的相位关系是正确的。

② $2nT_i < T_1 < (2n+1)T_i$，即起扫点不固定对应欲观察的长周期波形的某个时刻。

图 3-20（a）所示的 S_2 锯齿波就属这种情况。奇、偶次扫描所得到的 CP 和 Q_1 的轨迹也均分别相同，它们也重合成稳定的波形，但偶次扫描起扫点对应的不是 Q_1 波形的上升沿而是下降沿。这样，荧光屏上所显示的 Q_1 波形的相位就和上述情况不同，如图 3-20（c）所示。

所以，微调扫描使 T_1 在上述两种情况之间变化时，所显示的 CP 波形总是稳定的，而 Q_1 波形会沿着 t 轴方向挪动一个 T_i。但由于它们是周期性的均匀波形，因而不会引起相位差错。

在 CHOP 显示方式下，若仍采用 CP 作为触发信号，可分析出在第一种情况下 CP 和 Q_1 都可稳定显示。在第二种情况下由于奇次扫描的起扫点对应 Q_1 波形的上升沿，而偶次扫描的起扫点对应 Q_1 波形的下降沿，两者所得 Q_1 轨迹相差一个 T_i，它们重叠在一起就会变成图 3-20（d）所示的 Q_1 的高、低电平的两条水平线。

当我们观察 CP 和 Q_2 波形时，如果选用 CP 作为触发信号，根据上述图解法或通过实验会发现，不管采用 ALT 还是 CHOP 显示方式，只有当 $(2^2 n-1)T_i < T_1 < 2^2 nT_i$ 时，才能正确稳定显示

CP 和 Q_2 波形。如果不满足这个条件，虽然 CP 总可稳定显示，但 Q_2 在 CHOP 显示方式下却会变成和图 3-20（d）所示的 Q_1 一样的两条水平线，而在 ALT 显示方式下，Q_2 的波形不是发生相位挪动，就是两条水平线。

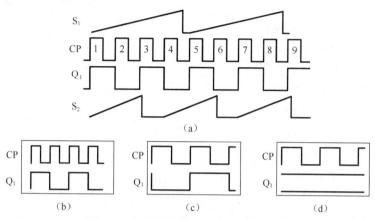

图 3-20　用短周期信号触发时显示的波形

由上面的分析可知，在用双踪示波器观察具有时间关系的两个波形时，若采用短周期波形作为触发信号，虽短周期波形可稳定显示，但另一较长周期的波形往往不能稳定显示。其原因就是扫描信号和较长周期波形之间发生了相位挪动。若换用较长周期的波形作为触发信号，就可避免这种麻烦，稳定地显示出两信号的波形。我们以观察 CP 和 Q_2 波形为例来说明。

在图 3-21（a）中，我们所选用的 T_1 就不在（2^2n-1）$T_i \sim 2^2 n T_i$ 范围内。现采用 Q_2 作为触发信号，如前所述，不管 T_1 多长，也不管是采用 CHOP 还是 ALT 显示方式，每次扫出的 Q_2 波形总可稳定显示。由于该电路中 Q_2 波形的翻转时刻总是对应着 CP 波形的上升沿，因而每次扫描的起扫点也总是对应着 CP 波形的上升沿。这样，得到的 CP 波形也必然是稳定的，如图 3-21（b）所示。当

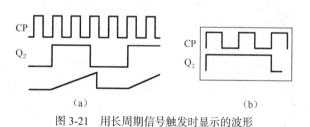

图 3-21　用长周期信号触发时显示的波形

改变 T_1 时，只是所显示的周期数发生变化，而波形总是稳定的。

由上面的讨论我们可以得出一个结论：当我们用双踪示波器观察两个有时间关系的均匀波形时，只要选用较长周期的波形作为触发信号（内、外触发均可），无论是采用 CHOP 还是 ALT 显示方式，也不管 T_1 多长，都可保证每次扫描的起扫点和长、短周期波形之间的相位关系保持不变，因而它们的轨迹分别重合成两个相位关系正确而稳定的波形。

（2）触发信号为不均匀波形。

上面所得出的结论只适用于触发信号为均匀波形的情况。对图 3-22（a）所示电路来说，它的各级输出波形中高、低电平时间分别不等，因而它们都是不均匀波形，但各波形的周期相同。观察这些波形时，只能用其中一个不均匀波形作为触发信号。下面来分析这样观察波形时容易产生的问题。

我们先选用 ALT 显示方式来观察 Q_1、Q_2 的波形，用 Q_1 作为触发信号。由于 Q_1 不均匀波形的一个周期 T 包含两个脉冲，为讨论方便起见，将它们的周期分别标为 t_1 和 t_2，它们的上升沿分

别为①和②，如图 3-23 所示。在所选正触发极性情况下，它们都可触发扫描。

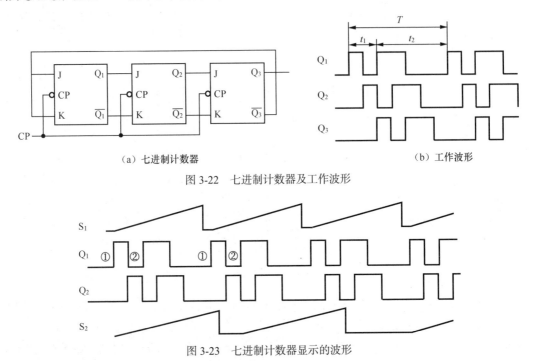

（a）七进制计数器　　　　　　　　　　　　　　　　（b）工作波形

图 3-22　七进制计数器及工作波形

图 3-23　七进制计数器显示的波形

在 $nT-t_2 < T_1 < nT$ 情况下，每次扫描的起扫点都固定于相应周期的同一时刻（①或②上升沿）。我们假定是①，且奇、偶次扫描分别扫 Q_1 和 Q_2，如图 3-23 中 S_1 锯齿波所示。由图 3-23 可见，奇、偶次扫描所得轨迹分别相同，而且 S_1 与 Q_1、Q_2 之间的相位关系保持恒定，因而 Q_1、Q_2 波形可稳定显示，其相位关系保持不变。

若 $nT < T_1 < (n+1)T-t_2$，如图 3-23 中 S_2 锯齿波所示，此时起扫点不在相应周期的同一时刻。奇次扫描若从 Q_1 某周期的①上升沿开始，那么偶次扫描只能从相应周期的②上升沿开始。由图 3-23 可见，奇、偶次扫描所得轨迹分别相同。奇次扫描所显示的轨迹是从 Q_1 相应周期的①上升沿开始、与这段扫描时间所对应的 Q_1 波形。偶次扫描所显示的轨迹是从 Q_1 相应周期的②上升沿开始、与这段扫描时间所对应的 Q_2 波形。正因为奇、偶次扫描的起扫点间隔了 t_1，尽管所显示的两个波形是稳定的，但它们之间的相位关系却是错的，所以在变动扫描时间得到两个稳定波形时，它们之间的相位关系可能是对的，也可能是错。这与用均匀波形作为触发信号的情况不同。

若选用 Q_2 作为触发信号，结果也如此。凡是用不均匀波形作为触发信号，在采用 ALT 显示方式时都会产生类似问题。由上面的分析可知，如果不均匀触发信号的一个周期包含 k 个脉冲，在将最后一个脉冲周期标记为 t_k 的情况下，要得到正确相位关系，必须满足 $nT-t_k < T_1 < nT$，即起扫点相对于两个被观察波形来说都相同。否则，所显示的波形之间的相位关系可能是错的。

由图 3-23 也可看出，当采用 CHOP 显示方式时，每次扫描所得 Q_1 和 Q_2 轨迹之间的相位关系显然不会错，但若每次扫描的起扫点不是固定于 Q_1 相应周期的某个触发上升沿，那么两个波形的每次扫描轨迹就分别不同，因而荧光屏上所显示的是不同轨迹叠加在一起的混乱波形。这时我们可以不考虑上述正确显示的时间关系而继续调节扫描时间，在某些时刻，荧光屏上一定会显示出正确稳定的波形。此时，扫描时间自然满足 $nT-t_k < T_1 < nT$。

所以，在不得不采用非均匀波形作为触发信号来观察两个有时间关系的不均匀波形时，若频率允许，应尽量采用 CHOP 显示方式，只要调节扫描时间使荧光屏上出现稳定的波形，它们之间的相位关系肯定是正确的。若频率较高而必须采用 ALT 显示方式，则要人为调节 T_1，使 $nT-t_k < T_1 < nT$ 得以满足。

一个电路系统需测试的波形往往比较多，但只要根据上述方法，按照一定顺序逐次测试即可。在内触发情况下用其中的长周期波形作为触发信号，就可将各点波形相位对齐，即统一在一个波形图中。若选用外触发，就应选用电路中周期最长且尽可能均匀的波形作为触发信号，这样就可免去每次测试时选择触发信号的麻烦。

值得注意的是，在观测电路各点波形相位关系时，应至少观察一个完整周期的情况，不能由局部想当然地推演整个周期情况。例如，观察十进制计数器 $Q_A \sim Q_D$ 端的波形时，波形长度至少要 10 个时钟周期以上。

最后指出，在用 ALT 显示方式观察两个有时间关系的波形之间的相位关系时，若选用内触发，那么触发选择开关（INT TRIG）绝对不能放在"VERT MODE"位置。因为在此情况下，所显示的两个波形是分别以自己作为触发信号的，没有统一的参照标准，只能显示出自己的波形，而不能正确反映它们之间的相位关系。

若被测的两个波形之间没有时间关系，则应将触发选择开关置于"VERT MODE"位置。

3.6　数字电路常见故障的分析方法

1. 数字电路的常见故障

这里所说的常见故障不包括因设计不当产生的逻辑功能错误（因设计不当产生逻辑功能错误应修改设计方案）。一般数字电路常见故障有断路故障、短路故障和集成电路故障。

（1）断路故障。

断路故障是指连线（包括信号线、传输线、测试线、焊点、连接点）断路导致的故障。由这类故障导致的现象比较明显，一般呈现为相关点无规律的电平，如集成电路电源连接端无电压、信号输入端无脉冲电压等。检查这类故障的方法是用"0""1"判断法，例如，设线路通为"1"，断为"0"。操作时可用万用表、逻辑笔或示波器（配合测试信号）从源头沿一定路径逐段查找，不难发现故障点。

（2）短路故障。

短路故障是指连线或点短路造成电路出现异常。例如，电源正端和地短路会造成电源电压为零，局部逻辑线混连会导致逻辑混乱错误。有的短路故障比较隐蔽，需要耐心寻找才能发现。

（3）集成电路故障。

集成电路故障是指集成电路的功能不正常，包括集成电路烫手、集成电路电源端的电压近似为零、集成电路的输入端有规定的逻辑电平而输出端没有规定的逻辑电平等。因此，通过用手触摸、观察电源指示表或输入逻辑信号进行测试就可发现故障点或可疑点。发现故障后应更换可疑集成电路，再测试电路进行判断。

集成电路的管脚折断或折弯而未能插入实验板引起的故障往往体现在集成电路的逻辑功能不能实现，这种故障需要仔细查找才能找到。

当怀疑集成电路坏了时，对于 SSI 或功能简单的 MSI，可以通过测试逻辑功能迅速做出判断。

检查时，一般需要将被查对象从电路中分离出来，即将其输入、输出同其他器件断开进行检查。例如，检查一个与非门，当其输入端全悬空时，输出应为"0"；如果有一个输入端为"0"，则输出为"1"。检查结果如果不符合上述情况，就说明该门已经损坏。又如，在检查 8 选 1 数据选择器时（使能端确已接好），使地址输入分别为"000"～"111"，看输出是否分别对应 $D_0 \sim D_7$ 端，即可做出判断。复杂的 MSI 或 LSI 可以用专门的集成电路测试仪来进行测试。

2. 检查电路的一般方法

组合电路主要检查输入、输出信号之间的逻辑关系是否得到实现。

时序电路应首先检查时钟信号是否加上，以及是否满足电路对时钟的要求，如时钟脉冲频率、高低电平、上升下降时间等；再查使能端、清零端、置数端（不能悬空，避免引入干扰）是否按要求接好；然后按照电路的逻辑功能，分别检查各级电路的输入、输出管脚，看电压是否正常。

表 3-5 列出了 TTL 电路在不同情况下的管脚电压范围，可作为检测电路是否正常的参考值。

表 3-5   TTL 电路在不同情况下的管脚电压范围

管脚所处状态	测得电压值/V
输入端悬空	≈ 1.4
输入端接低电平	$\leqslant 0.4$
输入端接高电平	$\geqslant 3.0$
输出低电平	$\leqslant 0.4$
输出高电平	$\geqslant 3.0$
出现两输出端短路（两输出端状态不同时）	$0.4 < U < 1.4$

在检查电路时，应按照电路的逻辑功能进行推理分析，一步步缩小故障范围，最后找出故障加以排除。这样的查错方法比盲目地反复检查布线要迅速、可靠得多。

对于有故障的多级电路，为了减少调测工作量，可先把可疑的范围分作两个部分，通过检测，判定两个部分究竟哪一部分有故障（对分检测），再对有故障的部分继续进行对分检测，直到找出故障为止。

对于 CMOS 电路，要预防锁定效应。CMOS 电路特有一种失效模式——锁定效应，也称作可控硅效应，这是器件的固有故障现象。其原因是器件内部存在正反馈。消除正反馈形成条件，即可预防锁定效应。正反馈形成条件可能是下述情况之一。

（1）输入（输出）信号电压高于 V_{DD} 或者低于 V_{SS}。

（2）用手触摸输入管脚。

（3）加直流信号和脉冲信号的顺序不正确。

总之，在实验中，完全不出故障是不可能的，然而，只要做到实验前准备充分，实验时操作细心，将故障减少到最低限度是可能的。

第 4 章　数字逻辑电路基础实验

4.1　集成门电路主要参数及特性测试

一、实验目的

1. 熟悉门电路的主要参数及特性。

2. 掌握门电路主要参数及特性的测试方法。

二、预习要求

1. 复习集成门电路的有关内容。

2. 根据实验内容设计出测试电路，拟定数据表格。

三、实验原理

1. TTL 与非门的主要参数及特性测试

（1）TTL 与非门的主要参数。

① 输出高电平 V_{OH}：输出高电平是指与非门有一个以上输入端接地或接低电平时的输出电平值。空载时，V_{OH} 必须大于标准高电平，接有拉流负载时，V_{OH} 将下降。测试电路如图 4-1 所示。

② 输出低电平 V_{OL}：输出低电平是指与非门的所有输入端都接高电平时的输出电平值。空载时，V_{OL} 必须低于标准低电平，接有灌流负载时，V_{OL} 将上升。测试电路如图 4-2 所示。

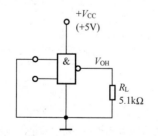
图 4-1　TTL 与非门 V_{OH} 的测试电路

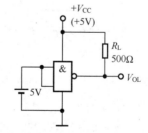
图 4-2　TTL 与非门 V_{OL} 的测试电路

③ 输入短路电流 I_{IS}：输入短路电流 I_{IS} 是指被测输入端接地，其余输入端悬空时，由被测输入端流出的电流。前级输出低电平时，后级门的 I_{IS} 就是前级的灌流负载。一般 $I_{IS} < 1.6\,\mathrm{mA}$。测试电路如图 4-3 所示。

④ 扇出系数 N：扇出系数是指能驱动同类门电路的数目，用以衡量带负载的能力。图 4-4 所示电路能测量输出为低电平时的最大允许负载电流 I_{OL}，然后求得 $N=I_{OL}/I_{IS}$。一般 $N>8$ 的与非门

才被认为是合格的。

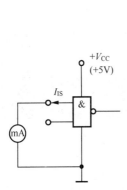

图 4-3　TTL 与非门 I_{IS} 的测试电路

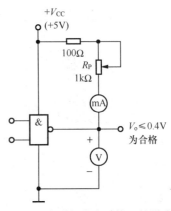

图 4-4　TTL 与非门扇出系数 N 的测试电路

（2）TTL 与非门电压传输特性测试。

利用电压传输特性不仅能检查和判断 TTL 与非门的好坏，还可以直接读出其主要参数 V_{OH}、V_{OL}、V_{ON}、V_{OFF}、V_{NH} 和 V_{NL}，如图 4-5 所示。测试电路如图 4-6 所示。

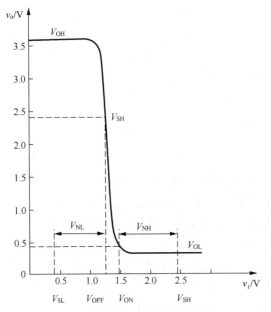

图 4-5　TTL 与非门电压传输特性

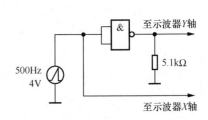

图 4-6　TTL 与非门电压传输特性测试电路

电压传输特性中各参数的意义如下。

开门电平 V_{ON}：保证输出为标准低电平 V_{SL} 时，允许的最小输入高电平值。一般 $V_{ON} < 1.8V$。

关门电平 V_{OFF}：保证输出为标准高电平 V_{SH} 时，允许的最大输入低电平值。

高电平噪声容限 V_{NH}：$V_{NH} = V_{SH} - V_{ON}$。

低电平噪声容限 V_{NL}：$V_{NL} = V_{OFF} - V_{SL}$。

2．CMOS 与非门的主要参数及特性测试

（1）CMOS 与非门的主要参数。

① 输出高电平 V_{OH}：输出高电平是指在规定的电源电压（如 12V）下，输出端开路时的输出

电平值。通常 $V_{OH} \approx V_{DD}$。

② 输出低电平 V_{OL}：输出低电平是指在规定的电源电压（如 12V）下，输出端开路时的输出电平值。通常 $V_{OL} \approx 0V$。

V_{OH} 和 V_{OL} 的测试电路如图 4-7 所示。输入端全部接高电平时测 V_{OL}，将其中任一输入端接地，其余输入端接高电平时测 V_{OH}。

（2）CMOS 与非门电压传输特性测试。

CMOS 与非门的电压传输特性是指与非门输出电压 v_o 随输入电压 v_i 而变化的曲线，如图 4-8 所示。CMOS 与非门电压传输特性曲线测试方法与 TTL 与非门的测试方法基本相同，只是将不用的输入端接到电源 V_{DD} 上，不得悬空。测试电路如图 4-9 所示。

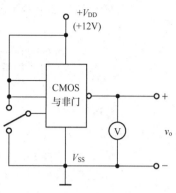

图 4-7　CMOS 与非门 V_{OH} 和 V_{OL} 的测试电路

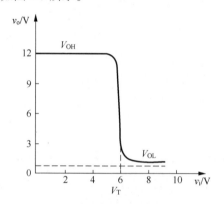

图 4-8　CMOS 与非门电压传输特性

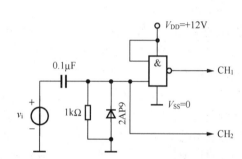

图 4-9　CMOS 与非门电压传输特性测试电路

从特性曲线可知，CMOS 与非门输出高电平接近电源电压 V_{DD}，输出低电平接近 0V。V_T 为 CMOS 与非门的转换电压，也称阈值电压：当输入电压 v_i 超过 V_T 时，输出低电平；当输入电压 v_i 低于 V_T 时，输出高电平。

四、实验内容

1. 测试 74LS00 与非门的下列参数：输出高电平 V_{OH}、输出低电平 V_{OL}、输入短路电流 I_{IS}、扇出系数 N。

2. 测试 74LS00 与非门的电压传输特性曲线。

3. 测试 74HC00 与非门的下列参数：输出高电平 V_{OH} 和输出低电平 V_{OL}。

4. 测试 74HC00 与非门的电压传输特性曲线。

五、实验报告要求

1. 列出数据表格，将实验结果填入并处理数据。

2. 画出相应的特性曲线。

3. 对实验中出现的情况进行分析和讨论，并总结收获。

六、思考题

1. CMOS 门多余的输入端可以悬空吗？

2. 与门、与非门、或门、或非门中，分别有一个输入端接高电平对电路有何影响？

3. 与门、与非门、或门、或非门中，分别有一个输入端接低电平对电路有何影响？

4. 门电路的输出端可以连接在一起使用吗？

4.2 集成门电路应用

一、实验目的

1. 掌握基本门电路的实际应用方法。
2. 掌握基本门多余端的处理方法。
3. 用实验验证所设计电路的逻辑功能。
4. 判断、观察组合逻辑电路险象并了解消除险象的方法。

二、预习要求

1. 详细阅读附录 A 中电工电子综合实验箱的基本功能及使用方法。
2. 复习 SSI 组合逻辑电路的设计方法。
3. 复习组合逻辑电路险象及消除险象的方法。
4. 了解数字示波器的使用方法。
5. 熟悉集成电路的管脚排列顺序，并了解本实验所用集成电路的主要参数。
6. 设计出实验内容中要求的电路图。

三、实验原理

1. 组合逻辑电路设计

组合逻辑电路是指纯由小、中、大规模集成电路构成的电路，电路中没有记忆元器件。

组合逻辑电路的设计是数字技术中的一个重要课题。所谓组合逻辑电路的设计，就是按照逻辑要求，确定逻辑关系，构成经济、合理和实用的逻辑电路。其设计步骤如下。

（1）将逻辑问题的文字描述变换成真值表。

（2）利用卡诺图或公式法求得最简逻辑表达式，并根据所选用的器件对最简逻辑表达式进行变换，得到所需形式的逻辑表达式。

（3）由逻辑表达式画出逻辑图。

组合逻辑电路的设计原则不外两条：首先，所设计出的电路能实现给定的逻辑功能；其次，电路尽可能是最佳的。

实际的组合逻辑电路设计可分为纯逻辑设计和工程设计。

纯逻辑设计一是把器件都视为理想器件，二是想用什么器件就用什么器件，如课堂上的理论设计。实际上，任何器件都是非理想的，都是有一定的延迟时间的，且器件的品种还受市场供应制约。

工程设计要根据特定要求满足主要性能指标，并兼顾其他的原则。例如，做高速运算和控制时，最主要的质量指标是速度，因而可以选用 ECL 类型的集成电路，并尽量减少电路的级数。对于宇航、卫星等数字设备，显然，最主要的质量要求是低功耗、高可靠性，这时就应选用 CMOS 类型的集成电路，并尽可能使电路结构简单。工程设计应从电路的速度、造价、工作可靠性及功耗等方面综合考虑，这是一个复杂问题。总之，工程设计应尽可能用标准器件，所使用的器件应尽可能少，使性能价格比最大。

对于任何一个逻辑问题，只要能列出它的真值表，就能顺利地设计出逻辑电路。但是，把逻辑问题的文字描述转换成真值表并不是一件容易的事情，取决于设计者对逻辑问题的理解和个人的经验。

例 4-1 举重比赛中有三个裁判。裁判认为杠铃已完全举上时，按下自己面前的按钮。假定主裁判和两个副裁判面前的按钮分别为 A、B 和 C。表示完全举上的指示灯 F 只有在三个裁判或两个裁判（但其中一个必须是主裁判）按下自己面前的按钮时才亮。试设计满足该逻辑功能的逻辑电路。

首先按题意列出真值表，列真值表要解决两个问题：一是根据逻辑问题确定逻辑变量和输出函数；二是概括逻辑功能填写真值表。由题意可以明显看出，裁判面前的按钮为逻辑变量，指示灯为输出函数。

按钮和指示灯都只有两种状态，用"1"表示按钮按下，"0"表示不按下。F="1"表示灯亮，F="0"表示灯灭。根据题意列出真值表如表 4-1 所示。

表 4-1   例 4-1 真值表

A	B	C	F
0	0	0	0
0	0	1	0
0	1	0	0
0	1	1	0
1	0	0	0
1	0	1	1
1	1	0	1
1	1	1	1

经卡诺图化简可得

$$F=AC+AB$$

采用与非门时，所得逻辑电路如图 4-10 所示。

对于多输出函数，简化时也是以单个函数简化法作为基础。但多输出网络是一个整体，它的每个输出对应一个函数，并且是一组函数的一部分。我们所要求的是整体简化，因此，在简化时应该照顾到全局。

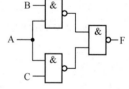

图 4-10　例 4-1 的逻辑电路

2. 组合逻辑电路的冒险现象及消除方法

前面所讨论的组合逻辑电路设计基础是输入和输出信号都是稳定的。也就是说，讨论的是静态下的逻辑关系。对于实际的组合逻辑电路来说，当所有的输入信号达到稳定时，输出并不能立即达到稳态，而是要经过一个过渡过程。在这个过程中，真值表所描述的逻辑关系可能暂时受到破坏，即输出端可能不是原来所期望的状态。这种在输入信号发生变化时，组合逻辑电路有瞬时干扰信号（毛刺）输出的现象称为冒险现象（简称为险象）。

组合逻辑电路中存在两种不同类型的险象：一种是逻辑险象；另一种是功能险象。

（1）组合逻辑电路中的逻辑险象。

逻辑险象是指电路中一个输入变量发生变化时，电路在瞬变过程中出现短暂错误输出（毛刺）的现象。

图 4-11 所示的 $F=A \cdot \overline{A}$ 电路中，由于 G_1 门的延迟，信号 A 由 "0" 变到 "1" 时，在电路输

出端错误产生"0-1-0"型险象。一个信号经过不同途径到达同一门的输入端时，由于每条途径上的延时往往不同，因而到达的时间可能有先有后，这种现象称为竞争。竞争就是产生险象的根本原因。

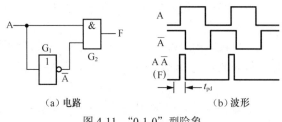

（a）电路   （b）波形

图 4-11 "0-1-0"型险象

同样，或门电路中也会产生险象，如图 4-12 所示，这是一种"1-0-1"型险象。

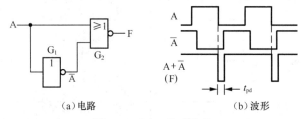

（a）电路   （b）波形

图 4-12 "1-0-1"型险象

我们把单一输入变量变化前后输出稳定值相同，而在输入变量变化时所产生的瞬时错误输出，称为静态逻辑险象。上面讨论的"0-1-0"型和"1-0-1"型险象都属于这种险象。

在组合逻辑电路中，还有另一类逻辑险象——动态逻辑险象。动态逻辑险象是指单一输入变量变化前后输出稳定值不同时电路中出现的险象。具有动态逻辑险象的电路所造成的瞬时误动作是输出产生三次或大于三次的奇数次变化，也就是波形的毛刺是以"1-0-1-0"或"0-1-0-1"形式出现的。图 4-13 所示电路中，在 B=C="1"，A 由"1"变为"0"时，输出 F 为"1"→"0"→"1"→"0"，出现正向尖脉冲。

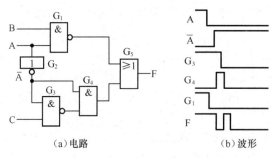

（a）电路   （b）波形

图 4-13 动态逻辑险象

（2）静态逻辑险象的判别方法。

判断一个电路中是否存在静态逻辑险象的方法有代数法、卡诺图法和示波器法。

① 代数法。

代数法是根据函数式的结构来判断，方法如下。

当变量同时以原变量和反变量形式出现在函数式中时，该变量就具备了竞争条件。

消除式中其他变量而仅留下被研究的变量,若得到下列两种形式,则说明存在静态逻辑险象。

$$F=A \cdot \overline{A} \quad \text{"0-1-0"型险象}$$
$$F=A+\overline{A} \quad \text{"1-0-1"型险象}$$

消除其他变量的方法,是将这些变量的各种取值组合依次代入函数式,把它们从式中消去。如果某一变量仅以一种形式出现在函数式中,它的变化不会引起竞争,可不考虑它的影响。

例 4-2 判断是否存在静态逻辑险象:

$$F=AC+A\overline{B}+\overline{AC}$$

由该函数式可知,变量 A 和 C 均具备竞争条件。先来考虑 A 变化时是否会引起静态逻辑险象,为此将 B、C 的各种取值分别代入函数式,得到表 4-2 所示真值表。

表 4-2   例 4-2 真值表

B C	F
0 0	$A+\overline{A}$
0 1	A
1 0	$\overline{A}$
1 1	A

这说明,在 B=C="0"的条件下,A 变化时将产生"1-0-1"型险象。用同样方法可判断出,C 变化时虽存在竞争,但始终不会产生险象。

② 卡诺图法。

由一个函数(或电路)所对应的卡诺图很容易判断该函数(或电路)中是否存在静态逻辑险象。只要有两个卡诺圈相切,则当变量在两卡诺圈搭接处发生变化时必然产生险象,而若两卡诺圈交叠或相互错开,则不会产生险象。

③ 示波器法。

险象仅仅发生在输入信号变化瞬间,因而可以借助示波器,让待研究的输入变量处于变化之中,来观察是否有险象发生,具体方法如下。

将给定逻辑电路中某一具有竞争能力的变量用频率较高(>1MHz)的脉冲信号代替,而将其他变量接逻辑开关,然后在这些变量的各种取值下,用双踪示波器同时观察该脉冲信号及输出波形,就可看出该变量变化时,输出波形有无毛刺产生。对每一个具有竞争能力的变量逐一测试,就可较快确定该逻辑电路中实际上是否存在险象、险象类型,以及险象出现的条件。

以例 4-2 为例,若函数式变成 $F=AC+A\overline{B}+\overline{AC}$,由前面的分析已知,A、C 是具有竞争能力的变量。先在该电路 A 端送 1MHz 脉冲信号,B 端、C 端接逻辑开关,在 BC 分别为"00""01""10""11"的情况下观察输出波形有无毛刺。然后,再将测试脉冲移到 C 端,在 AB 分别为"00""01""10""11"的情况下观察输出波形。结果会发现,在 BC="00"且 A 由"1"变为"0"时产生"1-0-1"型险象。

至于动态逻辑险象,它的判断不像静态逻辑险象那样一目了然,只能针对某种转换进行具体分析。消除动态逻辑险象也比较困难。在实验中,我们可用上述示波器法来判断动态逻辑险象。

(3)组合逻辑电路中的功能险象。

组合逻辑电路中有两个或两个以上输入变量同时发生变化,由不同变化途径而产生的险象称为功能险象。类似于逻辑险象,它也分为静态功能险象和动态功能险象。

对图 4-14 所示的电路来说，当 ABCD 由 "0001" 变到 "0111"，变量 B、C 不可能绝对同时变化，若 C 先由 "0" 变到 "1"，由卡诺图可见，这时 F 为 "1" → "0" → "1"，产生静态功能险象。而当 ABCD 由 "1100" 变到 "1011" 时，如途径是 "1100" → "1101" → "1111" → "1011"，则 F 为 "1" → "0" → "1" → "0"，产生动态功能险象。

由上面的功能分析可见，这类险象是由电路的逻辑功能决定的，所以称为功能险象。无论是静态功能险象还是动态功能险象，都可由卡诺图来判断。

（4）险象的消除方法。

险象对数字系统的危害视它的负载电路性质而定。如果负载是组合电路或惯性大的仪表，则影响不大；如果负载是时序电路，而且毛刺的宽度等于或大于后级的响应时间，则会使时序电路中的触发器错误动作。显然该情况下险象是有害的。险象的消除方法有以下几种。

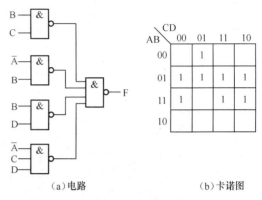

(a) 电路　　　　　(b) 卡诺图

图 4-14　功能险象电路及卡诺图

① 修改逻辑设计。

对逻辑险象来说，可在原函数式中加上多余项或乘上多余因子（对或与表达式），也就是在卡诺图中，用一个多余圈将两个相切的卡诺圈连接起来。或将卡诺图重圈，避免相切。其目的是使原函数 F 不再可能化为 $A+\overline{A}$ 或 $A \cdot \overline{A}$ 的形式，从而消除逻辑险象。

可以证明，添加多余项后，原来的险象消除了，但增加了设备量。

② 加滤波电路。

在对输出波形要求不高的情况下，可在输出端加一个 RC 积分器（低通滤波器）或直接加滤波电容，适当选取 R、C 值将毛刺压抑在电路正常工作的允许范围内，从而消除毛刺对后级工作的影响，如图 4-15 所示。

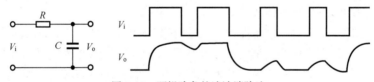

图 4-15　逻辑险象的滤波消除法

③ 加取样脉冲。

由上面的分析可知，险象仅发生在输入信号变化的瞬间。因此，在组合逻辑电路输出门的一个输入端加一个取样脉冲，就可以有效地消除任何险象。取样脉冲的出现时间一定要与输入信号的变化时间错开，这样，通过取样就能正确反映组合逻辑电路的输出值，如图 4-16 所示。但必须指出，加取样脉冲后，输出将不是电位信号，而是脉冲信号。

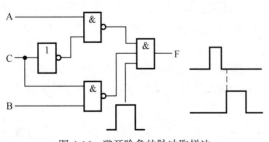

图 4-16　避开险象的脉冲取样法

至于功能险象，它是由几个输入变量的实际变化存在时差引起的，因而很难在逻辑设计时设法避免，通常采用加取样脉冲或加滤波电路来消除。

四、实验内容

1. 测试 74LS00 与非门的逻辑功能。

2. 测试 74LS86 异或门的逻辑功能。

3. 用与非门设计一位全减器。

4. 用异或门实现当 K="0" 时输出原码，K="1" 时输出反码（设原码为 4 位并行二进制码）。

5. 用与非门设计一数字锁逻辑电路，该锁有 3 个按钮 A、B、C，当 A、B、C 同时按下，或 A、B 同时按下，或只有 A 或 B 按下时开锁，如果不符合上述条件则报警。

6. 有一组逻辑电路如图 4-17 所示。

（1）试用示波器来判断是否存在逻辑险象、险象类型及险象出现的条件。

（2）在输出端加接滤波电容，观察毛刺的变化情况。

（3）换用修改逻辑设计的方法来消除所出现的险象，并通过实验验证。

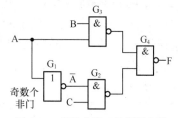

图 4-17　实验内容 6 的逻辑电路

五、实验报告要求

1. 列出数据表格，将实验结果填入并处理数据。

2. 画出相应的电路图、波形图。

3. 对实验中出现的情况进行分析和讨论，并总结收获。

六、思考题

1. 总结 TTL 门电路和 CMOS 门电路的多余输入端的处理方法。

2. 实验中观察到的毛刺为什么不是矩形波且幅度较小？

3. 用示波器观察毛刺时，输入信号频率为何要取得较高？

4. 各门的输出端是否可以连在一起，实现"线与"？如果想实现"线与"，则应该用什么门电路？

5. 为什么异或门又称可控反相门？

6. 某同学认为逻辑电平中"1"就是指该信号电压为+5V，这种认识是否正确？为什么？

4.3　数据选择器及应用

一、实验目的

1. 熟悉中规模集成电路数据选择器的工作原理与逻辑功能。

2. 掌握数据选择器的应用方法。

二、预习要求

1. 复习数据选择器的有关内容。

2. 掌握 74LS151 和 74LS153 的工作原理及管脚排列。

3. 根据实验内容设计出实验电路，拟定数据表格。

三、实验原理

1. 逻辑功能

数据选择器又称多路选择器或多路开关，常以 MUX 表示。它是多输入、单输出的组合逻辑电路，在选择信号的控制下，能从多路输入数据中选择一路输出，其作用相当于单刀多掷开关。在近代数字技术中，它作为通用逻辑组件得到广泛应用。

常用的 MUX 有 2 选 1、4 选 1、8 选 1 和 16 选 1，它们又分别称为 2 路、4 路、8 路和 16 路选择器。从输出来说，有原码输出和反码输出，有的 MUX 还能同时输出互补信号，此外还有 OC 输出与三态输出。

图 4-18（a）所示为 4 选 1 数据选择器 74LS153 的逻辑符号。每块组件内封装了两个完全相同的 4 选 1 选择器，它们各有一个使能（选通）控制端 $\overline{G}$ ，输入低电平有效。由于二者逻辑结构相同，因此逻辑函数式同为

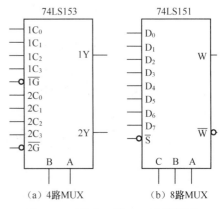

(a) 4 路 MUX   (b) 8 路 MUX

图 4-18　4 路和 8 路 MUX 逻辑符号

$$Y = (\overline{B}\,\overline{A}C_0 + \overline{B}AC_1 + B\overline{A}C_2 + BAC_3)G$$

式中，B、A 为数据选择信号（也称为地址），$C_0 \sim C_3$ 为输入信号。

当 $\overline{G}$ = "1" 时，1Y 和 2Y 均为低电平，与输入数据无关，即数据选择器不工作。

当 $\overline{G}$ = "0" 时，$Y = \overline{B}\,\overline{A}C_0 + \overline{B}AC_1 + B\overline{A}C_2 + BAC_3$。

因而输出是 $C_0 \sim C_3$ 之一，它取决于数据选择端的状态。对于 BA 的 4 组取值 "00" "01" "10" "11"，选择器分别输出 C_0、C_1、C_2 和 C_3。其功能表如表 4-3 所示。使用中应注意到 74LS153 的 BA 地址输入是公共的，故不能将它们用在两个不同的逻辑问题里。

表 4-3　　　　　　　　　　　　　74LS153 功能表

选择输入		选通 $\overline{G}$	输出 Y
B	A		
ϕ	ϕ	1	0
0	0	0	C_0
0	1	0	C_1
1	0	0	C_2
1	1	0	C_3

8 路选择器 74LS151 的逻辑符号如图 4-18（b）所示，其内部电路结构与 74LS153 类似，但多一个反相输出端（$\overline{W}$）。

2. 容量扩展

目前生产的 MUX，最多的路数为 16。在地址输入变量超过 4 个时，就要对 MUX 进行容量扩展。另外，在手头没有所需大容量 MUX 的情况下，也需要利用小容量 MUX 来扩展。

常用的 MUX 通道扩展方法有下面几种。

（1）利用选通端。

在 MSI 组合逻辑电路中，选通端常给逻辑设计带来灵活性。图 4-19 所示电路通过选通端控制两个 4 路 MUX 实现 8 选 1。其中 $D_0 \sim D_7$ 端输出被选择数据，C、B、A 为地址输入端，地址的最高位用来控制选通端。由电路可知，根据 C、B、A 端的输入就可从 $D_0 \sim D_7$ 中选择一路作为输出，实现 8 选 1（m 为函数的最小项）。

$$Y = 1Y + 2Y = \sum_{i=0}^{7} m_i D_i$$

（2）用附加 SSI 门电路。

不使用选通端而增加若干个 SSI 门电路，也可将 4 路扩展为 8 路，如图 4-20 所示，可看出

$$Y = 2YC + 1Y\overline{C}$$
$$= C(BAD_7 + \overline{B}AD_6 + B\overline{A}D_5 + \overline{B}\,\overline{A}D_4)$$
$$+ \overline{C}(BAD_3 + \overline{B}AD_2 + B\overline{A}D_1 + \overline{B}\,\overline{A}D_0)$$
$$= \sum_{i=0}^{7} m_i D_i$$

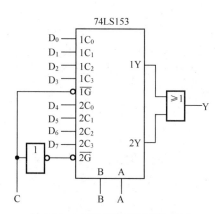

图 4-19　MUX 容量扩展方法（1）

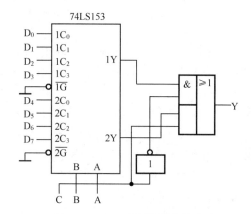

图 4-20　MUX 容量扩展方法（2）

（3）通过 MUX 的级联。

(2^n+1) 个 2^n 选 1 的 MUX 可以扩展为 $(2^n)^2$ 路的 MUX。图 4-21 所示为用 5 个 4 选 1 的 MUX，采用两级串联扩展为 16 选 1 的 MUX。其地址变量中的高两位 $n_3 n_2$ 作为第二级的选择输入 BA；低两位 $n_1 n_0$ 作为第一级的选择输入 BA。输出函数为

$$Y = \overline{n}_3 \overline{n}_2 \overline{n}_1 \overline{n}_0 D_0 + \overline{n}_3 \overline{n}_2 \overline{n}_1 n_0 D_1 + \cdots$$
$$+ n_3 n_2 n_1 n_0 D_{15} = \sum_{i=0}^{15} m_i D_i$$

3．数据选择器的应用

MUX 除了选择数据这一基本用途外，还可用于数据并行—串行转换、数据传递、数据分时控制、序列信号发生器、比较器，以及实现任意逻辑函数。下面简要说明 MUX 的典型应用原理。

（1）实现逻辑函数。

MUX 是一种通用的逻辑组件，一般的组合逻辑电路都可以用它来实现。下面介绍采用 MUX 来设计一般组合逻辑的方法。

① 用具有 n 个地址端的 MUX 实现 n 变量函数。

我们知道，一块具有 n 个地址端的 MUX 具有选择 2^n 个数据的功能。例如，$n=3$ 的 MUX 可完成 8 选 1 的功能，其输出函数为

$$Y = \overline{C}\,\overline{B}\,\overline{A}D_0 + \overline{C}\,\overline{B}AD_1$$
$$+ \overline{C}B\overline{A}D_2 + \overline{C}BAD_3 + C\overline{B}\,\overline{A}D_4$$
$$+ C\overline{B}AD_5 + CB\overline{A}D_6 + CBAD_7$$

$$= D_0 m_0 + D_1 m_1 + D_2 m_2 + D_3 m_3$$
$$+ D_4 m_4 + D_5 m_5 + D_6 m_6 + D_7 m_7$$
$$= \sum_{i=0}^{7} D_i m_i$$

由此可见，D_i 相当于逻辑函数最小项展开式中的选择系数 a_i。当 D_i 为 1 时，与之相应的最小项将被选来组成函数；D_i 为 0 时，与之相应的最小项不进入函数。这就是说，只要把函数的自变量作为 MUX 的地址，把每种输入变量组合的函数值作为它的数据输入，就能用 MUX 实现给定的逻辑函数。

例 4-3 用 MUX 实现函数

$$F_1 = \overline{c}\,\overline{b}a + \overline{c}b\overline{a} + \overline{c}ba + c\overline{b}\,\overline{a} + c\overline{b}a + cb\overline{a}$$
$$= m_1 + m_2 + m_3 + m_4 + m_5 + m_6$$

因函数 F_1 的变量数为 3，所以选用具有 3 个地址端的 8 路选择器来实现函数，并将变量 c、b、a 相应选作选择输入 C、B、A，接着确定 c、b、a 各组取值时的函数值。可列出函数 F_1 的真值表，再将各函数值接入选择器的对应输入端，构成具备所需功能的逻辑电路，如图 4-22 所示。

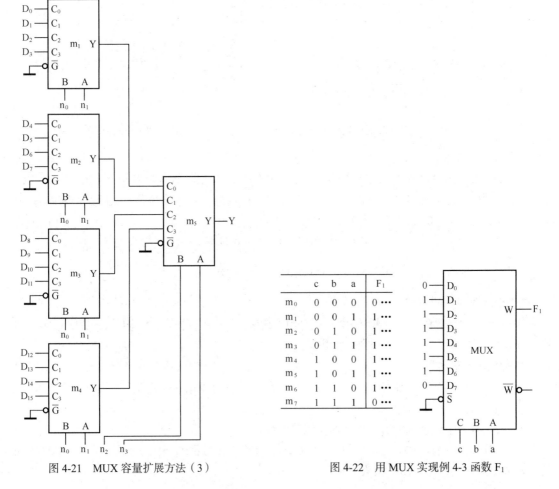

图 4-21 MUX 容量扩展方法（3）

图 4-22 用 MUX 实现例 4-3 函数 F_1

函数 F_1 的输入变量同 MUX 的地址端连接时，必须让加到地址端 C、B、A 的函数输入变量位权与书写最小项代号下标时的位权相同。上面 F_1 式中的最小项代号的下标是按变量 c、b、a 的位权为 4、2、1 标注的，所以输入端 C、B、A 所加的变量次序应为 c、b、a。

由此可见以函数自变量作为地址变量时实现函数的方法：首先根据函数变量数，确定 MUX 的类型；然后确定选择器的输入数据，并把它们加到相应的数据输入端。

由例 4-3 也可看出，用具有 n 个地址端的 MUX 来实现 n 变量的函数是十分方便的，不需要将函数化为最简式。因为 MUX 各数据输入端对应着所有的最小项，所以再化简也不能节省器件。

当输入变量数小于地址数 n 时，将不用的地址端接地即可。

② 用具有 n 个地址端的 MUX 实现 $m(>n)$ 变量函数。

在函数变量数 m 大于地址数 n 情况下，实现函数通常有以下两种方法。

（a）代数法。

利用数据输入端的作用，可直接将具有 n 个地址端的 MUX 扩展为能解决 $(n+1)$ 变量的逻辑问题。

$$F_2 = \overline{a}\,\overline{b}\,\overline{c}\,\overline{d} + \overline{a}\,\overline{b}\,\overline{c}\,d + \overline{a}\,\overline{b}c\,\overline{d} + a\overline{b}\,\overline{c}\,d + a\,b\,\overline{c}\,\overline{d} + a\,b\,\overline{c}\,d$$

这是一个 4 变量函数，若用 3 地址 MUX 来实现它，可将式中任意 3 个变量，如 a、b、c，作为地址变量来对待，称为析出变量。从上述最小项标准式中提出包含析出变量的公用因子，并改写为最小项形式，称为地址最小项。上式整理如下。

$$F_2 = \overline{a}\,\overline{b}\,\overline{c}(\overline{d}+d) + \overline{a}\,\overline{b}c\,d + a\overline{b}\,\overline{c}(\overline{d}+d) + a\,b\,\overline{c}\,\overline{d}$$
$$= m_0 + m_4 d + m_1 + m_3 \overline{d}$$

将式中的析出变量 c、b、a 顺序加到地址输入端 C、B、A，按上式地址最小项的系数将 1、0 及剩余变量加到相应的数据输入端，即可得图 4-23 所示电路。由此可见，n 地址变量的 MUX，不用任何附加的逻辑门就可解决 $(n+1)$ 变量的逻辑问题。

由上述讨论可知，在函数变量数 m 大于 MUX 地址数 n 的情况下，用代数法设计时，应从 m 个变量中选择 n 个直接作为 MUX 的地址输入，然后求出其余 $(m-n)$ 个输入变量所组成的子函数，并将它们加到相应的数据输入端。

如果原函数给出的是最简式，用此法设计时，必须先将它展开成最小项表达式，再按上述方法设计。

（b）降维卡诺图法。

我们知道，在一个函数的卡诺图中，函数的所有变量均为卡诺图的变量，图中每一个小方格里都填有 1 或 0 或任意值。一般将图的变量数称为该图的维数。如果把某些变量也作为卡诺图小方格内的值，则会减少图的维数。这种图称为降维卡诺图。

对上述 4 变量函数 F_2，可用 4 路 MUX 实现之，电路如图 4-24 所示。这是因为通过两次降维，可得到二维卡诺图，如图 4-25 所示。

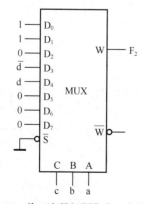

图 4-23　将 4 变量问题化为 3 变量问题

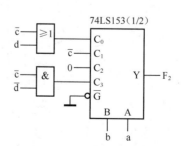

图 4-24　4 路 MUX 实现 4 变量问题

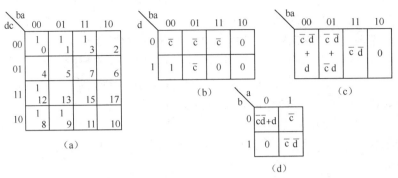

图4-25　4选1MUX实现4变量函数的降维过程

在 $m>n$ 的情况下，必须将该函数的卡诺图降维，使其维数与所采用的 MUX 的地址输入端的个数相同。

必须指出以下两点。

● 虽然数据选择器是一种用途很广的器件，但是它只能实现单值函数。对于多值函数，每个函数要用到一个数据选择器。例如，全加器解决的是二值函数问题，必须有两个数据选择器才能实现它的功能。

● 在 $m>n$ 的情况下，需从 m 个变量中选出 n 个作为地址变量，原则上讲，这种选择是任意的，但不同的选择方案会有不同的设计结果。因此，通过试探、比较方可得到最佳方案。

（2）产生给定序列信号。

计数器和MUX结合起来很容易产生所需要的序列信号。MUX的路数和计数器的模由序列信号的长度 P 决定。只要在MUX数据输入端按一定次序加上序列信号中各位二进制数码，将计数器的输出作为MUX的地址输入，在时钟脉冲作用下就可产生所需要的序列信号。例如，要产生序列信号"11100010"，由该序列信号可知 $P=8$，因而我们可选用8路MUX及3位二进制计数器，将计数器的输出 Q_C、Q_B、Q_A 分别作为MUX的地址 C、B、A，并使MUX的数据输入 $D_0 \sim D_7$ 为"11100010"，在时钟脉冲作用下，MUX的输出端便可重复产生该序列信号，如图4-26（a）所示；也可降维后，用图4-26（b）所示电路来实现。它们所产生的序列信号波形如图4-26（c）所示。

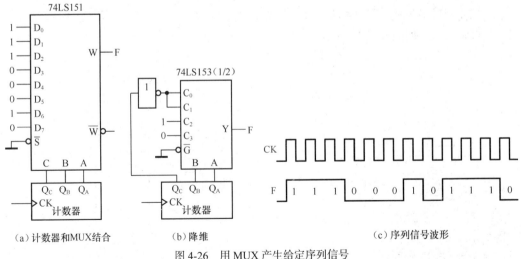

图4-26　用MUX产生给定序列信号

从上述应用可知，任何逻辑函数都可用 MUX 来实现。若变量数多于地址数，可采用降维卡诺图法或代数法，将其中与地址数相符的变量数放到地址端，其余加到相应数据输入端。用 MUX 产生序列信号也很方便，只要将序列信号按一定顺序加到数据输入端，将计数器输出作为地址即可。若序列信号较长，也可降维实现。

四、实验内容

1. 测试 74LS153 的逻辑功能（只需其中一组）。

2. 用 74LS153 设计一位全加器，写出设计过程，并用实验验证。

3. 试用 MUX 产生 "1110010010" 序列信号，用示波器双踪观察并记录时钟脉冲和序列信号波形。

4. 试用 74LS153 或 74LS151 实现函数 $F=\sum(m_0,m_4,m_5)$。

5. 试用 74LS153 或 74LS151 实现函数 $F=\sum(m_0,m_4,m_5,m_8,m_{12},m_{13},m_{14})$。

6. 用 MUX 将 8421BCD 码转换为 2421BCD 码。

五、实验报告要求

1. 写出设计过程，画出完整实验电路图。

2. 整理实验数据（真值表、波形图）。

3. 对实验中出现的情况进行分析和讨论，并总结收获。

4.4　译码显示电路

一、实验目的

1. 掌握二进制译码器、二—十进制译码器和显示译码器的逻辑功能及各种应用方法。

2. 熟悉十进制数字显示电路的构成方法。

3. 了解动态扫描显示方式的电路工作原理及优点。

二、预习要求

1. 复习译码显示电路的工作原理。

2. 根据实验内容设计出电路图，拟定数据表格。

三、实验原理

1. 译码器及其应用

译码器一般都是具有 n 个输入和 m 个输出的组合逻辑电路，常用的译码器是现成产品，只要根据需要选用合适的型号，无须自己进行设计。译码器按用途大致可以分为两类：二进制译码器和二—十进制译码器。

（1）二进制译码器。

二进制译码器是把 n 位二进制码变换为 2^n 个不同状态的组合逻辑电路。常用的中规模集成译码器有 2-4 线、3-8 线和 4-16 线三类，下面对前两类进行介绍。

① 2-4 线译码器。

74LS139 是具有两个独立的 2-4 线译码器的中规模集成电路，其逻辑符号如图 4-27（a）所示。$\overline{G}$ 为使能输入，用于控制译码器的工作状态，B、A 为选择输入，它们是二进制变量。$\overline{G}$ = "1" 时，译码器各输出端均为高电平，其工作被禁止；$\overline{G}$ = "0" 时，译码器处于工作状态。其功能表如表 4-4 所示。

表 4-4   74LS139 功能表

输入			输出			
使能 $\overline{G}$	选择		$\overline{Y}_0$	$\overline{Y}_1$	$\overline{Y}_2$	$\overline{Y}_3$
	B	A				
1	ϕ	ϕ	1	1	1	1
0	0	0	0	1	1	1
0	0	1	1	0	1	1
0	1	0	1	1	0	1
0	1	1	1	1	1	0

由表 4-4 可见，74LS139 的输出有效电平为低电平。在 $\overline{G}$ = "0" 时，无论 B、A 取何值，都有一个输出端处于低电平，且其位置与 B、A 的二进制码相应。

② 3-8 线译码器。

74LS138 是 3-8 线译码器，其逻辑符号如图 4-27（b）所示。

当 G_1= "0" 或 G_2 = $\overline{G}_{2A}$ + $\overline{G}_{2B}$ = "1" 时，译码器不工作；只有当 G_1= "1"，G_2 = "0" 时，才允许译码器正常工作。其功能表如表 4-5 所示。

表 4-5   74LS138 功能表

输入					输出							
使能		选择			$\overline{Y}_0$	$\overline{Y}_1$	$\overline{Y}_2$	$\overline{Y}_3$	$\overline{Y}_4$	$\overline{Y}_5$	$\overline{Y}_6$	$\overline{Y}_7$
G_1	G_2	C	B	A								
ϕ	1	ϕ	ϕ	ϕ	1	1	1	1	1	1	1	1
0	ϕ	ϕ	ϕ	ϕ	1	1	1	1	1	1	1	1
1	0	0	0	0	0	1	1	1	1	1	1	1
1	0	0	0	1	1	0	1	1	1	1	1	1
1	0	0	1	0	1	1	0	1	1	1	1	1
1	0	0	1	1	1	1	1	0	1	1	1	1
1	0	1	0	0	1	1	1	1	0	1	1	1
1	0	1	0	1	1	1	1	1	1	0	1	1
1	0	1	1	0	1	1	1	1	1	1	0	1
1	0	1	1	1	1	1	1	1	1	1	1	0

（2）二进制译码器的应用。

① 功能扩展。

在实际应用中，所采用的译码器的输入/输出端口数目少于所需的输入/输出端口数目时，必须对它进行扩展，以满足实际需要。常用的扩展方法有两种。

（a）利用使能端进行扩展。

在 MSI 电路中，$\overline{G}$ 端给逻辑设计带来了灵活性。对于 74LS139 来说，内部两个独立的 2-4 线译码器各有一个使能端 $\overline{G}$，要将它扩展成 3-8 线译码器，必须借助于外加非门，并把 $\overline{G}$ 也作为译码器的选择输入端，如图 4-28 所示。当 x_2= "0" 时，译码器 1 工作，而译码器 2 不工作；

当 x_2＝"1"时，则反之。可以分析出，对应于 $x_2x_1x_0$ 的一组取值，$Y_0 \sim Y_7$ 中只有相应的一个输出为"0"，其他输出都为"1"，从而可实现 3-8 线译码功能。

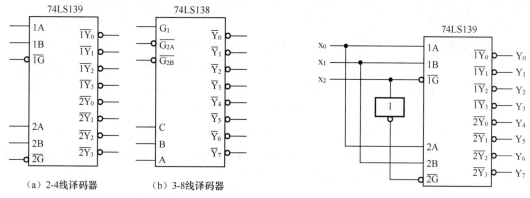

（a）2-4 线译码器　　　　　（b）3-8 线译码器

图 4-27　2-4 线译码器和 3-8 线译码器逻辑符号

图 4-28　2-4 线译码器扩展为 3-8 线译码器

对于 74LS138 来说，使能端有 3 个，使用更方便。无须外加门电路就可用两片 74LS138 直接构成 4-16 线译码器，如图 4-29 所示。

（b）树状扩展。

树状扩展是利用多个译码器级联成树状结构，扩展译码器的输入/输出端口。图 4-30 所示是用 5 个 2-4 线译码器级联构成的 4-16 线译码器。

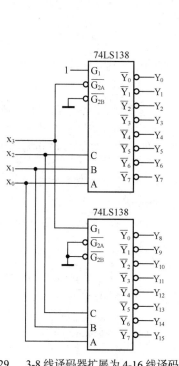

图 4-29　3-8 线译码器扩展为 4-16 线译码器

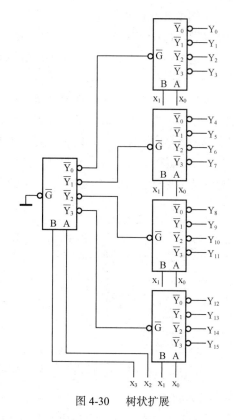

图 4-30　树状扩展

② 控制组件的工作时机。

利用使能端的功能可以消除译码器险象。输入信号发生变化会引起译码器输出信号不稳定，为了使译码的输出稳定，采用使能端进行控制。当选择输入信号发生变化时，使能端不起作用；当选择输入信号处于稳定状态时，使能端起作用。这样就可以达到抑制译码器险象的目的。

③ 实现逻辑函数。

对于二进制译码器来说，输入有 n 个变量，它的输出就有 2^n 个，其中每个输出对应于输入变量的一个最小项非。而任一逻辑函数又总能够表示成最小项之和的形式，因此，只要二进制译码器的容量足够. 就能利用它来实现任何逻辑函数。

例如，选用二进制译码器实现以下逻辑函数：

$$F(a,b,c) = \sum(0,1,3,6,7)$$

由函数 F 的表达式可知，它可以选用 74LS138 来实现。因为 74LS138 的输出是低电平有效，首先需要把函数 F 的表达式做如下变换：

$$F(a,b,c) = \sum(0,1,3,6,7)$$
$$= \overline{\overline{m_0 + m_1 + m_3 + m_6 + m_7}}$$
$$= \overline{\overline{m}_0 \cdot \overline{m}_1 \cdot \overline{m}_3 \cdot \overline{m}_6 \cdot \overline{m}_7}$$
$$= \overline{\overline{Y}_0 \cdot \overline{Y}_1 \cdot \overline{Y}_3 \cdot \overline{Y}_6 \cdot \overline{Y}_7}$$

因此，将 74LS138 中的 $\overline{Y}_0$、$\overline{Y}_1$、$\overline{Y}_3$、$\overline{Y}_6$、$\overline{Y}_7$ 各输出端接到一个 5 输入与非门的输入端就可得到函数 F，如图 4-31 所示。

从这个例子可以看出，利用二进制译码器实现函数时，并不需要先对函数化简，但要注意函数变量在译码器选择输入端放置的次序。因译码器输出端的下标是由选择输入端的位权决定的，函数变量在选择输入端的配置不同，所得结果也往往不同。

④ 数据分配器。

在数据传输过程中，常常需要将一路数据分配到多路装置中去，执行这种功能的电路称为数据分配器（DEMUX）。实际上，数据分配器就是译码器的一种特殊应用。

译码器作为数据分配器使用时，将使能端当作数据输入端，译码器的输入变量作为数据分配器的地址变量。这样，输入端的数据就可按照指定的地址送到相应的输出端。图 4-32 所示为 2-4 线译码器作为 4 路数据分配器时的用法。不带使能端的译码组件，也可作为多路分配器使用。

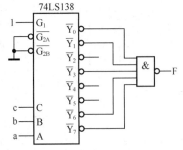

图 4-31 3-8 线译码器实现的组合逻辑函数

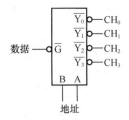

图 4-32 4 路数据分配器

⑤ 脉冲发生器。

将二进制计数器的输出作为译码器的选择输入，便可构成顺序节拍发生器。若再将译码器在任意两个输出端分别接到 R、S 触发器的 R、S 端便可构成脉宽可调的脉冲发生器，电路及波形如

图 4-33 所示，只要改变 R、S 端的位置就可调整输出脉宽，即调整输出波形占空比。调节 CK 的周期虽然也可以影响输出脉宽，但却不能改变占空比。

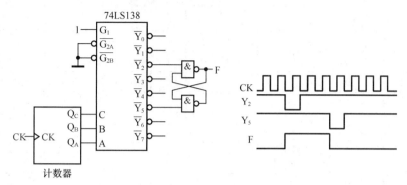

图 4-33　脉冲发生器

2. 显示译码器、数码管及其应用

（1）显示译码器和数码管。

许多数字系统需要把数字信息加工处理的中间结果或最终结果通过数字显示器件显示出来，以便使用者了解和判断系统的运行情况，这时就要用到数字显示译码器。

① 小型数码显示器件。

小型数码显示器件有荧光数码管、半导体数码管、液晶数码管和辉光数码管等。其中半导体数码管由多个 LED 组成。它分为段式和矩阵式两种，实验中所采用的数码管就是段式结构，其外形和内部电路如图 4-34 所示。连同小数点 DP 共有 8 个 LED，为共阴结构。与其配合的译码驱动器要求为射极输出形式。

② BCD 码七段显示译码器。

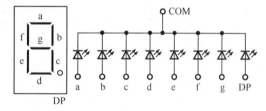

图 4-34　LED 数码管

在数字系统中，为了用数码管显示十进制数字，首先要将二—十进制代码送至显示译码器，再由译码器的输出去驱动数码管。各种显示器的工作方式不同，对译码器的要求也不一样。目前使用的各种数码管，除了辉光数码管和录像机上使用的十五段"米"字形数码管外，都属七段显示数码管。这类数码管都要求译码器能将每一组 BCD 码翻译成显示器件所需要的七位二进制代码。正是由于这个原因，有时也把这种形式的译码器叫作代码变换器。

半导体数码管既有共阳结构也有共阴结构，它们要求所配用的显示译码器的输出有效电平分别为低电平和高电平。CD4511 是 BCD 码七段显示译码驱动器，功能表如表 4-6 所示。图 4-35 所示为 CD4511 的逻辑符号，A～D 为 BCD 码输入端，a～g 为译码器输出端，输出有效电平为高电平，因此适宜驱动共阴结构的半导体数码管；$\overline{LT}$ 为灯光测试输入端；$\overline{BI}$ 为消隐输入控制端。

表 4-6　　　　　　　　　　　　　　　　CD4511 功能表

输入							输出							
LE	$\overline{BI}$	$\overline{LI}$	D	C	B	A	a	b	c	d	e	f	g	显示
X	X	0	X	X	X	X	1	1	1	1	1	1	1	8
X	0	1	X	X	X	X	0	0	0	0	0	0	0	消隐

续表

输入							输出							显示
LE	$\overline{BI}$	$\overline{LI}$	D	C	B	A	a	b	c	d	e	f	g	
0	1	1	0	0	0	0	1	1	1	1	1	1	0	0
0	1	1	0	0	0	1	0	1	1	0	0	0	0	1
0	1	1	0	0	1	0	1	1	0	1	1	0	1	2
0	1	1	0	0	1	1	1	1	1	1	0	0	1	3
0	1	1	0	1	0	0	0	1	1	0	0	1	1	4
0	1	1	0	1	0	1	1	0	1	1	0	1	1	5
0	1	1	0	1	1	0	0	0	1	1	1	1	1	6
0	1	1	0	1	1	1	1	1	1	0	0	0	0	7
0	1	1	1	0	0	0	1	1	1	1	1	1	1	8
0	1	1	1	0	0	1	1	1	1	0	0	1	1	9
0	1	1	1	0	1	0	0	0	0	0	0	0	0	消隐
0	1	1	1	0	1	1	0	0	0	0	0	0	0	消隐
0	1	1	1	1	0	0	0	0	0	0	0	0	0	消隐
0	1	1	1	1	0	1	0	0	0	0	0	0	0	消隐
0	1	1	1	1	1	0	0	0	0	0	0	0	0	消隐
0	1	1	1	1	1	1	0	0	0	0	0	0	0	消隐
1	1	1	X	X	X	X	锁存							锁存

CD4511 的数字显示效果如图 4-36 所示。

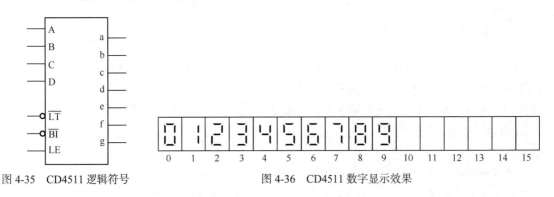

图 4-35　CD4511 逻辑符号　　　　　　　　图 4-36　CD4511 数字显示效果

下面具体研究 $\overline{LT}$ 端和 $\overline{BI}$ 端的功能。

（a）灯光测试输入 $\overline{LT}$ 端。

$\overline{LT}$ 端是为检查数码管或显示译码器好坏而设置的。

当 $\overline{LT}$ = "0" 时，a~g 端均为高电平，七段显示数码管所有段均应发光，呈 "日" 字形。若某些段没有显示，说明有故障，应当检查。

正常工作情况下，应使 $\overline{LT}$ 端接高电平。

（b）消隐输入控制端 $\overline{BI}$。

为降低系统功耗，在人们不需要观察时，令所有段熄灭。$\overline{BI}$ 端正是为此而设置的。当 $\overline{BI}$ =

"0"时，a~g端均为低电平，因此，与它们相连的数码管不显示任何数字。

这样，利用外加控制信号就可控制数码管工作或熄灭。

（2）显示译码器、数码管及其应用。

显示译码器用在要求显示数字的场合。通常根据实际需要可连接为静态显示或动态显示两种工作方式。下面分别讨论这两种工作方式。

① 静态显示电路。

图 4-37 所示为一种典型的静态显示电路。由电路可知，每一组 BCD 码都由一套译码显示电路来显示。这类静态显示电路常被用于电子钟、频率计等数字系统。

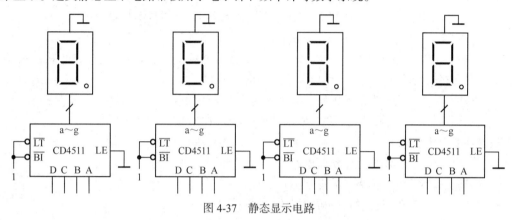

图 4-37　静态显示电路

② 动态显示电路。

图 4-38 所示为一个动态显示电路，它是 1 片译码器带 4 个数码管的译码显示电路。

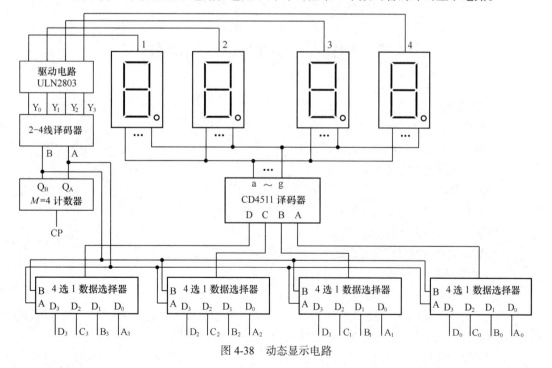

图 4-38　动态显示电路

当 BA="00"时，数据选择器把数据 $A_3A_2A_1A_0$ 送到 CD4511，2-4 线译码器的 Y_0="0"，因而 1 号数码管公共端为低电平，它显示出 $A_3A_2A_1A_0$ 对应的数字。

同理，BA 为 "01" "10" 和 "11" 时，分别由 2 号数码管显示 $B_3B_2B_1B_0$ 对应的数字，3 号数码管显示 $C_3C_2C_1C_0$ 对应的数字，4 号数码管显示 $D_3D_2D_1D_0$ 对应的数字。

当 BA 快速顺序变化时，由于人眼的视觉暂留效应，这 4 个数字就会同时显示在 1～4 号数码管上。

采用动态显示不仅可节省译码器，而且译码器和显示器之间的连线大大减少。

四、实验内容

1. 测试 74LS139 的功能。

2. 测试 CD4511 和数码管的功能。

3. 试用译码器设计 1 位二进制全加器，写出设计过程，并通过实验验证。

4. 试用 74LS138 实现函数 $F=\sum(m_0,m_4,m_5)$。

5. 试用 74LS138 和 D 触发器构成矩形波发生器，使其占空比分别为 3/8、5/8 和 7/8。画出电路图，并通过实验验证，画出三种情况下的输出波形。

6. 设计一个 4 位的动态显示电路，显示的内容为学号的后 4 位。

7. 设计一个 5×7 点阵显示电路，要求循环显示 "HELLO" 5 个字母。

五、实验报告要求

1. 写出设计过程，画出完整实验电路图。

2. 整理实验数据（真值表、波形图）。

3. 对实验中出现的情况进行分析和讨论，并总结收获。

六、思考题

1. 选用显示译码器和数码管应根据什么？

2. 怎样用万用表判断数码管是共阴数码管还是共阳数码管？

4.5　集成触发器及应用

一、实验目的

1. 掌握集成触发器的逻辑功能。

2. 熟悉用触发器构成计数器的设计方法。

3. 掌握集成触发器的基本应用方法。

二、预习要求

1. 复习触发器的工作原理和特点。

2. 根据实验内容设计出电路图。

3. 根据实验内容拟定数据表格或画出理论波形。

三、实验原理

1. 集成触发器的种类和特点

触发器是组成时序逻辑电路的基本单元，集成触发器主要有三大类：锁存触发器、D 触发器和 JK 触发器。本实验介绍三种触发器及它们逻辑功能的测试方法，并进行简单应用。

（1）锁存触发器。

目前常使用的锁存触发器有 74LS75，其功能表如表 4-7 所示。

表 4-7　　　　　　　　　　　　　　　　74LS75 功能表

锁　　存	输　　入	输　　出
CP	D	Q
1	0	0
1	1	1
0	ϕ	不变

根据表 4-7 中给定的输入信号 D 的各种电平值，在时钟脉冲作用下测出输出电平值，可以得知 Q=D。

锁存触发器具有以下 3 个特点。

① 锁存触发器不会出现不定状态，输入信号只需要一个，使用方便。

② 锁存触发器在 CP="0"时，状态不因输入信号变化而变化。

③ 锁存触发器是电平触发的触发器，在 CP 作用期间（CP="1"），D 端的状态不允许变化。也就是说，锁存触发器没有克服空翻现象，只能作为寄存器而不能作为计数器、移位寄存器。

（2）D 触发器。

目前常使用的 D 触发器有 74LS74，其功能表如表 4-8 所示。

表 4-8　　　　　　　　　　　　　　　　74LS74 功能表

CP	D	R	S	Q_{n+1}
↑	0	1	1	0
↑	1	1	1	1
ϕ	ϕ	0	1	0
ϕ	ϕ	1	0	1
ϕ	ϕ	0	0	不定
ϕ	ϕ	1	1	不变

D 触发器与锁存触发器不同，它克服了空翻现象，因而 D 触发器可以作为计数器和移位寄存器。

（3）JK 触发器。

① 主从 JK 触发器。

目前常用的主从 JK 触发器有 74LS72 单 JK 触发器和 74LS112 双 JK 触发器，二者的功能表如表 4-9 所示。

表 4-9　　　　　　　　　　　　74LS72 和 74LS112 功能表

输　　入			时钟脉冲	输　　出
Q_n	J	K	CP	Q_{n+1}
0	0	0	0→1 1→0	0 0
0	0	1	0→1 1→0	0 0
0	1	0	0→1 1→0	0 1

输　　入			时钟脉冲	输　　出
Q_n	J	K	CP	Q_{n+1}
0	1	1	0→1 1→0	0 1
1	0	0	0→1 1→0	1 1
1	0	1	0→1 1→0	1 0
1	1	0	0→1 1→0	1 1
1	1	1	0→1 1→0	1 0

从表 4-9 中可以看出，主从 JK 触发器输出端状态的变化，是在 CP 由"1"转"0"的瞬间出现的，故又称之为后沿触发器，若在 CP="1"期间 J、K 发生变化，则存在一次性空翻现象。为了克服这一缺点，在使用中只允许 J、K 在 CP="0"时变化，而不允许在 CP="1"时变化。

② 边沿 JK 触发器。

边沿 JK 触发器不仅可以克服空翻现象，而且仅仅在时钟脉冲的上升沿或下降沿对输入激励信号起响应，这样就大大地提高了抗干扰能力。目前常用的有负跳边沿 JK 触发器 74HC/HCT112。

2. 集成触发器的应用

集成触发器在包含时间关系的数字电路中是必不可少的，它被广泛用于构成计数器、寄存器、移位寄存器，还可用来构成单稳、多谐等电路。下面仅举几个应用例子。

（1）二进制计数器。

集成触发器可以构成各种计数器。图 4-39（a）和图 4-39（b）所示是用 TTL 集成 D 触发器和 JK 触发器构成的 3 位二进制计数器，其中每一个触发器都接成计数状态。对 D 触发器，将其 D 端与 $\overline{Q}$ 输出端相接就构成计数状态。因 D 触发器是上升沿触发，所以用它们构成二进制计数器时，应将每位的 $\overline{Q}$ 输出端与高一位的 CP 端相连接。JK 触发器作为计数触发器时，只要将 J 端、K 端悬空即可（对 CMOS 电路，则需接 V_{DD}）。由于 JK 触发器是下降沿触发，所以用它们构成二进制计数器时，应将每一级的 CP 端与前一级的 Q 输出端相连接。但若 JK 触发器是 CMOS 电路，则是上升沿触发，所以构成二进制计数器时，应将每一级的 CP 端与前一级的 $\overline{Q}$ 输出端相连接。

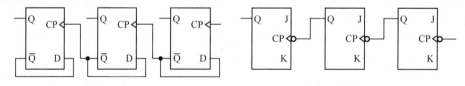

（a）D触发器构成的3位二进制计数器　　　　　（b）JK触发器构成的3位二进制计数器

图 4-39　D 触发器、JK 触发器构成的 3 位二进制计数器

（2）并行累加器。

累加器是适用于多个数相加求和的一种电路。图 4-40 所示是一位累加器电路，由一个 D 触发器和一位全加器构成。D 触发器用来寄存全加器的和数，而其输出又反馈到全加器的 A 输入端。

累加器的工作过程如下。

开始前，先将 D 触发器清零，接着把第一个数据 B_1（被加数）从 B 端加入，接到第一个求和命令（CP），把 A 加 B 之和送到 D 触发器。由于第一个求和命令来之前 A="0"，故此实际上是 B_1（被加数）被送入 D 触发器。然后由 B 端送入第二个数据 B_2，接到第二个求和命令，又将原先存于 D 触发器的数据同第二个数据 B_2 相加之后的和送入 D 触发器。若再送入第三个数据 B_3，则又以新形成的和取代以前的和，存于 D 触发器中……

该累加器的加法操作可表示如下：

$$(A + B) = A$$

由于和数又作为下次操作的被加数，故把这种加法器称为累加器。

将 n 个一位累加器组合起来就可构成 n 位并行累加器。

（3）对称脉冲至对称脉冲的奇数次分频。

按常规的分频方法，脉冲经奇数次分频后的输出必然是不对称的（即占空比 $D \neq 50\%$）。附加一个边缘检测器（倍频器）和一个分频器，可以使原来对称的脉冲经奇数次分频后仍得对称脉冲。电路如图 4-41 所示，输入端用一个异或门和 R、C 组成倍频器，输出分频器用 D 触发器、JK 触发器均可，但需连成计数状态。

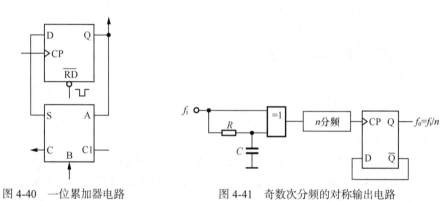

图 4-40 一位累加器电路   图 4-41 奇数次分频的对称输出电路

四、实验内容

1. 测试 74LS74 的逻辑功能。

2. 试用 74LS74 设计 2 位二进制加法和减法计数器。

3. 设计一个 3bit 可控延时电路。该电路有一个时钟信号 CP，一个串行输入信号 F_1（"1000"，自行设计），一个串行输出信号 F_2，F_1 和 F_2 与时钟信号 CP 同步，另有两个控制信号 K_1 和 K_2。对该电路的逻辑功能要求：（1）当 K_2K_1="00" 时，F_2 和 F_1 没有延时；（2）当 K_2K_1="01" 时，F_2 和 F_1 延时 1 个时钟周期（1bit）；（3）当 K_2K_1="10" 时，F_2 和 F_1 延时 2 个时钟周期（2bit）；（4）当 K_2K_1="11" 时，F_2 和 F_1 延时 3 个时钟周期（3bit）。

4. 试用三个 JK 触发器构成同步 5 分频电路，画出各点波形。

5. 设计一个占空比可控电路。该电路有 1 个输入时钟信号 CP、1 个输出信号 F、3 个控制信号 K_3、K_2 和 K_1。对该电路的逻辑功能要求：（1）输出信号 F 的频率为 2kHz；（2）在 3 个控制信号 K_3、K_2 和 K_1 的控制下，输出信号 F 的占空比为 1/8 ~ 7/8。

6. 设计一个延迟 1/2 周期的电路，输入信号为方波，频率为 10kHz～100kHz。

五、实验报告要求

1. 写出设计过程，画出完整实验电路图。

2. 整理实验数据（真值表、波形图）。

3. 对实验中出现的情况进行分析和讨论，并总结收获。

六、思考题

1. 触发器的哪些输入端一定要使用消抖动开关控制？
2. 如何用触发器构成时钟同步电路？

4.6 MSI 计数器及应用

一、实验目的

1. 掌握中规模集成电路计数器的逻辑功能及应用方法。
2. 掌握用 74LS161 构成任意进制计数器的方法。
3. 掌握数字电路多个输出波形相位关系的正确测试方法。
4. 了解不均匀周期信号波形的测试方法。

二、预习要求

1. 复习计数和分频电路的有关内容。
2. 掌握输出波形相位关系的测试方法。
3. 学习不均匀周期信号波形的测试方法。
4. 根据实验内容设计出实验电路图。
5. 根据实验内容画出各点的理论波形。

三、实验原理

1. 计数器的工作原理

计数器的基本功能是记忆加在输入端上的时钟脉冲个数。它的用途很广，不仅可以用来统计输入脉冲的数目、对输入脉冲进行分频，还可以用来完成定时操作、数字运算、代码转换以及产生脉冲波形等特定任务。

计数器按工作方式可分为异步计数器和同步计数器；按进位制可分为二进制计数器、十进制计数器；按计数方式可分为加法计数器和可逆计数器；按集成工艺可分为双极型计数器和单极型计数器。下面介绍几种常用 MSI 计数器。

（1）异步计数器。

常用的 TTL 异步计数器有以下几种。

二一五一十进制异步计数器——74LS196 ⎫
二一八一十六进制异步计数器——74LS197 ⎬ 带预置端
二一五一十进制异步计数器——74LS90 ⎭

双十进制异步计数器——74LS390

双 4 位二进制异步计数器——74LS393

74LS196、74LS197 的逻辑符号和功能表分别如图 4-42 和表 4-10 所示。这类计数器由 4 个触发器构成，它们在集成单元内部接成除 2 和除 5（8）计数器，时钟输入分别为 CK_1 和 CK_2。计数器的输出端为 Q_D、Q_C、Q_B、Q_A，数据输入端为 D、C、B、A。若用外接线把除 2 计数器的输出端 Q_A 与 CK_2 端连接，则构成十进制（4 位二进制）计数器。它们是全可编程的，即在 $\overline{CLR}$ = "1" 情况下，把低电平加在 C/L（计数/置数）输入端，并在数据输入端加上所要求的数据，就可

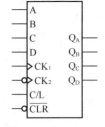

图 4-42 74LS196、
74LS197 逻辑符号

预置输出端为任一状态。此时，输出值将随着输入的数据而变化，与时钟无关，即为异步计数。

表 4-10   74LS196、74LS197 功能表

输入						输出			
C/L	$\overline{\text{CLR}}$	D	C	B	A	Q_D	Q_C	Q_B	Q_A
ϕ	0	ϕ	ϕ	ϕ	ϕ	0	0	0	0
0	1	D	C	B	A	D	C	B	A
1	1	ϕ	ϕ	ϕ	ϕ	计　　数			

当 C/L 端为高电平，同时 $\overline{\text{CLR}}$ 端为高电平时，计数器状态与输入数据无关，处于计数工作状态。信息转移到输出端产生在时钟脉冲的下降沿。这类计数器的特点是不管时钟脉冲状态如何，可直接清零，即异步清零。

若把 C/L 端作为选通端，并通过数据输入线送入数据，计数器就可作为锁存器来使用。在 C/L 端为低电平时，输出将直接跟随数据输入而变化；当 C/L 端为高电平且时钟脉冲不起作用时，输出将保持不变。

对这类计数器，利用计数器的状态反馈到 $\overline{\text{CLR}}$ 端或 C/L 端便可构成任意进制计数器。下面以 74LS197 构成六进制计数器为例，说明其构成方法。

① 利用 C/L 端。

图 4-43（a）中，数据输入端全部接地，Q_C、Q_B 通过与非门反馈到 C/L 端。在时钟脉冲作用下，计数规律为 0→1→2→3→4→5。当计数器计到 6 时，Q_C 和 Q_B 都为 "1"，从而使 C/L= "0"，计数器被置数（0），即状态 "6" 仅出现极其短暂时间（数码管和指示灯来不及显示）就立即变为预置数 "0"，接着 C/L 变为 "1"。随着时钟脉冲的输入，计数器又从 0 计到 5，如此循环。因此，该计数器有 6 个稳定状态，即模 $M=6$。

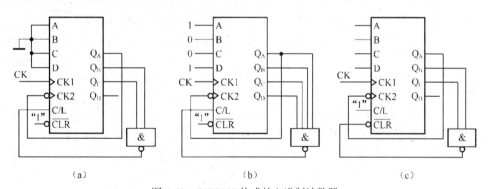

图 4-43　74LS197 构成的六进制计数器

预置的数据可不为 0 而为任意数 N_{10}。显然，此时使 C/L 为 "0" 的计数器状态（称为反馈状态）应相应变为（$M+N_{10}$），计数器状态变化顺序是从 N_{10} 到（$M+N_{10}-1$）。因而，用计数器状态反馈到 C/L 端改变计数器的模时，计数器的模 M 与计数器的反馈状态 $N_{反}$ 和预置数 N_{10} 之间的关系为

$$N_{反}=M+N_{10}$$

例如，图 4-43（b）中，预置数 $N_{10}=9$，反馈状态所对应的十进制数为 $(9+6)=15$，计数规律为

$$9→10→11→12→13→14$$

由上述关系可知，改变反馈状态或预置数都可改变计数器的模。

② 利用 $\overline{CLR}$ 端。

图 4-43（c）所示电路是利用异步清零端 $\overline{CLR}$ 构成的模 6 计数器。其计数规律为 0→1→2→3→4→5。当计数器计到 6 时，Q_B 和 Q_C 同时为"1"，使 $\overline{CLR}$ 为"0"，强迫计数器回到"0"状态。$\overline{CLR}$ 继而又变为"1"，随 CK 的输入开始新的计数循环。由此可见，用计数器状态反馈到异步清零端改变计数器的模时，计数器的模 M 与反馈状态 $N_\text{反}$ 之间的关系为

$$N_\text{反}=M$$

利用 $\overline{CLR}$ 端的优点是计数顺序是从 0 到（$M-1$），按自然二进制码计数，便于直观显示。但要变更计数器的模，需要变更计数器输出端与判断门之间的连线，因而不便于编程。而利用 C/L 端构成的计数（分频）电路，在输出连线不变的情况下，只要改变输入端数据就可改变计数器的模，因而便于编程。

74LS197 的最大模数为 16，当 $M>16$ 时，计数器需用多片构成。而 74LS196 的最大模数为 10，当 $M>10$ 时，计数器需用多片构成。

（2）同步计数器。

常用的 TTL 同步计数器有以下几种。

十进制同步计数器——74LS160、74LS162

4 位二进制同步计数器——74LS161、741S163

十进制同步加 / 减计数器——74LS190 ⎫
4 位二进制同步加 / 减计数器——74LS191 ⎬ 单时钟

十进制同步加 / 减计数器——74LS192 ⎫
4 位二进制同步加 / 减计数器——74LS193 ⎬ 双时钟

以上计数器均带预置端。

74LS160～74LS163 的逻辑符号和功能表分别如图 4-44 和表 4-11 所示。

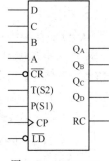

图 4-44 74LS160～74LS163 逻辑符号

对具有同步清零和同步置数功能的器件来说，用清零端或置数端来构成任意进制计数器，因反馈状态是存在的，故反馈状态应分别为 $N_\text{反}=M-1$，$N_\text{反}=M+N_{10}-1$。

表 4-11   74LS160～74LS163 功能表

CP	$\overline{CR}$	$\overline{LD}$	P(S₁)	T(S₂)	A	B	C	D	Q_A	Q_B	Q_C	Q_D
$\phi_{(\uparrow)}$*	0	ϕ	ϕ	ϕ	ϕ	ϕ	ϕ	ϕ	0	0	0	0
↑	1	0	ϕ	ϕ	a	b	c	d	a	b	c	d
↑	1	1	1	1	ϕ	ϕ	ϕ	ϕ	计数			
↓	ϕ	ϕ	ϕ	ϕ	ϕ	ϕ	ϕ	ϕ	保持			
↑	1	1	0	ϕ	ϕ	ϕ	ϕ	ϕ				
↑	1	1	ϕ	0	ϕ	ϕ	ϕ	ϕ				

* 对 74LS160、74LS161 为异步清零，对 74LS162、74LS163 为同步清零。

同步清零、异步清零的区别在于：同步清零受 CP 控制，异步清零不受 CP 控制。可预置计数器可以生成模（M_{max}）以下的任意进制计数器，一般有两种方法。

① 脉冲反馈法。

脉冲反馈法就是将适当的反馈信号送至计数器的清零端，从而组成所需计数器，关键在于求 $\overline{\text{CR}}$（反馈函数）。

对于异步清零：$\overline{\text{CR}}$ = M（十进制数）所对应的二进制数中的"1"相与（非）。如 $\overline{\text{CR}}$ 是"0"有效，则取与非；如 $\overline{\text{CR}}$ 是"1"有效，则取与。74LS160 是异步清零，"0"有效，M=5。计数的规律为 0→1→2→3→4。

$$Q_DQ_CQ_BQ_A = 0101$$

故

$$\overline{\text{CR}} = \overline{Q_CQ_A}$$

电路如图 4-45 所示。

对于同步清零：$\overline{\text{CR}}$ =(M−1)（十进制数）所对应的二进制数中的"1"相与（非）。74LS163 是同步清零，"0"有效，$M=5-1=4_{10}=0100_2$，故 $\overline{\text{CR}} = \overline{Q_C}$。

② 预置数法。

预置数法分为 8421BCD 码（置"0"法）和非 8421BCD 码。

（a）8421BCD 码。

该方法要求计数器的编码是 8421BCD 码，且 D=C=B=A="0"。当 $\overline{\text{LD}}$（预置数端）="0"时，D=C=B=A="0"就使计数器的 $Q_D=Q_C=Q_B=Q_A$="0"。因此，如果用 74LS160 采用置"0"法实现 M=5 计数器，所求的 $\overline{\text{LD}}$=M−1=4，故 $\overline{\text{LD}} = \overline{Q_C}$。电路如图 4-46 所示。

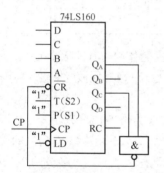

图 4-45　74LS160 脉冲反馈法 M=5 计数器

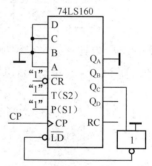

图 4-46　74LS160 预置数法 M=5 计数器（8421BCD 码）

（b）非 8421BCD 码。

预置数与分频互补：预置数+分频数=M_{max}，预置数=M_{max}−分频数=10−5="0101"，即 D = "0"，C= "1"，B= "0"，A= "1"，$\overline{\text{LD}} = \overline{\text{RC}}$。

电路如图 4-47 所示。

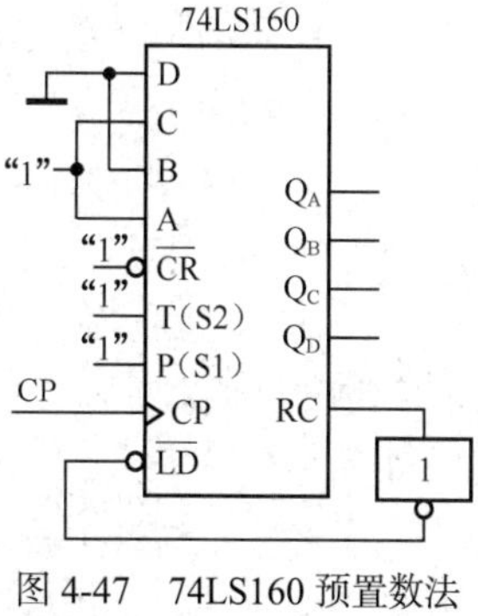

对于 74LS163，预置数=M_{max}−分频数=16−5=11="1011"，即 D= "1"，C= "0"，B= "1"，A= "1"，$\overline{\text{LD}} = \overline{\text{RC}}$。

电路如图 4-48 所示。

74LS192、74LS193 的逻辑符号和功能表如图 4-49 和表 4-12 所示。

图 4-47　74LS160 预置数法 M=5 计数器（非 8421BCD 码）

做加法计数还是做减法计数决定外加计数脉冲是加到 CU 端还是 CD 端：若要做加法计数，计数脉冲应加到 CU 端，而 CD 端应处于高电平；若要做减法计数，计数脉冲应加到 CD 端，而 CU 端应处于高电平。$\overline{\text{OC}}$ 和 $\overline{\text{OD}}$ 分别为进位输出端和借位输出端。

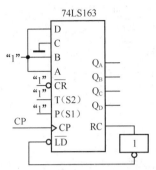

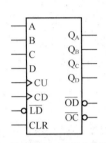

图 4-48　74LS163 预置数法 M=5 计数器（非 8421BCD 码）　　　图 4-49　74LS192、74LS193 逻辑符号

表 4-12　　　　　　　　　　　　74LS192、74LS193 功能表

CLR	$\overline{LD}$	CU	CD	A	B	C	D	Q_A	Q_B	Q_C	Q_D
1	ϕ	ϕ	ϕ	ϕ	ϕ	ϕ	ϕ	0	0	0	0
0	0	ϕ	ϕ	a	b	c	d	a	b	c	D
0	1	↑	1	ϕ	ϕ	ϕ	ϕ	加法计数			
0	1	1	↑	ϕ	ϕ	ϕ	ϕ	减法计数			
0	1	1	1	ϕ	ϕ	ϕ	ϕ	保持			

　　74LS192、74LS193 设置有异步清零端和置数端，它们的控制作用与时钟脉冲无关。当 CLR 端为高电平时，计数器被清零；当 $\overline{LD}$ 端和 CLR 端都为低电平时，计数器便被置成输入数码 a、b、c、d 的状态。

　　利用 CLR 端和 $\overline{LD}$ 端可构成各种进制的加法计数器，其方法类同 74LS197。

　　利用 $\overline{LD}$ 端构成各种进制减法计数器时，计数器模 M、反馈状态 $N_反$ 和预置数 N_{10} 之间的关系为

$$N_反 = 10(16) - M + N_{10}$$

　　若采用 CLR 端，则反馈状态应为

$$N_反 = 10(16) - M$$

　　值得注意的是，在构成任意进制减法计数器时，不能像构成加法计数器那样，只将反馈状态中的高电平输出用于反馈，而必须使反馈状态中各触发器状态全部参与反馈。

　　一片 74LS192、74LS193 的最大模数分别为 10 和 16，若 $M > 10(16)$，则需要多级串行连接。用 $\overline{OC}$ 端和 $\overline{OD}$ 端很容易扩展计数器的位数。

　　2. 计数器的应用

　　计数器被广泛用于自动控制设备、电子手表、测试仪表中，并担任十分重要的角色。这里再举几个简单的例子。

　　（1）测定机械开关抖动的次数。

　　普通钮子开关是机械开关，由可动的金属簧片和静止触点构成。切换时，簧片不能立即脱离触点或立即与触点接触，而是经过抖动后再可靠地与触点断开或接通。数字电路实验箱上有一种逻辑信号就是用钮子开关产生的，其电路如图 4-50（a）所示，抖动情况如图 4-50（b）所示。在 t_1 时刻，刀由触点 1 拨向触点 2，本应产生一次 "0" → "1" 跳变，但刀离开触点 1 时的抖动使

t_1 后又出现一些脉冲，然后才稳定在高电平。在 t_2 时刻，刀由触点 2 拨向触点 1，本应产生一次 "1"→"0" 跳变，但由于刀接触触点 1 时的抖动，电位跳变若干次后才稳定在低电平。用计数器不仅可以证实上述现象，而且可以精确测定抖动的次数。

（2）测定脉冲宽度。

测定脉冲宽度的原理如图 4-51 所示。将被测脉冲和时钟脉冲同时送到与门输入端，而与门的输出接计数器的时钟输入端。事实上，被测脉冲起到控制时钟脉冲能否通过与门的作用。若时钟脉冲的频率 f 是已知的，计数器测得在被测脉冲作用期间，通过与门的时钟脉冲个数为 n，则被测脉冲的宽度为

$$t_w = nT = n/f$$

显然，应让计数器的模 M 大于 n。f 越高，测试精度就越高，但 M 相应就要大。

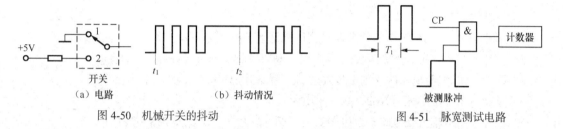

图 4-50　机械开关的抖动　　　　　图 4-51　脉宽测试电路

（a）电路　　　（b）抖动情况

（3）数字电压表。

计数器的一个非常重要的应用是构成数字电压表。将图 4-51 稍加修改便可得到基本数字电压表，如图 4-52 所示。门控计数电路上所加压控振荡器（Voltage Controlled Oscillator，VCO）的作用是将电压转换成频率。

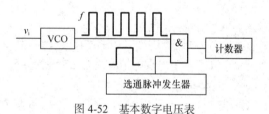

图 4-52　基本数字电压表

如果 VCO 输入电压 v_i 和输出频率 f 之间存在线性关系，那么在选定时间内通过与门到达计数器的脉冲数就可用来指示被测电压值的大小。

若计数器的读数为 n，选通脉冲的持续时间为 T，则 VCO 的输出脉冲频率为

$$f = n/T$$

于是

$$v_i = Kf = Kn/T$$

式中，K 为比例系数（固定常数），根据计数器的读数 n，便可求得输入电压 v_i。

（4）数字式单稳态触发器。

图 4-53 所示是一种数字式单稳态触发器，也是一种定数脉冲发生器。负向触发脉冲使与非门组成的 RS 触发器翻转，打开 G_3 门，频率为 f 的时钟脉冲使计数器计数。当计数至预先设定的 $N_反$ 值时，G_4 门输出负跳变，使 RS 触发器再次翻转，关闭 G_3 门，停止计数，同时使计数器复零。输出 V_o 的脉冲宽度介于 $N_反/f$ 和 $(N_反-1)/f$ 之间。

由上述应用可知，利用计数器的清零端和置数端可对输入脉冲进行任意分频或计数。在计数器时钟端加控制门，便可控制进入的脉冲个数。测定脉冲宽度、数字电压表及数字式单稳态触发器便是在此基础上实现的。频率计的测频、测周期的基本原理也是基于此。凡是要程序自动运行，如单片机系统，一定要使程序存储器的地址顺序变化，这就必须借助计数器。凡是要产生序列信号或特定数字波形，也一定要用到计数器。例如，前面所介绍的用数据选择器和译码器构成序列

信号和矩形波发生器，必须借助于计数器让选择输入顺序自动变化。

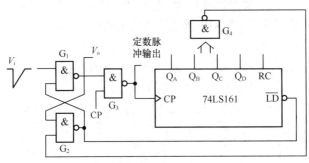

图 4-53　数字式单稳态触发器

四、实验内容

1. 用 74LS161 设计 $M=7$ 的计数器，测试并记录 CP、Q_A、Q_B、Q_C、Q_D 各端波形。

2. 设计一个分频比 $N=5$ 的整数分频电路，观察并记录时钟脉冲和输出波形。

3. 设计一个"10101"的序列信号发生器，观察并记录时钟脉冲和输出波形。

4. 设计一个 2 位十进制数的计数显示电路。

5. 设计一个节拍分配电路，该电路在时钟脉冲作用下，5 个节拍输出端 F_1、F_2、F_3、F_4 和 F_5 轮流输出"1"。

五、实验报告要求

1. 画出完整的实验电路图和各点的波形图。

2. 对实验中出现的情况进行分析和讨论，并总结收获。

六、思考题

试用 74LS161 及门电路设计一个二进制可逆计数器，当 K="0"时加法计数，K="1"时减法计数。

4.7　MSI 移位寄存器及应用

一、实验目的

1. 掌握移位寄存器的逻辑功能。

2. 掌握移位寄存器的具体应用方法。

3. 掌握移存型计数器的自启动特性的检测方法。

4. 掌握不均匀周期信号波形的测试方法。

二、预习要求

1. 复习移位寄存器的有关内容。

2. 复习不均匀周期信号波形的测试方法。

3. 掌握 74LS194 的工作原理。

4. 根据实验内容设计出实验电路。

三、实验原理

在中规模时序逻辑部件中，除了大量使用的集成计数器外，还有寄存器、寄存器堆、锁存器

及移位寄存器。它们都是数字设备和电子计算机中常用的逻辑部件。常用的寄存器和移位寄存器
及其应用如下。

1. 寄存器

暂时存放数字或信息的部件称为寄存器。常用作寄存器的 TTL 锁存器和 D 触发器有以下
几种。

4 位 D 锁存器——74LS75

双 4 位锁存器——74LS110

八 D 锁存器——74LS363、74LS373（三态输出）

双 D 触发器——74LS74

四 D 触发器——4LS175

六 D 触发器——74LS174、74LS378（带使能端）

八 D 触发器——74LS377、74LS374（三态输出）

可根据需要从上述器件（或相应 CMOS 器件）中选取。

2. 移位寄存器

（1）移位寄存器的功能。

移位寄存器是既能寄存数码，又能使数码移位的电路。所谓移位功能，就是寄存在电路中的
数码可在移位脉冲作用下，逐次左移或右移。

移位寄存器简称移存器。它不仅可用来存储数据，还可以用来进
行数的加、减、乘和除的运算，实现串、并数据转换，构成可变分频
器，等等。它是应用最广泛的数字组件之一。

常用 TTL 移位寄存器有以下几种。

4 位双向移位寄存器——74LS194（CD40194）

8 位移位寄存器——74LS164、74LS165、74LS166

8 位双向移位寄存器——74LS198

74LS194（CD40194）的逻辑符号及功能表分别如图 4-54 和
表 4-13 所示。

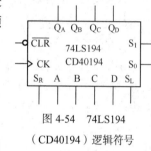

图 4-54　74LS194
（CD40194）逻辑符号

表 4-13　　　　　　　　　　　74LS194（CD40194）功能表

功能	输入										输出			
	$\overline{CLR}$	S_1	S_0	CK	S_L	S_R	A	B	C	D	Q_A	Q_B	Q_C	Q_D
清除	0	ϕ	ϕ	ϕ	ϕ	ϕ	ϕ	ϕ	ϕ	ϕ	0	0	0	0
保持	1	ϕ	ϕ	0	ϕ	ϕ	ϕ	ϕ	ϕ	ϕ	保持			
送数	1	1	1	↑	ϕ	ϕ	a	b	c	d	a	b	c	d
右移	1	0	1	↑	ϕ	1	ϕ	ϕ	ϕ	ϕ	1	Q_{An}	Q_{Bn}	Q_{Cn}
	1	0	1	↑	ϕ	0	ϕ	ϕ	ϕ	ϕ	0	Q_{An}	Q_{Bn}	Q_{Cn}
左移	1	1	0	↑	1	ϕ	ϕ	ϕ	ϕ	ϕ	Q_{Bn}	Q_{Cn}	Q_{Dn}	1
	1	1	0	↑	0	ϕ	ϕ	ϕ	ϕ	ϕ	Q_{Bn}	Q_{Cn}	Q_{Dn}	0
保持	1	0	0	ϕ	ϕ	ϕ	ϕ	ϕ	ϕ	ϕ	保持			

图 4-54 中 S_0、S_1 为工作方式控制端；S_L 和 S_R 分别为左移和右移串行数据输入端；A～D 为并行数据输入端；Q_A～Q_D 为并行数据输出端；$\overline{CLR}$ 是异步清零端，低电平有效，正常工作时要求 $\overline{CLR}$ = "1"；CK 是同步时钟输入端，时钟脉冲的上升沿引起移存器状态的转换。

功能表列出 4 种工作方式。

① 并行寄存（S_1S_0= "11"，即功能表中的送数）。

数码由并行输入端 A、B、C、D 输入，时钟脉冲上升沿到达后，数码才存入相应的触发器，即实现并入—并出工作方式。它不需要预先清零。在 S_1S_0= "11" 的寄存期间，串行数码输入端被封锁。

并行数码存入后，可控制 S_1S_0 成为移位工作状态，实现并入—串出工作方式，输出端为 Q_A 或 Q_D。

② 右移（S_1S_0= "01"）。

数码从右移输入端 S_R 输入，在时钟脉冲作用下，移存器中的数据逐位右移。移动方向 Q_A→Q_D。若从 Q_D 端右移输出，则仍为串行数码，而且顺序不变。

③ 左移（S_1S_0= "10"）。

数码从左移输入端 S_L 输入，在时钟脉冲作用下，移存器中的数据逐位左移，移动方向 Q_D→Q_A，可以并行输出或者由 Q_A 端左移输出。

④ 保持（S_1S_0= "00"）。

当 S_1S_0= "00" 时，电路处于保持状态，已寄存的数码可以一直保持下去。在此期间除了清零端 $\overline{CLR}$ 可以用低电平清零之外，其余各输入端都不起作用，但 Q_A～Q_D 仍能并行输出。另外，在无时钟脉冲（上升沿）作用时，电路也处于保持状态。

移存器可以通过级联来扩大容量。用 N 个 4 位移存器可以扩展成 $4N$ 位移存器。图 4-55 所示是由三片 74LS194（CD40194）构成的 12 位双向移存器，每片移存器的 S_L 端与右边移存器的 Q_A 端相连，最右边的一片移存器的 S_L 端作为左移串行数据输入端；每片移存器的 S_R 与左边移存器的 Q_D 端相连，最左边的一片移存器的 S_R 端作为右移串行数据输入端；S_0、S_1、CK 和 $\overline{CLR}$ 分别并联。这样构成的 12 位双向移存器的工作方式与 74LS194（CD40194）相同。

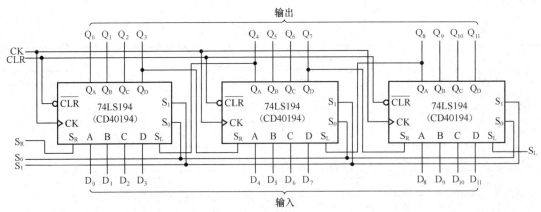

图 4-55 12 位双向移存器

（2）移存器的应用实例。

① 并行—串行转换器。

把二进制代码并行置入移存器，再用串行移位的办法把二进制码取出来，就能完成并行代码到串行代码的转换。

图 4-56 所示是用两片 74LS194（CD40194）构成的 7 位并行—串行转换器。把 7 位并行代码 $B_7 \sim B_1$ 分别加到转换器的并行输入端；让左边一片的 A="0"，作为控制转换的标志；S_0 端接高电平，S_1 端接反馈信号。

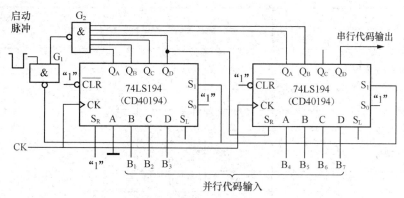

图 4-56　7 位并行—串行转换器

当启动脉冲（负向）输入时，G_1 门输出为高电平，使两片的 S_1 端均为高电平，因而移存器处于并行送数状态。第一个时钟脉冲（位于启动脉冲期间）使并行输入数据进入移存器，其输出状态为 "$0B_1 \sim B_7$"。由于左边一片的 Q_A="0"，因而 G_2 门输出为高电平。启动脉冲过去后，G_1 门输入均为 "1"，使 S_1="0"，因而移存器处于右移工作状态。第二个时钟脉冲到来，代码向右移动一位，移存器的状态变为 "$10B_1 \sim B_6$"。以后每来一个时钟脉冲数码就向右移一位，从右边一片的 Q_D 端就得到串行代码。直至第 7 个时钟脉冲作用后，移存器的状态变为 "$1111110B_1$"。这时，G_2 门输入出现全 "1"，因而其输出低电平使 G_1 门输出转变为 "1"，因两片的 S="1"，移存器又回到并行送数状态，表示这次转换已结束。若送入下一个时钟脉冲，则又将开始下一次 7 位并行—串行转换。

附加一个 D 触发器，此电路即变为 8 位并行—串行转换器。用移存器也很容易实现串行—并行转换。

② 移存型序列信号发生器。

移存型序列信号发生器由移存器和组合电路两部分组成，如图 4-57 所示。各触发器的 Q 端作为组合电路的输入端，组合电路的输出作为移存器的串行输入。在时钟脉冲作用下，移存器做左移或右移操作，输出一个序列信号。不同的组合电路将产生不同的输出序列，n 位移存器可以产生的序列信号的最大长度 $P=2^n$。

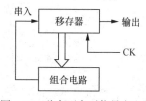

图 4-57　移存型序列信号发生器

下面就以产生 "0011101" 这样一个序列信号为例，说明用移存器设计移存型序列信号发生器的方法。

（a）由给定序列信号的循环长度 $P=7$ 确定所需移存器的最少位数。

根据 $2^{n-1} \leq P \leq 2^n$，确定 $n=3$，我们仅用 74LS194 中的三位。若选用右移，则去掉 Q_D 端；若选用左移，则去掉 Q_A 端。

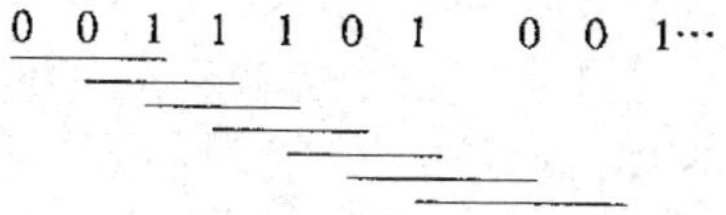

0 0 1 1 1 0 1 　0 0 1...

图 4-58　序列信号的划分

（b）选定移位方式，并由给定序列信号，根据移存规律做出状态流通图或状态转换表。

因 $n=3$，我们可按给定的序列信号三位三位地划分，如

图 4-58 所示。

状态流通图中无重复流通现象。电路中应具有 7 种状态。在选用左移的情况下，这 7 种状态的转移表如表 4-14 所示。

表 4-14   "0011101" 序列信号状态转移表

$t = t_n$			$t = t_{n+1}$			反馈函数
Q_B	Q_C	Q_D	Q_B	Q_C	Q_D	S_L
0	0	1	0	1	1	1
0	1	1	1	1	1	1
1	1	1	1	1	0	0
1	1	0	1	0	1	1
1	0	1	0	1	0	0
0	1	0	1	0	0	0
1	0	0	0	0	1	1
0	0	0	0	0	1	1

如果划分结果有重复流通问题，则应增加移存器的位数，直到状态流通图中消除重复流通现象为止。

例如，要产生 "0001110" 这样一个序列信号，$n=3$ 时有重复流通现象，必须增加一位使 $n=4$。

（c）确定反馈函数表达式。

因选用左移，故要求 $S_1 S_0 =$ "10"，反馈函数接至 S_L 端（若右移，则接至 S_R 端），由表 4-14 可画出 S_L 端卡诺图，如图 4-59 所示，由该图不难求出

$$S_L = Q_B \oplus Q_D \tag{4-1}$$

（d）检查自启动特性。

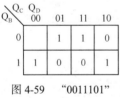

图 4-59   "0011101" 序列信号 S_L 端卡诺图

3 个触发器可组成 8 种状态，而序列信号只用到 7 种状态，正常工作时 "000" 状态是不会出现的，我们称之为偏离状态。偏离状态若在时钟脉冲作用下能自动转入有效循环，则说该电路具有自启动特性。检查自启动特性的具体方法：把偏离状态设置在 A、B、C、D 端，令 $S_1 S_0 =$ "11"，在时钟脉冲的作用下，把偏离状态送入 Q_A、Q_B、Q_C、Q_D 端，再令移存器左移或右移，观察 Q_A、Q_B、Q_C、Q_D 端是否能回到循环状态，如果能回到循环状态，则该电路具有自启动特性，否则不具有自启动特性。将偏离状态作为当前状态（现态）代入反馈函数表达式，便可得其次态，看其次态是否已进入有效状态，若仍为偏离状态，再代入求其次态。经反复替代，只要有一偏离状态不能进入有效状态，则该电路无自启动特性。此时，必须修改反馈函数表达式，使其具有自启动特性。在本例中，将偏离状态 "000" 作为当前状态代入式（4-1）可得 $S_L =$ "0"，因而下一状态仍为 "000"，进入死循环。图 4-59 中对应 $Q_B Q_C Q_D =$ "000" 小方格的任意项是作为 "0" 来处理的，导致死循环；若作为 "1" 来处理，就具有自启动特性。所以反馈函数卡诺图中的任意项在选择时必须慎重，以防电路不具有自启动特性。为可靠起见，可先将所有偏离状态按移存规律填入状态转移表，这样就不存在任意项，求出的反馈函数必使电路具有自启动特性。对本例来说，将偏离状态 "000" 作为现态填入表 4-14 末行，令次态为 "001"，即 S_L 值填 "1"，这样可求得

$$S_L = Q_B \oplus Q_D + \overline{Q}_C \overline{Q}_D = Q_B \oplus Q_D + \overline{Q_C + Q_D} \tag{4-2}$$

（e）画出逻辑电路。

根据上述分析和反馈函数表达式（4-2）可得逻辑电路，如图 4-60 所示。

该电路的反馈部分也可以用 8 选 1 数据选择器 74LS151 来实现，电路设计将变得简单，设计方法如下。

将 74LS194（CD40194）的现态 Q_B、Q_C、Q_D 作为 74LS151 的地址 C、B、A 输入，反馈函数 S_L 的数据分别加到 74LS151 的数据输入端口 $D_0 \sim D_7$，用数据选择器进行选择，对应关系如表 4-15 所示，逻辑电路如图 4-61 所示。

表 4-15　　　　　　　　　74LS194（CD40194）、74LS151 状态对应表

$t=n$	74LS151	反馈函数	74LS151
$Q_B Q_C Q_D$	C B A	S_L	D
0 0 1	0 0 1	1	D_1
0 1 1	0 1 1	1	D_3
1 1 1	1 1 1	0	D_7
1 1 0	1 1 0	1	D_6
1 0 1	1 0 1	0	D_5
0 1 0	0 1 0	0	D_2
1 0 0	1 0 0	1	D_4
0 0 0	0 0 0	1	D_0

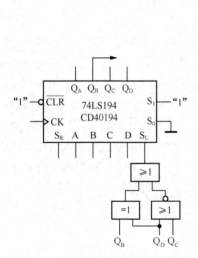

图 4-60　"0011101" 序列信号发生器

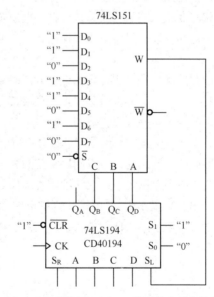

图 4-61　反馈函数用 74LS151 实现的序列信号发生器

③ 移位计数器。

移位计数器是一种特殊形式的同步计数器。它是在移存器的基础上加上反馈电路构成的，所以又称为反馈移位寄存器。常用移位计数器有环形计数器和扭环形计数器（又称约翰逊计数器）两种。

（a）环形计数器。

4 位环形计数器是将移存器的末级输出反馈到移存器的第一级构成的，但这样构成的计数器

无自启动特性。为使其具有自启动特性，可采用修改反馈函数的办法。图 4-62（a）所示是修改后具有自启动特性的环形计数器。若移存器 $Q_A Q_B Q_C Q_D$ 的初始状态为"1000"，则在时钟脉冲作用下，其状态依次为"1000"→"0100"→"0010"→"0001"→"1000"并继续循环下去，图 4-62（b）所示是它的工作波形。

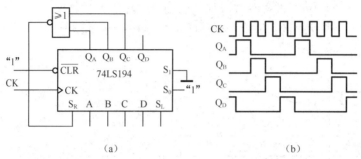

(a)   (b)

图 4-62　具有自启动特性的 4 位环形计数器及工作波形

由图 4-62 可见，在 4 位环形计数器中，每来 4 个时钟脉冲，完成一个计数周期，并且各触发器依照时钟脉冲的顺序，依次输出控制脉冲。因此，移位计数器可用作节拍脉冲发生器。

除去上述有效循环中的 4 个状态，其余 12 种偏离状态在时钟脉冲作用下都可进入有效循环。

电路的自启动特性也可用下述实验方法检查。时钟输入端接实验箱上单脉冲或消抖动开关输出，并行数据输出端 $Q_A \sim Q_D$ 接指示灯，并行数据输入端 A～D 及工作方式控制端 S_1、S_0 接逻辑开关，利用置数功能将移存器置成所需偏离状态。然后将电路恢复成原移位状态，在时钟脉冲作用下，看其状态变化，若每一偏离状态在一个或若干个时钟脉冲作用后都可进入有效循环，说明该电路具有自启动特性，只要有一个偏离状态不能进入，则电路无自启动特性。

（b）扭环形计数器。

环形计数器的优点是不用译码器就能判断时钟脉冲的数目，但其利用率较低，n 级触发器只能构成 n 进制计数器。为了保持其优点，又使其利用率提高，产生了扭环形计数器，它是将移存器末级输出反相送到第一级而构成的，如图 4-63（a）所示。但此电路无自启动特性。图 4-63（b）所示是它的完全状态流通图，由图可见，它有两个计数循环，通常 I 为有效循环，II 为无效循环。为了使计数器能够自行启动，可以利用电路的异步清零功能，使计数器从偏离状态转换到有效循环中去。为此，在无效循环中选取一种状态，如 $Q_A Q_B Q_C Q_D$="101ϕ"，再通过判别电路对所选状态进行判别。电路一旦出现"101ϕ"，判别电路就输出低电平，使电路清零，从而进入有效循环的"0000"状态。对上述所选偏离状态，其判别逻辑为

$$\overline{CLR} = \overline{Q_A \overline{Q_B} Q_C}$$

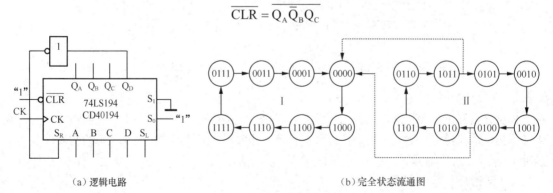

（a）逻辑电路　　　　　　　　　　　　（b）完全状态流通图

图 4-63　扭环形计数器

由此所得具有自启动特性的 4 位扭环形计数器如图 4-64 所示。所选偏离状态不同，其判别电路结构也不同。

4 位扭环形计数器的模为 8，比 4 位环形计数器多一倍。扭环形计数器的译码电路比一般计数器要简单些，若将偏离状态作为任意项来化简，则译码电路更简单。

由上述应用可知，因移存器既可并、串入，也可并、串出，故附加一些门电路或触发器很容易实现串行—并行或并行—串行转换。与数据选择器相比，用移存器构成序列信号时，利用率较高且电路简单。移存器构成的环形、扭环形计数器虽利用率相对较低，但译码电路简单，且输出端有规律的波形可用来组成其他信号波形，故移存器的应用是非常广泛的。

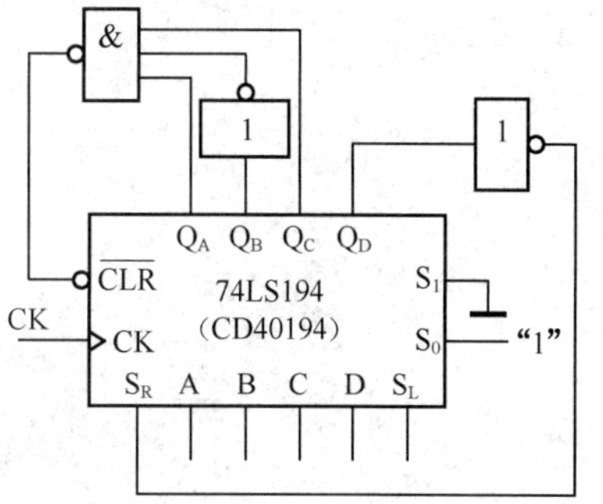

图 4-64 具有自启动特性的 4 位扭环形计数器

四、实验内容

1. 测试 74LS194（CD40194）的逻辑功能。

2. 用 74LS194（CD40194）设计 8 位双向移位寄存器。

3. 试用 74LS194（CD40194）附加门电路设计 "101001" 序列信号发生器，要求电路具有自启动特性，并通过实验验证。用示波器双踪观察并记录时钟脉冲和输出波形。

4. 通过实验验证图 4-62（a）所示 4 位环形计数器的自启动特性，画出完全状态流通图。

5. 利用移位寄存器设计一个可编程分频电路。该电路有一个输入信号 F_1，一个系统清零端 CLR，一个输出信号 F_2，三个控制信号 K_3、K_2、K_1。要求的功能：（1）分频比 $N=F_1/F_2$，$N=1\sim8$ 可变；（2）由 K_3、K_2 和 K_1 控制分频比；（3）CLR= "1" 时分频器清零。

五、实验报告要求

1. 写出设计过程，画出完整实验电路图。

2. 整理实验数据（真值表、波形图）。

3. 对实验中出现的情况进行分析和讨论，并总结收获。

六、思考题

试设计一个 8 位并行—串行自动转换电路。

第 5 章 基于 Verilog HDL 的数字电路设计

5.1 基本知识介绍

5.1.1 CPLD/FPGA 典型设计流程

一般来说，完整的 CPLD（Complex Programmable Logic Device，复杂可编程逻辑器件）/FPGA（Field Programmable Gate Array，现场可编程门阵列）的设计流程包括写出设计规范、单元电路的设计与输入、功能仿真、设计评估、综合优化、综合后仿真、实现与布局布线、布局布线后仿真与检验、最终评估、系统集成与测试等主要步骤。一个可编程逻辑数字系统的设计流程如图 5-1 所示。每一个具体项目的步骤会略有变化，但在本质上是相同的。

1. 写出设计规范

一份设计规范可以让每一个设计工程师了解整个设计项目的情况，以及自己在此项目中承担的任务。设计规范应该包括如下信息。

（1）外部框图。外部框图定义了 CPLD/FPGA 器件在系统中的位置，这样的框图有助于描述器件的全部功能，供系统的设计者、印制电路板（Printed Circuit Board，PCB）设计者、系统中其他功能的设计者（如模拟电路和控制器的设计者）参考。

（2）内部框图及功能模块划分。内部框图是电路行为描述的起点。功能模块划分的目的是让设计层次分明、条理清晰。

（3）确定关键电路的时序和模块间的接口时序。设计数字电路，最关键的一环是设计各功能模块间的接口时序，这个工作必须在设计具体电路之前完成，否则，具体电路设计出来后，在系统联调时，若电路之间的配合（时序）出了问题，会极大增加设计实现的难度，影响产品开发的进程。

　　时序是事先设计出来的，而不是事后测出来的。因此，在做总体方案时，应该首先进行电路模块间的时序设计。

（4）易测性规划。项目一开始就要进行系统的易测性规划，否则，可能当设计完成，进入测试时，却发现不能完全地或准确地测试器件。

2. 单元电路的设计与输入

在进行模块设计时，应先画出每个模块的结构，而后画出其工作原理时序图，在工作原理时序图的指导下，进行具体电路设计。

单元电路的设计与输入是指通过某些规范的描述方式，将设计者的电路构思输入电子设计自动化（Electronic Design Automation，EDA）工具。常用的设计方法有硬件描述语言（Hardware Description Language，HDL）输入设计法和原理图输入设计法等。

原理图输入设计法在早期应用得比较广泛，是指根据设计需求选用器件、绘制原理图、完成输入过程。这种方法直观、便于理解、元件库资源丰富。但在大型设计中，这种方法的可维护性较差，不利于模块构造和复用。在大型工程设计中，最常用的设计方法是 HDL 输入设计法，其中影响最为广泛的 HDL 是 VHDL 和 Verilog HDL。它们的特点是由顶向下设计，利于模块的划分和复用，可移植性好，通用性好，设计不因集成电路的工艺和结构不同而变化，更利于向 ASIC 的移植。

3. 功能仿真

电路设计完成以后，要用专用的仿真工具对设计进行功能仿真，验证电路功能是否符合设计需求。功能仿真包括仿真一个器件的功能，以确定该器件是否按照设计规范所描述的方式工作。这类仿真在设计的开始是很重要的，有利于尽可能多地找出器件中所存在的缺陷，判断设计的正确性。通过功能仿真能及时发现设计中的错误，加快设计进度，提高设计的可靠性。

在进行功能仿真时，应尽可能对每一个子模块进行仿真，确保 90%以上的错误在设计前期就得到解决，否则会增加设计后期的

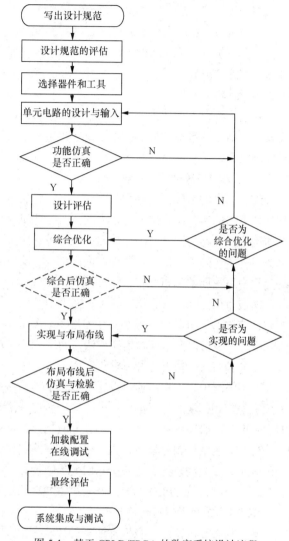

图 5-1　基于 CPLD/FPGA 的数字系统设计流程

困难。设计代码全部完成之后，可以进行整个设计的功能仿真。功能仿真是所有验证环节中最重要的一环，有时是决定设计成败的关键，在进行功能仿真时，目标是解决所有的功能方面的问题。

> **注意**　在进行集成电路功能仿真之前，应制订完善的仿真测试方案，尽可能覆盖所有情况。

4. 设计评估

在此阶段，要找出设计遗漏的细节和设计规范中不恰当的设想，这是最重要的评估之一。

5. 综合优化

综合优化（Synthesize）是指将 HDL、原理图等翻译成与、或、非门，RAM，触发器等基本

逻辑单元组成的逻辑连接（网表），并根据目标和需求（约束条件）优化所生成的逻辑连接，输出.edf 和.edn 等标准网表文件，供 CPLD/FPGA 厂商的布局布线器进行实现。

6. 综合后仿真

综合优化完成后，需要检查综合结果是否和设计一致，即综合后仿真。

在仿真时，把综合生成的标准延时文件反标注到综合仿真模型中去，可估计门延时带来的影响。综合后仿真虽然比功能仿真精确一些，但只能估计门延时，不能估计线延时，仿真结果和布线后的实际情况有一定的差距，并不十分准确。这种仿真的主要目的在于检查综合器的综合结果是否和设计输入一致。

目前，综合工具日益成熟，对于一般性的设计，如果设计者确信自己标注明确，没有综合歧义发生，则可省略该步骤。不过，如果在布局布线后仿真与检验时发现有电路结构和设计意图不符的现象，则常常需要回溯到综合后仿真，以确认问题是否由综合歧义造成。

7. 实现与布局布线

综合结果的本质是一些由与、或、非门，触发器，RAM 等基本逻辑单元组成的逻辑网表，和集成电路的实际设置情况有较大的差距。此时应该使用 CPLD/FPGA 厂商提供的软件工具，根据所选集成电路的型号将综合输出的网表适配到具体 CPLD/FPGA 器件上，这个过程叫作实现。因为只有器件的厂商最了解器件的内部结构，所以实现步骤必须选用器件厂商提供的工具。在实现过程中最主要的是布局布线（Place And Route，PAR）。

所谓布局（Place），就是将逻辑网表中的硬件原语或底层单元合理地适配到 FPGA 内部的固有硬件结构上，布局的优劣对设计的最终结果（在速度和面积两个方面）影响非常大。所谓布线（Route），是指根据布局的拓扑结构，利用 FPGA 内部的各种连线资源，合理正确地连接各个元件。布局和布线一般通过开发软件完成。

一般情况下，用户能通过设置参数指定布局布线的优化准则，总的来说优化目标主要有两个方面：面积和速度。应根据设计的主要矛盾选择面积或速度或两者平衡等优化目标，当两者冲突时，一般满足时序约束更重要一些，此时选择速度或时序优化目标更佳。

FPGA 的结构相对复杂，为了获得更好的实现结果，特别是确保能够满足设计的时序条件，一般采用时序驱动进行布局布线。CPLD 结构相对简单得多，其资源有限，而且布线资源一般为交叉连接矩阵，故 CPLD 的布局布线过程相对简单。

8. 布局布线后仿真与检验

将布局布线的延时信息反标注到设计网表中，就叫时序仿真或布局布线后仿真。该仿真的仿真延时文件包含的延时信息最全，不仅包含了门延时，还包含了实际布线延时，所以布局布线后仿真最准确，能够较好地反映集成电路的实际工作情况。但时序仿真耗时较长，同步时序逻辑设计中，时序检验主要通过静态时序分析来进行。

静态时序分析着眼于同步设计并确定其最高工作频率，该频率不违反任何建立和保持时间要求。静态时序分析软件考虑了设计电路中每一个触发器到其他各个触发器的路径，以及这些路径所连接的组合逻辑，软件计算出最好和最坏的情况下通过这些路径的延时。任何违反一个触发器的建立和保持时间要求的路径，或者其延时超过了给定时钟频率的时钟周期的路径，都将被标出来。这样，可以通过调整这些被标出的路径，使它们满足设计的时序要求。

不同阶段的仿真小结如下。

（1）功能仿真的主要目的在于验证设计的电路结构和功能是否和设计意图相符。

（2）综合后仿真的主要目的在于验证综合后电路结构是否和设计意图相符，是否存在歧义综合结果。

（3）布局布线后仿真的主要目的是验证是否存在时序违规，因此又叫时序仿真。时序仿真既有动态时序分析功能，又有功能验证的功能。由于时序仿真带有延时信息，因此软件在仿真时的运算量比功能仿真时要大得多，若设计改动较多，每次功能验证都通过时序仿真来完成的话极为费时，严重影响设计进度；因此设计的功能验证应主要由功能仿真来保证。而在同步时序电路设计中，主要通过静态时序分析来检验一个设计是否能满足它的定时要求。

9. 最终评估

如果设计中所有其他的步骤已经完成，而且其他的评估也已经通过，最终评估只是一个最终完成的信号，表明本设计已经进行了源程序编写、仿真、逻辑综合、布局布线等操作，且已经准备好进入电子系统。

10. 系统集成与测试

设计研发的最后步骤就是在线调试或将生成的设置文件写入集成电路进行测试。示波器和逻辑分析仪是逻辑设计的主要调试工具。传统的逻辑功能板级验证手段是用逻辑分析仪分析信号。FPGA 和 PCB 设计人员在设计时需要保留一定数量的 FPGA 管脚作为测试管脚，在编写 FPGA 代码时将需要观测的信号作为模块的输出信号，综合实现时在把这些输出信号锁定到测试管脚上，然后连接逻辑分析仪的探头到这些测试管脚，设定触发条件，进行观测。

在测试中，设计者还可以将一种高效的硬件测试手段（ChipScope Pro）和传统的系统测试方法相结合，这就是嵌入式逻辑分析仪。它可以随设计文件一并下载到目标集成电路中，用以捕捉目标集成电路内部信号节点处的信息，而且不会影响原硬件系统的正常工作。ChipScope Pro 的基本原理是利用 FPGA 内部逻辑和 Block RAM，根据用户设定的触发条件，将测得的信号暂存于目标器件的嵌入式 RAM 中，然后通过器件的 JTAG 端口将采得的信息传出，送入计算机进行显示和分析。嵌入式逻辑分析仪允许对设计中的所有层次的模块的信号节点进行测试。

任何仿真或验证步骤出现问题，都需要根据错误定位返回相应的步骤进行更改或重新设计。

以上介绍的是基于 CPLD/FPGA 的数字系统设计的一般步骤，在具体项目中步骤可做适当删减。

5.1.2 硬件描述语言概述

在传统的设计方法中，设计工程师设计一个数字电路或数字逻辑系统时，必须为设计画一张线路图，线路图由表示信号的线和表示基本设计单元的符号连在一起组成，符号取自设计者用于构造线路图的零件库。这就是传统的原理图输入设计法。设计者会利用一些 EDA 工具或者人工进行线路图的逻辑优化。为了对设计进行验证，设计者必须搭建硬件平台（如电路板）。

随着电子设计技术的飞速发展，传统的原理图输入设计法已满足不了设计的要求。因此，硬件描述语言输入设计法逐渐成为数字设计的主流。数字逻辑电路设计者可利用这种语言来描述自己的设计思想，然后利用 EDA 工具进行仿真，自动综合到门级电路，最后用 FPGA 实现其功能。硬件描述语言在当今 IEEE（Institute of Electrical and Electronics Engineers，电气和电子工程师协会）标准中主要有 VHDL 和 Verilog HDL 两种。本书主要介绍 Verilog HDL。

Verilog HDL 的发展历程如下。

1983 年，Gateway Design Automation 公司开发 Verilog-XL 仿真器时开发出硬件建模语言。1990 年，Gateway Design Automation 公司被 Cadence 公司收购。Cadence 公司决定在 1990 年向公

众开放该语言。在此之后，开放 Verilog 国际（Open Verilog International，OVI）组织于 1991 年成立。OVI 组织寻求将 Verilog 纳入 IEEE 标准，并获得成功。1995 年，IEEE 制定了 Verilog HDL 标准，即 IEEE-1364 标准定义，也就是我们通常见到的 Verilog-1995，此后 OVI 组织仍不断维护和开发这种语言。

Verilog HDL 用于从算法级、结构级、门级到开关级的多种抽象设计层次的数字系统建模。被建模的数字系统对象的复杂性可介于简单的门级和完整的数字系统之间。

复杂的数字系统设计必然采用层次化、结构化的设计方法，其设计思想就是"自顶向下"，即逐步实现：在系统功能指标和端口基础上，将系统分解为多个子模块，然后对子模块进行分解，直至将模块分解到合适的实现复杂度或可使用的 EDA 元件库中已有的基本元器件为止；在设计的后期将子模块组合起来构成一个系统。自顶向下设计示意图如 5-2 所示。

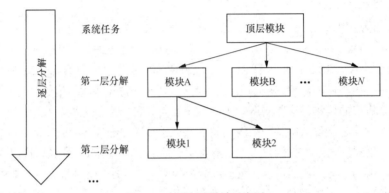

图 5-2 自顶向下设计示意图

5.2 Verilog HDL 基本语法

Verilog HDL 是用来设计数字和计算机系统的新技术，在业界广泛使用。通过使用集成开发环境，设计人员可以在常见的 Windows 或其他图形化系统中进行设计、仿真、验证。

由于 C 语言在 Verilog HDL 设计之初已经在许多领域得到广泛应用，因此 Verilog HDL 的设计初衷是成为一种基本语法与 C 语言相近的硬件描述语言。但是，Verilog HDL 作为一种与普通计算机编程语言不同的硬件描述语言，还具有一些独特的语言要素，如向量形式的线网和寄存器、过程中的非阻塞赋值等。总体而言，具备 C 语言基础的设计人员能够快速掌握 Verilog HDL。

任何一种程序设计语言都规定了自己的一套符号和语法规则，程序就是在这些语法规则下写成的。在程序中使用的符号若超出规定的范围或不按语法规则书写，都被视为非法，计算机无法识别。下面介绍 Verilog HDL 的语法要素。

5.2.1 Verilog HDL 基本词法

Verilog HDL 的基本词法规定，程序中可以有注释、数字、标识符、关键字、系统任务和系统函数等。

1. 注释

程序中加入适当的注释内容，可以加强程序的可读性，方便文档管理。注释有两种：单行注释和多行注释。

（1）单行注释以"//"开始，只能写在一行中。

（2）多行注释以"/*"开始，以"*/"结束，注释的内容可以跨越多行。

示例如下：

```
assign c=a+b;      //c 等于 a、b 之和

assign c=a+b;      / *c 等于 a、b 之和，语句可综合成一个加法器，
实现加法组合逻辑。*/
```

2. 数字

Verilog HDL 支持两种格式的数字：指明位宽的数字和不指明位宽的数字。

指明位宽的数字的表达方式：<位宽>'<进制><数值>。

说明如下。

<位宽>：用十进制表示的数字位数，默认位宽由具体计算机系统决定。

<进制>：可以表示为二进制（b 或 B）、八进制（o 或 O）、十进制（d 或 D）、十六进制（h 或 H），默认为十进制。

<数值>：可以是所选进制内任意有效数字，包括不定值 x 和高阻态 z。当<数值>位宽大于指定的大小时，截去高位。

如果没有指定位宽，则默认的位宽与仿真器、综合器使用的计算机有关（32 位或 64 位）。

示例如下。

```
1234                    //十进制数 1234，机器的默认位宽
6'O23                   //位宽为 6 的八进制数 23
'hff26                  //十六进制，采用机器的默认位宽
```

3. 标识符

标识符用于定义模块名、端口名、信号名等。标识符可以是一组任意的数字、字母、下画线（_）和符号$的组合，但是标识符的第一个字符必须是字母或者下画线。此外，标识符区分大小写。

标识符命名习惯如下。

（1）标识符命名规定。标识符的第一个字符必须是字母，最后一个字符不能是下画线，不许出现连续两个下画线；基本标识符只能由字母、数字和下画线组成；标识符两词之间须用下画线连接，如 rst_n、set_n、Packet_addr、Data_in、Mem_wr、Mem_ce。

（2）信号名连贯缩写的规定。长的名字会给书写和记忆带来不便，甚至造成错误，采用缩写时，应注意同一信号在模块中的一致性。一致性的缩写习惯有利于文件的阅读、理解和交流。部分缩写的统一规定为：Clk, clock；Clr, clear；En, enable；Rst, reset；Cnt, counter；Addr, address；Rd, reader；Wr, write；Reg, register；Lch, latch；Inc, increase；Mem, memory；Pst, preset。

（3）建议用有意义的名字，能概括该信号的全部或部分信息。例如，输入/输出信息中，Data_in 代表总线数据输入，Din 代表单根数据线输入，FIFO_out 代表数据总线输出。又如，宽度信息中，Cnt8_q 代表 8 位计数器输出信号。

（4）建议添加有意义的后缀，明确信号名。信号命名常用后缀及其含义如表 5-1 所示。

（5）自定义的缩写最好在文件头注释。

表 5-1　　　　　　　　　　　　　　　　　　信号命名常用后缀及其含义

后缀	含义
_clk	时钟信号
_n	求反的信号或低电平有效的信号
_en	使能控制信号
_s	模块内的反馈信号在实体端口信号名之后加后缀_s（即_same）
_L	采用 D 触发器对信号进行延迟,延迟信号的命名规则是在原信号名之后加后缀_L,_L 后加数字表示信号延迟时钟周期数,如_L1(即_lock)。 若是在流水线设计中有级延迟,则分别加后缀_L1、_L2 等
_q	寄存器的数据输出信号
_d	寄存器的数据输入信号(即_data)
_z	连到三态输出的信号

4. 关键字

Verilog HDL 内部保留的词称为关键字或保留字，如 module、endmodule 等。关键字不可以用于标识符。

因为关键字必须使用小写字母，所以开发中可以将不确定是否为关键字的标识符首字母大写。

5. 系统任务和系统函数

Verilog HDL 中的系统任务和系统函数提供了显示、文件输入/输出、仿真控制、各种函数调用等功能。系统任务和系统函数均是以$开始的标识符（$<keyword>形式）。它们的区别主要在于：系统任务可以有 0 个或者多个返回值，而系统函数只有一个返回值；系统任务可以带有延迟，而系统函数不允许延迟。

系统任务和系统函数内置于 Verilog HDL，供用户随意调用。下面介绍几个常用的系统任务和系统函数。

（1）$display。

$display 是用于显示变量、字符串和表达式的最常用的系统任务之一。示例如下。

```
$display("How to begin our \n work?");
```

将输出显示：

```
How to begin our
work?
```

（2）$monitor。

$monitor 为用户提供了对信号值变化进行动态监视的手段，其格式如下。

```
$monitor(p1, p2, p3…, pn);
```

在仿真过程中的任意时刻，只要检测的一个或者多个变量发生变化，就会启动$monitor 函数，输出这一时刻的数值变化情况。

（3）$stop 和$finish。

$stop 可使仿真被挂起。示例如下。

```
initial
  #100 $stop;
```

在 100 个单位时间后，仿真暂停。

与$stop 不同，$finish 是结束该仿真，并退出仿真环境。

（4）$fopen 和$fclose。

Verilog HDL 支持将仿真结果输出到指定的文件中，使用系统函数$fopen 打开可以写入数据的文件，再使用$fclose 将前面打开的文件关闭。$fopen 格式如下。

```
< file_descriptor > = $fopen("文件名");
```

关闭打开的文件，采用的格式如下。

```
$fclose;
```

用$fclose 将打开的文件关闭后，不能再写入数据。

5.2.2 Verilog HDL 数据类型

为了反映硬件的工作状态，Verilog HDL 支持 4 值逻辑系统，也就是说 Verilog HDL 变量可以取 4 种基本值：0、1、x、z，其中 x 表示未初始化或未知的逻辑值，z 表示高阻态。z 值指的是三态缓冲器的输出，x 常用在仿真模块中，代表一个不是 0、1 和 z 的值，如没有初始化的输入/输出端口。Verilog HDL 中所有数据都由以上 4 种基本值构成，同时，"x" 和 "z" 是不区分大小写的。

类似于 C 语言，Verilog HDL 的数据类型有常量和变量两种。Verilog HDL 中共有 19 种数据类型，常用的数据类型有 wire 型、reg 型、memory 型以及 parameter 型。下面对这 4 种数据类型进行介绍。

1. wire 型

wire 型用于对结构化器件之间的物理连线的建模，如器件的管脚，以及内部器件如与门的输出等。由于 wire 型代表的是物理连线，因此它不存储逻辑值，必须由器件驱动。一个 wire 型的信号没有被驱动时，仿真时显示为默认值 z（高阻），而在综合过程中则会被综合器优化掉，不会出现在实际电路中。wire 型信号可以用作方程式的输入，也可以用作 assign 语句或者实例元件的输出。同时，Verilog HDL 程序模块输入、输出信号类型默认为 wire 型。

wire 型信号的定义格式如下。

```
wire[width-1:0] 变量名1,变量名2,…,变量名n;
```

示例如下。

```
wire[5:0] a,b;          //位宽为6的wire型变量a和b
wire c;                 //wire型变量c，位宽为1
wire[3:1] data;         //位宽为3的wire型变量data，分别为data[3]、data[2]、data[1]
```

① wire[width-1:0]指明了变量的位宽，默认此项时默认变量位宽为1。

② 声明多个变量时，可以只采用 1 个关键字 wire，关键字之后的多个信号采用逗号分隔。

2. reg 型

reg 是寄存器数据类型的关键字。寄存器类型通常用于对存储单元的描述，如 D 触发器、ROM 等。reg 型数据常用来表示 always 块内的信号。在 always 块内被赋值的每一个信号需定义为 reg 型。格式如下。

```
reg[width-1:0] 变量名1,变量名2,…,变量名n;
```

示例如下。

```
reg[9:0] a,b,c;          //三个位宽为10的寄存器变量a、b、c
reg a;                   //寄存器变量为a，位宽为1
reg[3:1] d;              //位宽为3的寄存器变量d，由d[3]、d[2]、d[1]组成
```

 reg 型和 wire 型的区别在于 reg 型保持最后一次赋值，而 wire 型需要持续性的驱动。

3. memory 型

Verilog HDL 通过对 reg 型变量建立数组的形式对存储器建模，以实现 ROM 和 RAM 的建模。存储器（memory）型变量由 reg 型变量的地址扩展得到，其定义格式如下。

```
reg[n-1:0] 存储器名 [m-1: 0]
```

其中 reg[n-1:0]定义了每一个存储单元的大小，即该存储器单元是一个 n 位位宽的寄存器。存储器名后面的[m-1: 0]定义了存储器的大小，即该存储器由多少个这样的寄存器构成，示例如下。

```
reg[7:0] mem [255:0];    //存储器mem的存储位宽为8，存储深度为256
```

尽管 memory 型和 reg 型数据的定义比较接近，但二者有很大区别，例如，一个由 n 个 1 位寄存器构成的存储器是不同于一个 n 位寄存器的。

```
reg[n-1:0] rega;         //一个n位寄存器
reg mema [n-1,0];        //一个由n个1位寄存器构成的存储器
```

一个 n 位的寄存器可以在一条赋值语句中直接赋值，但存储器不行。示例如下。

```
rega=0;                  //合法赋值
mema=0;                  //非法赋值
```

对 memory 型变量赋值，必须要指定地址。示例如下。

```
reg[3:0] xrom [7:0];     //存储器xrom的存储位宽为4，存储深度为8
xrom [7] = 4'h0;
xrom [6] = 4'h1;
xrom [5] = 4'h2;
…
```

4. parameter 型

Verilog HDL 通过 parameter 型数据来定义一个标识符，将其表示为一个常量。标识符参数的定义常用在信号的位宽定义、延迟时间定义等，采用该类型可以提高程序的可读性与可维护性。其定义格式如下。

```
parameter 标识符1 =表达式1,标识符2 =表达式2,…标识符n =表达式n;
```

表达式可以是常数，也可以是定义过的标识符，示例如下。

```
parameter width = 4;                    //定义了一个常数参数
input [width-1:0] data_in;              //输入信号data_in的位宽为4
```

```
parameter a=2, b=3, c=5;                  //定义了三个常数参数
parameter c = a+b;                        //c 的值是前面定义的 a、b 之和
parameter [7:0] s0 = 8'h0, s1 = 8'h7;    //定义了两个位宽为 8 的常数参数
```

5.2.3　Verilog HDL 操作符

Verilog HDL 有大量的操作符，用以实现不同类型的数据之间的运算，并可以把运算结果赋值给线型（wire 型）和寄存器型（reg 型）变量。操作符包括两种运算符，一种用于位操作，一种用于算术、移位、关系的运算操作。表 5-2 列出了常用的 Verilog HDL 操作符，同时指出了操作符的优先级关系。

表 5-2　　　　　　　　　　　　　Verilog HDL 操作符和优先级

操作符	优先级
+（一元加），-（一元减），!（一元逻辑非），~（一元按位取反），&（缩减与），~&（缩减与非），^（缩减异或），~^或^~（缩减同或），|（缩减或），~|（缩减或非）	最高
**（求幂）	
*（乘），/（除），%（求模）	
+（二元加），-（二元减）	
<<<（算术左移），>>>（算术右移），<<（逻辑左移），>>>（逻辑右移）	
<（小于），<=（小于等于），>（大于），>=（大于等于）	
==（逻辑相等），!=（逻辑不等），===（全等），!==（非全等）	
&（按位与），^（按位异或），~^或^~（按位同或）	
|（按位或）	
&&（逻辑与）	
||（逻辑或）	
?:（条件判断）	
{,}（拼接），{,{ }}（重复）	最低

下面对部分常用操作符进行介绍。

1. 算术运算符

算术运算符可以有单个（一元）或两个（二元）操作数，实现加法（+）、减法（-）、乘法（*）、除法（/）、求模（%）和求幂（**）运算。其中加法和减法运算符可以用作一元操作符。

示例如下。

```
a+b              // a 和 b 相加
a/b              // a 除以 b，余数部分舍去，取整，即下取整
a%b              // a 对 b 取模，即 a、b 相除的余数部分
```

2. 移位运算符

移位运算符有四种：逻辑右移（>>）、逻辑左移（<<）、算术右移（>>>）和算术左移（<<<）。

在逻辑移位运算中，左移和右移操作中移出的空位用"0"来填补。而在算术移位运算中，右移">>>"操作用符号位来填补移出的空位；左移"<<<"操作用"0"来填补移出的空位。具体规则如表 5-3 所示。

表 5-3   移位操作举例

a	a>>2	a>>>2	a<<2	a<<<2
0100_1111	0001_0011	0001_0011	0011_1100	0011_1100
1100_1111	0011_0011	1111_0011	0011_1100	0011_1100

3. 关系运算符和等价运算符

关系运算符包括大于（>）、小于（<）、大于等于（>=）和小于等于（<=）。

在运算中，如果表达式正确，运算结果是 1；如果表达式不正确，运算结果是 0；如果操作数中某一位是不确定的，运算结果是 x。

等价操作符也有四种：逻辑相等（==）、逻辑不等（!=）、全等（===）和非全等（!==）。逻辑相等运算符和逻辑不等运算符与关系运算符相似，也返回布尔值。

① 如果两个操作数位宽不等，则先将两个操作数右对齐，用 0 填充短数的左端。
② 逻辑相等（==）和逻辑不等（!=）中，如果两个操作数中某一位是不确定的，则返回 x；若两个数相等，则返回 1；若两个数不等，则返回 0。

示例如下。

```
设 a=4'b1010, b=4'b1100, d=4'101x。
a = = b;          //结果为逻辑值 0
a ! = b;          //结果为逻辑值 1
a = =d;           //结果为逻辑值 x
```

4. 按位、逻辑和缩减运算符

（1）按位运算符。

四种基本按位运算符：按位与（&）、按位或（|）、一元按位取反（~）和按位异或（^）。

① 一元取反运算是单目运算符，其余是双目运算符。
② 按位运算对操作数中的每一位进行按位操作，如果两个数的位宽不一样，系统先将两个操作数右对齐，较短的操作数左端补 0，再按位运算。
③ 注意按位运算和逻辑运算的差别，逻辑运算结果是一个 1 位的逻辑值，按位运算结果是一个与较长位宽操作数等宽的数值。

示例如下。

```
wire[2:0] a, b, c;          //定义三个位宽为 4 的信号
assign   c=a | b;
```

相当于：

```
assign   c[2]=a[2] | b[2];
assign   c[1]=a[1] | b[1];
assign   c[0]=a[0] | b[0];
```

（2）逻辑运算符。

逻辑运算符包括三种：逻辑与（&&）、逻辑或（||）、一元逻辑非（!）。其中逻辑与（&&）和逻辑或（||）是双目运算符，一元逻辑非（!）是单目运算符。逻辑运算符的计算结果是逻辑假（0）、逻辑真（1）、不确定（x）。

示例如下。

设 a=1, b=0。

```
a&&b                //等于 0
a || b              //等于 1
!a                  //等于 0
```

逻辑运算符与按位运算符的比较如表 5-4 所示。

表 5-4　　　　　　　　　　　　逻辑运算符与按位运算符的比较

a	b	a&b	a|b	a&&b	a||b
0	1	0	1	0	1
000	000	000	000	0	0
000	001	000	001	0	1
011	001	001	011	1	1

（3）缩减运算符。

缩减运算符是单目运算符，包括与、或、非运算，运算结果是 1 位的二进制数。缩减运算的具体过程：先对操作数的第一位与第二位进行与、或、非运算，再把运算结果与第三位进行相关运算，以此类推，直至最后一位。

示例如下。

设 a=4'b1010。

```
&a              //结果为 1&0&1&0=0
| a             //结果为 1 | 0 | 1 | 0=1
```

5. 条件运算符

条件运算符 "?:" 需要三个操作数，一般格式如下。

条件表达式?表达式 1:表达式 2

条件表达式返回值为真（1'b1）或假（1'b0）。若返回值为真，则计算表达式 1 的值；若返回值为假，则计算表达式 2 的值。

6. 拼接运算符

使用拼接运算符 "{}" 能将元素或小的数组连接成一个大的数组。每个操作数必须有确定的位宽，因为系统进行拼接时必须确定拼接结果的位宽。

示例如下。

设 a=1'b1 , b=3'b111, c=4'b1010。

```
X={ a,b }               //结果是 4'b1111
Y={ a, b, c }           //结果是 8'b11111010
Z={ a, b, 2'b01}        //结果是 6'111101
```

5.3　Verilog HDL 语句

本节介绍 Verilog HDL 的常用编程语句，包括赋值语句、语句块、结构说明语句、分支语句及循环语句。

5.3.1　赋值语句

Verilog HDL 赋值语句中，赋值符号左边是赋值目标，右边是表达式。常用的赋值方式有过程赋值和连续赋值两种。过程赋值的对象是寄存器、整数和实数等，只能用在 always 块或者 initial 块。这些类型变量在被赋值后保持不变，直到下一次赋值进程触发，变量才被赋予新值。在连续赋值中，任何一个操作数的变化都会导致重新计算赋值表达式，重新进行赋值。

1. 过程赋值

过程赋值有两种：阻塞赋值和非阻塞赋值。两者在功能和特点上大有不同。

（1）阻塞赋值。

阻塞赋值的操作符为"="。示例如下。

```
always @ (posedge clk)    //当时钟脉冲上升沿到来，触发 always 块执行
begin
a=b;
c=a;
end
```

上面的 always 块被触发时，先将 b 的值赋给 a，再将 a 的值赋给 c，最后 a 和 c 的值都是 b。

① 阻塞赋值执行期间不允许其他 Verilog HDL 语句干扰，阻塞赋值完成后，才可以进入下一条语句的执行。
② 赋值操作完成后，等号左边的变量的值立即发生变化。

（2）非阻塞赋值。

非阻塞赋值的操作符为"<="。该符号与小于等于运算符形式相同，但二者的意义是完全不一样的，使用时注意根据使用的环境进行区分。示例如下。

```
always @ (posedge clk)
 begin
 a <= b+2;
 c <= a;
end
```

执行时，当时钟脉冲上升沿到来，采样到 a 和 b 的值，并计算 b+2 的值，在 always 块执行结束之前，将 b+2 和 a 的值分别赋给 a 和 c，最后 a 的值是 b+2，c 的值是在时钟脉冲上升沿采样的 a 的值。

可以看出，非阻塞赋值在赋值开始时计算表达式右边的值，到本次仿真周期结束时更新被赋值变量，即非阻塞赋值允许块中其他语句同时执行。

2. 连续赋值

数据流的描述是用连续赋值语句来实现的。其格式如下。

```
assign net_type =表达式;
```

连续赋值语句用于组合逻辑的建模。等号左边是 wire 型变量，等号右边可以是常量或由运算符如逻辑运算符、算术运算符等组成的表达式。示例如下。

```
assign Z = Preset & Clear;        //连续赋值语句
assign a= b | c ;                 //两个输入的或门
assign c= max{ a, b};             //调用求最大值的函数，函数返回值赋给 c
```

① 连续赋值语句的执行是只要等号右边表达式的任一个变量有变化，表达式立即被计算，计算的结果立即赋给等号左边的信号。
② 连续赋值语句之间是并行关系，因此顺序与位置无关。
③ 等号左边的赋值目标线网只能是线网变量，不能是寄存器变量。

5.3.2　语句块

Verilog HDL 使用语句块将多条语句组合成一条复合语句。语句块可以被定义块名，定义了块名的语句块可以被引用。语句块分为顺序块和并行块。

1. 顺序块

顺序块中的语句按书写顺序执行，其格式如下。

```
begin（块名）
（块内变量、参数定义）
    执行语句 1;
    执行语句 2;
...
end
```

块内可以根据需要定义变量，声明参数，但这些内容只能在块内使用，类似于局部变量。

2. 并行块

并行块中的语句并行执行，其格式如下。

```
fork（块名）
   （块内变量、参数定义）
执行语句 1;
    执行语句 2;
...
join
```

① 并行块的语句是同时执行的，每一条语句可以看成一个独立的进程，语句的书写顺序不会影响语句的执行结果。
② 并行块内每条语句的起始执行时间是相同的，块中执行时间最长的语句执行完成后，跳出并行块的执行。

5.3.3　结构说明语句

Verilog HDL 中常使用四种结构说明语句：initial 语句、always 语句、task 语句和 function 语句。下面对这四种语句进行介绍。

1. initial 语句

initial 语句只执行一次，与对设计的模拟同步开始（0 时刻），通常只用在对设计进行仿真的测试文件中，用于对一些信号进行初始化和产生特定的信号波形。

语句格式如下。

```
initial
begin
语句1;
语句2;
end
```

示例如下。

```
reg [ 1:0 ] a, b;
reg c;
initial
  begin
  a=1; b=2;
  #10 begin a=3, b=4; end        //10个单位时间后，对a、b进行再次赋值
  #10 begin a=5, b=6; end        //20个单位时间后，对a、b进行再次赋值
  end
initial
  c=1;
```

以上示例程序的执行过程如表5-5所示：

表5-5   程序执行过程

仿真时刻	变量值
0	a=1, b=2, c=1
10	a=3, b=4, c=1
20	a=5, b=6, c=1

2. always 语句

always 语句与 initial 语句相反，是被重复执行的，通过一个被称为敏感变量表的事件来驱动。always 语句可实现组合逻辑或时序逻辑的建模。

语句格式如下。

```
always @ <触发事件> 语句;
```

示例如下。

```
always @ (posedge clk or posedge rst)
begin
if rst
Q <= 'b 0;
else
Q <= D;
```

示例程序描述了一个 D 触发器，括号内的内容称为敏感变量，即整个 always 语句当敏感变量有变化时被执行，否则不执行。并且只有在时钟脉冲上升沿到来时，D 值被采样到 Q。

① always 语句的触发事件可以是控制信号的变化，时钟脉冲边沿的跳变等。

② 只要 always 语句的触发事件发生一次，always 语句就会执行一次，若触发事件不断发生，always 语句就会不断执行。

③ 对组合逻辑器件的赋值采用阻塞赋值"="，对时序逻辑器件的赋值采用非阻塞赋值"<="。

3．task 语句

语句格式如下。

```
task 任务名;
<输入/输出端口声明> ;
<任务中数据类型声明> ;
    语句1；
    语句2；
…
endtask
```

① 关键字 task 和 endtask 之间的任务定义，可以包括延迟、时序控制和事件触发等时间控制语句。

② 当任务被调用时，任务被激活，执行完之后返回结果。

定义任务，该任务可以将输入的 8 位数据反序存放，示例如下。

```
  module dataprocess;
 parameter maxbits =8;
 task reverse_bits;
  input[maxbits-1:0] din;
  output[maxbits-1:0] dout;
  integer k;

  begin
    for (k=0; k<maxbits; k=k+1)
    dout[maxbits-k-1]=din[k];
  end
 endtask
…
endmodule
```

任务的输入和输出在任务开始处声明，这些输入和输出的顺序决定了它们在任务中调用的顺序。任务调用语句中的参数列表必须与任务定义中的输入/输出参数说明的顺序相匹配。

4．function 语句

function 语句类似于其他编程语言中的函数。函数同任务一样，可以在模块的不同位置执行共同代码。

语句格式如下。

```
function <返回值的位宽,类型说明> 函数名;
  <输入端口与类型说明>;
<局部变量说明>;
begin
  语句;
end
endfunction
```

在关键字 function 和 endfunction 之间，函数的目的是返回一个用于表达式的值。

使用函数定义一个 8-3 线优先编码器，并进行调用，示例如下。

```
moudule code_8_3(din, dout);
  input[7:0] din;
  output[2:0]dout;

  function [2:0] code;                    //函数定义
    input [7:0] din;                      //函数只有输出端口
    if (din[7])       code=3`d7;
    else if (din[6])  code=3`d6;
    else if (din[5])  code=3`d5;
    else if (din[4])  code=3`d4;
    else if (din[3])  code=3`d3;
    else if (din[2])  code=3`d2;
    else if (din[1])  code=3`d1;
    else              code=3`d0;
  endfunction
...
assign  dout=code(din);                   //函数调用
endmodule
```

5. 函数和任务的区别

（1）任务可以调用函数，函数不可以启动任务。

（2）任务可有任意的 I/O 变量，函数需要至少一个输入变量，输出则由函数自身担当。

（3）函数通过函数名返回一个值，任务只是实现某种操作，本身没有值，传递数值通过 I/O 端口实现。

（4）任务可以用于组合逻辑电路、时序逻辑电路的描述；函数的定义不能包含时间控制语句，故函数只能用于组合电路的描述。

5.3.4 分支语句

过程块主要由过程性赋值语句和高级程序语句（包括分支语句和循环语句）这两种行为语句构成。Verilog HDL 中的高级程序语句是从 C 语言中引入的，使用方法与 C 语言类似。分支语句包括 if 条件语句和 case 分支控制语句。

1. if 条件语句

语句格式如下。

（1）if（表达式）

　　　< 语句 > ;

（2）if（表达式）

　　< 语句 1 > ;

　　else

　　< 语句 2 > ;

（3）if（表达式 1）

　　< 语句 1 > ;

　　else if（表达式 2）

　　< 语句 2 > ;

　　...

　　else if （表达式 n）

```
    < 语句 n> ;
  else
    < 语句 n+1 > ;
```

① if 后面的表达式可以是逻辑表达式或关系表达式。如果表达式的值为真，执行紧接在后的语句；如果为假，执行 else 后的语句。

② else 不可以单独使用，必须和 if 语句配对使用。

③ 如果 if 和 else 后面有多个执行语句，可以用 begin-end 块将其整合在一起。

④ if 可以嵌套使用，但是使用过程中注意与 else 语句配对。else 通常与最近的 if 语句配对。

示例如下。

```
if (a>b)
begin
    if ( ) 执行语句;
    else 执行语句;
end
```

2. case 分支控制语句

case 分支控制语句是另一种用来实现多路条件分支选择控制的语句，与 if 条件语句相比，case 分支控制语句实现选择控制更为简便直观。case 分支控制语句常用来描述微处理器译码功能以及有限状态机。

语句格式如下。

```
case (控制表达式)
  分支表达式 1:   语句 1 ;
  分支表达式 2:   语句 2 ;
...
分支表达式 n:   语句 n ;
default: 默认语句 ;
endcase
```

① case 分支控制语句分支项的值不能相等，否则将出现语法错误。

② case 分支控制语句的作用类似于多路选择器，用 case 分支控制语句易于实现对 4 选 1、8 选 1 等电路的描述。

使用 case 分支控制语句实现 4 选 1 数据选择器，示例如下。

```
module  sel_4_1 (F, D0, D1, D2, D3, A)
    input [1:0]  A;
    input D0, D1, D2, D3;
    output reg F;
    always @ (D0 or D1 or D2 or D3 or A)
      case (A)
        2'b00: F=D0;
        2'b01: F=D1;
            2'b10: F=D2;
2'b11: F=D3;
      endcase
 endmodule
```

5.3.5 循环语句

循环语句只能在 initial 块、always 块中使用。在 Verilog HDL 中实现行为描述可使用四种循环语句：forever 循环语句、repeat 循环语句、while 循环语句、for 循环语句。

1. forever 循环语句

forever 循环语句能够实现无限循环。

语句格式如下。

```
forever 语句;
```

forever 表示无限循环，无限次执行其后的语句，相当于 while(1)，直到遇到系统任务中的 $finish 或 $stop 为止。如果需要在某个时刻从循环中退出，可以使用 disable 语句终止循环。

实现由 15 时刻开始，周期为 20 的时钟脉冲产生器，示例如下。

```
begin
  clk=0;
#15;
    forever
      #10 clk = ~clk;
  end
```

2. repeat 循环语句

repeat 循环语句用于指定循环次数。

语句格式如下。

```
repeat（表达式）语句;
```

repeat 语句执行由其表达式所指定的固定次数的循环操作，循环次数是开始时刻的变量或者信号的值，不是循环执行期间的值。

示例如下。

```
begin
  output=0;
  repeat(count) @ (posedge clk);
  output=1;
end
```

示例程序中，语句 output=1 在时钟 count 次正跳变后执行，output 的低电平状态保持了 count 个时钟周期。

3. while 循环语句

while 循环语句实现条件循环，只有在指定条件成立时，才重复执行循环体。

语句格式如下。

```
while（条件表达式）语句;
```

语句执行过程中先求条件表达式的值，如果值为真（等于 1），执行内嵌的语句，否则结束循环。如果一开始就不满足条件，则循环不执行。

实现从 10 到 1 的倒数和显示，最后 count 变量的值为 0，示例如下。

```
module while_loop
  inter count;
  initial
    begin
      count=10;
      while(count>0)
      begin
        $display(" %d",count);
        #10count=count-1;
      end
    end
endmodule
```

4. for 循环语句

与 while 循环语句一样，for 循环语句也用于实现条件循环，只有在满足指定条件时才重复执行循环体。

语句格式如下。

for（表达式 1，表达式 2，表达式 3）语句;

① 表达式 1 是初始条件表达式，表达式 2 是循环终止条件表达式，表达式 3 是改变循环控制变量的赋值语句。

② 语句执行过程如下。

步骤 1：求表达式 1 的值。

步骤 2：求表达式 2 的值，若为真，执行 for 语句中的内嵌语句组，然后执行步骤 3；若为假，结束循环，执行 for 语句后的操作。

步骤 3：求表达式 3 的值，得到新的循环控制量，转到步骤 2 继续执行。

实现从 10 到 1 的倒数和显示，示例如下。

```
module for_loop
  integer count;
  initial
    begin
      for (count=10; count>0; count=count-1)
      begin
        $diaplay(" %d",count);
        #10;
      end
    end
endmodule
```

5.4　组合逻辑电路

5.4.1　组合逻辑电路概述

数字系统中的逻辑电路按照逻辑特性、结构可分为组合逻辑电路和时序逻辑电路两大类型。

本节主要介绍组合逻辑电路的设计。组合逻辑电路在任何时刻产生的稳态输出仅取决于该时刻的输入，而与电路原来的状态无关。组合逻辑电路模型如图 5-3 所示。

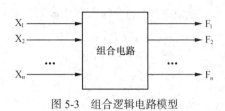

图 5-3 中，$X_1, X_2, \cdots, X_n$ 是电路的输入信号，$F_1, F_2, \cdots, F_n$ 是电路的输出信号。输出变量和输入变量的逻辑关系可以表示为

图 5-3 组合逻辑电路模型

$$F_0 = f_0(X_1, X_2, \cdots, X_n)$$
$$F_1 = f_1(X_1, X_2, \cdots, X_n)$$
$$\cdots$$
$$F_n = f_n(X_1, X_2, \cdots, X_n)$$

从电路结构上看，组合逻辑电路具有两个特点。

（1）电路由逻辑电路组成，不含任何记忆元件，没有记忆能力。

（2）输入信号单向传输，电路中没有反馈电路。

组合逻辑电路的应用十分广泛。它不但能独立完成功能复杂的逻辑操作，而且是时序逻辑电路的重要组成部分。因此，组合逻辑电路在逻辑电路中占有相当重要的地位。按照电路的逻辑功能特点，典型组合逻辑电路包括比较器、数据选择器、编码器和译码器等。

随着大规模可编程逻辑器件和电子设计自动化平台在数字设计系统中的应用，以及硬件描述语言的出现，设计者可以使用硬件描述语言描述自己的设计，借助电子设计自动化平台进行综合、优化、布局布线以及可编程逻辑器件的适配和下载。

基于 Verilog HDL 的数字电路基本描述方法包括门级结构描述、数据流描述和行为描述，具体而言就是根据电路功能抽象出端口，根据功能抽象采用相应方法进行描述，实现功能电路的建模。本节将介绍几种常用的组合逻辑电路的设计方法。

5.4.2 多路选择器的设计

多路选择器可对一系列控制信号（地址）进行译码，并由此产生选择信号，选择输入信号中的一个作为输出。n bit 地址选择端口可以对 2^n 路信号进行选择，例如，4 选 1 数据选择器输入 2 位地址，对 4（即 2^2）路信号进行选择输出。其功能表如表 5-6 所示。

表 5-6 4 选 1 数据选择器功能表

	输入		输出
/EN	S_1	S_0	Y
1	x	x	0
0	0	0	D_0
0	0	1	D_1
0	1	0	D_2
0	1	1	D_3

可以看出，数据选择器是以与或电路为核心的，当使能端信号/EN= "0" 时，电路正常工作，可在 S_1、S_0 的控制下，将输入端的 D_0、D_1、D_2、D_3 送到输出端 Y；当使能端信号/EN= "1" 时，输出为 Y= "0"。示例如下。

4 选 1 数据选择器

```
module sel_4_1 (n_EN, sel, D, Y);
input n_EN;                        //使能端，低电平有效
input [1:0] sel;                   //选择控制变量
input [3:0] D;                     //4 路输入数据
output Y;
reg Y;
        always @ (n_EN or sel or D)
            if (! n_EN)
                case (sel)
                    2'b00 : Y=D[0];
2'b01 : Y=D[1];
2'b10 : Y=D[2];
2'b11 : Y=D[3];
                endcase
            else Y=0;
    endmodule
```

5.4.3　编码器的设计

将一个有效输入信号通过组合逻辑电路转换为一个具有特定含义的代码输出，这样的过程称为编码。在数字系统中，常需要把具有特定含义的输入信号变换为对应的二进制代码。具有编码功能的逻辑电路称为编码器。

已知一位二进制数有 "0" 和 "1" 两种状态，则 n 位二进制数可以表示为 2^n 种状态，这 2^n 种状态可以表示 2^n 个不同的信息。例如，3 位二进制数有 $2^3 = 8$ 种状态，可以表示 $0 \sim 7$，也可以对应 8 种不同的其他特定含义。

以 3 位二进制编码器为例，其输入是 8 个需要编码的信号 $I_0 \sim I_7$，输出是 3 位二进制代码 $Y_2 Y_1 Y_0$。同一时刻，编码器只对一个有效输入信号进行编码，即 $I_0 \sim I_7$ 是互相排斥的变量。其简化真值表如表 5-7 所示。

表 5-7　　　　　　　　　　　3 位二进制编码器简化真值表

输入	输出		
	Y_2	Y_1	Y_0
I_0	0	0	0
I_1	0	0	1
I_2	0	1	0
I_3	0	1	1
I_4	1	0	0
I_5	1	0	1
I_6	1	1	0
I_7	1	1	1

设计一个具有基本功能的 8-3 线编码器，无优先级，同时设计一个输出标志位 EN（低电平有效），示例如下。

8-3 线编码器

```
module encoder8_3(DataIn, EN, Dataout);
```

```
      input [7:0] DataIn;
   output EN;
   output [2:0] Dataout;
   reg [2:0] Dataout;
   reg EN;
   interger I;

   always @ (DataIn)              //如输入变化，则进行编码
     begin
       Dataout=0;                 //初始化数据，使输出为 0
       EN=1;                      //置输出标志位 EN 为高电平，即无输出
       for (I=0; I<8; I=I+1)
         begin
           if (DataIn [I])        //逐位检查是否为 1
             begin
               Dataout=I;
               EN=0;              //置输出标志位 EN 为低电平，表示有编码输出
             end
         end
     end
   endmodule
```

5.4.4 译码器的设计

译码是编码的逆过程，其功能是将具有特定含义的不同二进制代码翻译出来。用于完成译码工作的电路称为译码器。

译码器是数字系统中常用的组合逻辑器件之一，常用于指令译码、存储器地址译码、外设地址译码等。下面以二进制译码器中的 3-8 线译码器为例进行介绍。

二进制译码器就是对具有指定顺序输入端的二进制代码的所有组合进行"翻译"的译码器，若有 n 个输入，就有 2^n 个相应的输出，每个输出端对应一个输入的最小项。因此，二进制译码器也称为完全译码器。

典型 3-8 线译码器功能表如表 5-8 所示。典型 3-8 线译码器具有三个使能端 G_1、$/G_{2A}$、和 $/G_{2B}$，其中，G_1 端高电平有效，$/G_{2A}$ 端和 $/G_{2B}$ 端低电平有效；三个变量顺序为 C、B、A 的输入端；8 个输出端 $/Y_0 \sim /Y_7$ 均为低电平有效。

表 5-8　　　　　　　　　　典型 3-8 线译码器功能表

输入						输出							
G_1	$/G_{2A}$	$/G_{2B}$	C	B	A	$/Y_7$	$/Y_6$	$/Y_5$	$/Y_4$	$/Y_3$	$/Y_2$	$/Y_1$	$/Y_0$
0	x	x	x	x	x	1	1	1	1	1	1	1	1
x	1	x	x	x	x	1	1	1	1	1	1	1	1
x	x	1	x	x	x	1	1	1	1	1	1	1	1
1	0	0	0	0	0	1	1	1	1	1	1	1	0
1	0	0	0	0	1	1	1	1	1	1	1	0	1
1	0	0	0	1	0	1	1	1	1	1	0	1	1
1	0	0	0	1	1	1	1	1	1	0	1	1	1
1	0	0	1	0	0	1	1	1	0	1	1	1	1

续表

输入						输出							
G_1	$/G_{2A}$	$/G_{2B}$	C	B	A	$/Y_7$	$/Y_6$	$/Y_5$	$/Y_4$	$/Y_3$	$/Y_2$	$/Y_1$	$/Y_0$
1	0	0	1	0	1	1	1	0	1	1	1	1	1
1	0	0	1	1	0	1	0	1	1	1	1	1	1
1	0	0	1	1	1	0	1	1	1	1	1	1	1

示例如下。

3-8 线译码器

```
module decoder3_8 (en, in, out);
    input [2:0] in;
    input [2:0] en;
    output [7:0] out;
    reg [8:1] out;
always @ (en or in)
    if (en [2] & (~en [1]) & (~en [0]))
      case (in)
      3'b000:out=8'b11111110;
      3'b001:out=8'b11111101;
      3'b010:out=8'b11111011;
      3'b011:out=8'b11110111;
      3'b100:out=8'b11101111;
      3'b101:out=8'b11011111;
      3'b110:out=8'b10111111;
      3'b111:out=8'b01111111;
      default:out=8'b11111111;
    endcase
    else out=8'b11111111;
endmodule
```

5.4.5 数值比较器的设计

在数字系统中，经常需要比较两个数的大小。用来完成两组二进制数大小比较的逻辑电路称为数值比较器。比较时，从两数的高位开始比较。当高位已经比较出大小时，直接输出结果，不再比较低位。当高位相等时，才进行低位的比较。两个数的大小关系分别为大于（＞）、等于（＝）和小于（＜）。下面以 4 位二进制数值比较器为例，介绍数值比较器的 Verilog HDL 行为描述。

4 位二进制数值比较器的功能框图如图 5-4 所示。4 位二进制数值比较器有 8 个输入端口和 3 个输出端口，8 个输入端口用于表示输入的两组 4 位二进制数，3 个输出端口用于表示两组二进制数值的比较结果。

图 5-4　4 位二进制数值比较器的功能框图

4 位二进制数值比较器的功能是比较两个二进制数 A 和 B 的大小，比较的结果输出到相应的 3 个输出端 F（A>B）、F（A=B）和 F（A<B），输出端高电平有效。则比较器的输入与输出之间的逻辑关系为：

A>B 时，F（A>B）=1，F（A=B）=0，F（A<B）=0；

A=B 时，F（A>B）=0，F（A=B）=1，F（A<B）=0；

A<B 时，F（A>B）=0，F（A=B）=0，F（A<B）=1。

示例如下。

4 位二进制数值比较器

```
module compare (A, B, LG, EQ, SM) ;
    input [3:0] A, B;
    output reg LG, EQ, SM;
    always @ (A, B)
        if(A>B)
            begin
                LG=1;
                EQ=0;
                SM=0;
            end
        else if (A= =B)
            begin
                LG=0;
                EQ=1;
                SM=0;
            end
        else
            begin
                LG=0;
                EQ=0;
                SM=1;
            end
endmodule
```

5.4.6 二进制数—BCD 码转换器的设计

BCD 码通常指的是 8421BCD 码，用 4 位二进制数表示 0~9，例如，168 用 BCD 码表示为 0001 0110 1000。之所以有时需要将二进制（Binary）数转换为 BCD 码，是因为计算机识别二进制数，而数码管显示需要 BCD 码。

最直观的二进制数—BCD 码转换方法是使用寄存器组（或 ROM）查找表。表 5-9 列出了 4 位二进制数转换为 BCD 码的查找表。

表 5-9　　　　　　　　　　　　4 位二进制数转换为 BCD 码的查找表

Binary[3:0]	BCD[7:0]	Binary[3:0]	BCD[7:0]
0000	0000 0000	1000	0000 1000
0001	0000 0001	1001	0000 1001
0010	0000 0010	1010	0001 0000
0011	0000 0011	1011	0001 0001
0100	0000 0100	1100	0001 0010
0101	0000 0101	1101	0001 0011
0110	0000 0110	1110	0001 0100
0111	0000 0111	1111	0001 0101

示例如下。

4 位二进制数转换为 BCD 码

```
module Bin4_BCD (bin4, BCD_out);
    input [3:0] bin4;
    output [7:0] BCD_out;
always @ (bin4)
    begin
      case (bin4)
        4'b0000:BCD_out=8'b00000000;
        4'b0001:BCD_out=8'b00000001;
        4'b0010:BCD_out=8'b00000010;
        4'b0011:BCD_out=8'b00000011;
        4'b0100:BCD_out=8'b00000100;
        4'b0101:BCD_out=8'b00000101;
        4'b0110:BCD_out=8'b00000110;
        4'b0111:BCD_out=8'b00000111;
        4'b1000:BCD_out=8'b00001000;
        4'b1001:BCD_out=8'b00001001;
        4'b1010:BCD_out=8'b00010000;
        4'b1011:BCD_out=8'b00010001;
        4'b1100:BCD_out=8'b00010010;
        4'b1101:BCD_out=8'b00010011;
        4'b1110:BCD_out=8'b00010100;
        4'b1111:BCD_out=8'b00000101;
      endcase
    end
endmodule
```

设计任意数目输入的二进制数—BCD 码转换器的另一种方法是采用左移加 3 的算法，具体方法和 Verilog HDL 代码实现在 5.5.5 节中进行介绍。

5.5　时序逻辑电路

在现代 CPLD/FPGA 设计中，锁存器/触发器、串并/并串转换电路、计数器、有限状态机等是典型的时序逻辑电路的基本组件。锁存器/触发器是同步时序数字系统的基本组成单元，也是寄存器传输级（Register Transfer Level，RTL）设计的基础。接口电路中，串并/并串转换是一个非常普遍的功能，大多数数据通信为串行方式，而大多数处理器要求数据以并行方式存储和处理。计数器是实现分频器的基础，常用的计数器有普通计数器、扭环形计数器（格雷码计数器）。有限状态机是数字电路设计的核心。

本节以这些电路的 Verilog HDL 模型与设计为例，介绍相关的 Verilog HDL 结构、数据规则和语法特点。

5.5.1　D 锁存器

锁存器可以简单地定义成一种电平敏感器件，也就是说，其输出仅仅依赖于输入的值。最常用的是 D 锁存器，输出端 Q 仅在使能端 EN 为高电平时才随输入端 D 变化（也可以低电平使能），其逻辑符号如图 5-5 所示。

其功能表如表 5-10 所示。

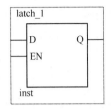

图 5-5　D 锁存器逻辑符号

表 5-10　D 锁存器功能表

EN	Q
0	保持
1	D

示例如下。
D 锁存器
```
module D_latch (EN, D, Q);
      input EN, D;
      output Q;
      reg Q;
      always @ (D or EN)
          if (EN) Q<=D;
endmodule
```

注意

① 当 EN 为高电平时，输出 Q 的数值会随着输入 D 的数据更新；当 EN 为低电平时，将保持其高电平时锁入的数据。

② EN 由"0"变为"1"时，满足 if 语句，语句"Q<=D"被执行，D 的值被赋给 Q；EN 由"1"变为"0"时，将执行 if 语句，但此时 EN="0"，语句"Q<=D"不会被执行，于是 Q 的值保持不变。

③ 敏感信号 D 发生变化，若 EN 为"0"，则 Q 保持不变；若 D 发生变化，且 EN 为"1"，则执行语句"Q<=D"。

5.5.2　D 触发器

和电平触发的锁存器不同，触发器（Flip-Flop，FF）仅在使能信号或时钟脉冲的有效触发沿才可能发生状态变换，其逻辑符号如图 5-6 所示。

其功能表如表 5-11 所示。

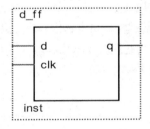

图 5-6　D 触发器逻辑符号

表 5-11　D 触发器功能表

clk	q
↑	d
其他	保持

示例如下。
D 触发器
```
module d_ff_1(d, clk, q);
    input d, clk;
    output q;
    reg q;
    always @ (posedge clk)
```

```
        q<=d;
endmodule
```

D 触发器仿真波形如图 5-7 所示。

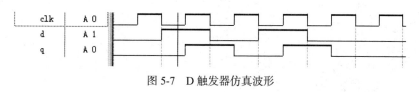

图 5-7　D 触发器仿真波形

　当 clk 到达上升沿时，立即将 d 赋值给 q；若没有 clk 的上升沿到达，则 q 的值保持不变。

可以将上述基本 D 触发器模型扩展为带异步置位和异步复位的 D 触发器。所谓异步置位和异步复位，指不管有没有时钟脉冲有效触发沿都会置位或复位。触发器的工作状态不仅受控于时钟脉冲上升沿，还受控于置位和复位信号，因而其敏感信号有 3 个。考虑到 Verilog HDL 模型中敏感信号类型的一致性，置位和复位信号也采用边沿敏感信号，由于是低电平有效，因此采用下降沿敏感类型。示例如下。

带异步置位和异步复位的 D 触发器

```
module d_ff_2(d, q, clk, Reset, Set);
    input d, clk, Reset, Set;
    output q;
    reg q;
        always @ (posedge clk or negedge Reset or negedge Set)
            if (!Reset)
                begin q<=0; end
            else if (!Set)
                begin q<=1; end
            else
                begin q<=d; end
    endmodule
```

用硬件描述语言描述时序逻辑电路的基本方法如下。

（1）一般采用 always 语句，其敏感变量表中只能用 posedge、negedge 监视时钟脉冲或异步信号的有效触发沿。

（2）同步清零、置位时，敏感变量表中不列出清零、置位信号。即在检测到时钟脉冲有效触发沿时，再执行清零、置位的功能。

（3）异步（同步）清零、置位优先于器件的操作，通常用 if-else 语句描述，并注意异步时的信号有效级匹配。

（4）应使用非阻塞赋值进行操作，以符合先采样计算再一起赋值的时序描述规范。

5.5.3　计数器

计数器是实现分频器的基础，常用的计数器有普通计数器、扭环形计数器。扭环形计数器的输出每次只有一位跳变，消除了竞争和冒险的发生条件，避免了毛刺的产生。

示例如下。

同步使能、异步清零的模 10 计数器（同步使能、高电平有效，异步清零、低电平有效，此时敏感变量表中不需检测 en 信号的变化而需检测 rst_n 的下降沿变化）。

```verilog
module counter10(clk, rst_n, en, dout, co);
  input clk, rst_n, en;
  output [3:0] dout;
  reg [3:0] dout;
  output co;
always @ (posedge clk or negedge rst_n)
  begin
    if(!rst_n)
        dout <= 4'b0000;            //系统复位，计数器清零
    else if (en)
        if(dout == 4'b1001)          //计数值达到 9 时，计数器清零
            dout <= 4'b0000;
        else
            dout <= dout + 1'b1;   //否则，计数器加 1
    else
        dout <= dout;
  end
assign co = dout[0]&dout[3];          //当计数达到 9(4'b1001)时，进位为 1
endmodule
```

5.5.4　通用移位寄存器

装载和存储总线数据的一组触发器称为寄存器。寄存器具有数据输入端、时钟，通常还有复位端、装载信号，用来指示寄存器复位和输入数据是否装载到寄存器内部。通过移位寄存器电路可以实现串并/并串转换电路的功能。

示例如下。

移位寄存器（通用 4 位移位寄存器，具有异步清零功能）

```verilog
module reg4_1 (clk, clr, data, Rin, Lin, sel, Qout)
    input clr, clk, Rin, Lin;
    input [1:0] sel;
    input [3:0] data;
    output [3:0] Qout;
    reg [3:0] Qout;
always @ (posedge clk or negedge clr)
    if (! clr)  Qout<=4`b0000;
    else
        case(sel)
            2'b00: Qout<=Qout;
            2'b01: begin Qout<= Qout>>1; Qout [3] <=Rin; end
            2'b10: begin Qout<= Qout<<1; Qout [0] <=Lin; end
            2'b11: Qout<=data;
        endcase
endmodule
```

程序中，同步选择（sel）包括状态保持（sel=00）、右移（sel=01）、左移（sel=10）以及并行置数（sel=11）等功能。其中 clk 是上升沿有效的时钟脉冲，clr 是低电平有效的异步清零输入端，sel 是工作方式选择控制输入端，Rin 是右移时的串行输入端，Lin 是左移时的串行输入端，data 是并行置数时的数据输入端，Qout 为 4 位并行输入端。

5.5.5　有限状态机

在数字电路中，有限状态机（Finite State Machine，FSM）是一种设计控制算法的基本技术，是数字电路设计的核心。有限状态机存储一系列不同的状态，根据输入和当前状态在这些状态之间进行转换。状态机由状态寄存器和组合逻辑电路构成，是协调相关信号动作、完成特定操作的控制中心。有限状态机有两种类型，分别是 Moore 型（状态机的输出完全由当前状态变量决定）和 Mealy 型（状态机的输出既与当前状态变量有关，又与输入有关）。有限状态机的一般结构如图 5-8 所示。

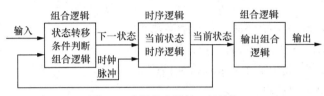

图 5-8　有限状态机的一般结构

1. 状态编码

有限状态机编码中常用的编码赋值方式有二进制（Binary）编码、格雷码（Gray-code）、独热码（One-hot）等。

（1）二进制编码赋值：按照二进制数的计数顺序依次对 FSM 的状态进行赋值。这种状态赋值的方案需要的寄存器最少，需要 $\log_2 n$ 个状态寄存器。

（2）格雷码赋值：按照格雷码的计数方式依次对 FSM 的状态进行赋值。格雷码相继的两个编码只有 1 位发生改变。如果相邻的两个 FSM 状态对应两个相继的格雷码，会大大降低次态逻辑的复杂度。

（3）独热码赋值：独热码又称一位有效编码，其原理是使用 N 位状态寄存器来对 N 个 FSM 的状态进行编码。虽然使用的触发器较多，但由于状态译码简单，可有效降低组合逻辑复杂度。

在 CPLD 中，由于器件拥有较多的组合逻辑资源，所以多使用二进制编码或格雷码。而 FPGA 更多地提供触发器资源，所以在 FPGA 中多使用独热码。一般而言，小型设计（状态数小于 4）使用二进制编码；当状态数为 4 ~ 24 时，宜采用独热码；而大型状态机（状态数大于 24）使用格雷码更高效。表 5-12 列出了 FSM 的状态赋值方案。

表 5-12　　　　　　　　　　　　　　　FSM 的状态赋值方案

FSM 的状态	二进制编码	格雷码	独热码
S0	000	000	00001
S1	001	001	00010
S2	010	011	00100
S3	011	010	01000
S4	100	110	10000

2. 有限状态机的 Verilog HDL 描述

从设计的角度，描述有限状态机的方法是使用状态转移图，它可以表示状态、输出和转移条件。从 Verilog HDL 的角度，有限状态机的描述有 1 段式 always 块实现 FSM、2 段式 always 块实现 FSM，以及多段式 always 块实现 FSM。

（1）1 段式 always 块实现 FSM。整个 FSM 中只使用 1 个 always 块，由于组合逻辑和实现逻辑在同一个使用时钟脉冲触发的 always 块中，导致综合结果在输出信号中自动加入 1 级缓冲级，因此引入了 1 个时钟周期的延迟。

（2）2 段式 always 块实现 FSM。其中第 1 个 always 块用于描述 FSM 的状态寄存器，状态寄存器描述使用边沿敏感的敏感变量表，一般包括时钟脉冲和异步复位信号，采用非阻塞赋值；第 2 个 always 块用于描述组合逻辑（次态逻辑和输出逻辑），一般采用电平敏感的敏感变量表，并在块内使用阻塞赋值。

（3）多段式 always 块实现 FSM。以 3 段为例加以说明：第 1 个 always 块描述 FSM 的状态寄存器；第 2 个和第 3 个 always 块描述组合逻辑，其中第 2 个 always 块描述次态逻辑，第 3 个 always 块描述输出逻辑。

下面以 Mealy 型有限状态机为例介绍有限状态机的设计。Mealy 型有限状态机的状态转移图如图 5-9 所示。

由该状态转移图可得状态转移表，如表 5-13 所示。

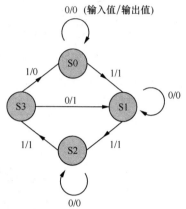

图 5-9　Mealy 型有限状态机的
状态转移图

表 5-13　　　　　　　　　Mealy 型有限状态机的状态转移表

现态	次态		输出	
	X = 0	X = 1	X = 0	X = 1
S0	S0	S1	0	1
S1	S1	S2	0	1
S2	S2	S3	0	1
S3	S1	S0	1	0

Verilog HDL 程序 1 段式 always 语句设计如下。

```
module v_fsm_1 (clk, reset, x1, outp);
    input clk, reset, x1;            //输入端口
    output outp;                     //输出端口
    reg outp;                        //输出端口类型声明
    reg [1:0] state;                 //内部信号声明
    parameter S0 = 2'b00, S1 = 2'b01, S2 = 2'b10, S3 = 2'b11; //参数声明
always@(posedge clk or posedge reset)
    begin
      if (reset)
          begin
            state <= S0; outp <= 1'b0;
          end
      else
      begin
        case (state)
          S0: begin
            if (x1==1'b1)
                begin
                  state <= S1;
```

```
                        outp <= 1'b1;
                      end
                  else
                    begin
                      state <= S0;
                      outp <= 1'b0;
                    end
                end
            S1: begin
                if (x1==1'b1)
                  begin
                    state <= S2;
                    outp <= 1'b1;
                  end
                else
                  begin
                    state <= S1;
                    outp <= 1'b0;
                  end
                end
            S2: begin
                if (x1==1'b1)
                  begin
                    state <= S3;
                    outp <= 1'b1;
                  end
                else
                  begin
                    state <= S2;
                    outp <= 1'b0;
                  end
                end
            S3: begin
                if (x1==1'b1)
                  begin
                    state <= S0;
                    outp <= 1'b0;
                  end
                else
                  begin
                    state <= S1;
                    outp <= 1'b1;
                  end
                end
          endcase
        end
    end
endmodule
```

　　1 段式有限状态机只选择一个状态标志位，这个状态标志位会根据输入来选择是跳转到下一个状态还是维持原有状态，系统在每一个状态下检测状态标志位及输入来决定状态的跳转及输出。输出和状态的切换在一个 always 块中执行。

　　Verilog HDL 程序 2 段式 always 语句设计如下。

```
module v_fsm_2 (clk, reset, x1, outp);
```

```verilog
    input clk, reset, x1;                       //输入端口
    output outp;                                //输出端口
    reg outp;                                   //输出端口类型声明
    reg [1:0] current_state, next_state;        //内部信号声明
    parameter S0 = 2'b00, S1 = 2'b01, S2 = 2'b10, S3 = 2'b11; //参数声明

always@ (posedge clk or posedge reset)          //状态寄存器
  begin
    if (reset)  current_state <= S0;
    else        current_state <= next_state;
    end

always@(current_state or x1)                    //次态逻辑和输出逻辑
  begin
    case (current_state)
      S0: begin
        if (x1==1'b1)
          begin
            next_state <= S1;
            outp <= 1'b1;
          end
        else
          begin
            next_state <= S0;
            outp <= 1'b0;
          end
        end
      S1: begin
        if (x1==1'b1)
          begin
            next_state <= S2;
            outp <= 1'b1;
          end
        else
          begin
            next_state <= S1;
            outp <= 1'b0;
          end
        end
      S2: begin
        if (x1==1'b1)
          begin
            next_state <= S3;
            outp <= 1'b1;
          end
        else
          begin
            next_state <= S2;
            outp <= 1'b0;
          end
        end
      S3: begin
        if (x1==1'b1)
          begin
```

```
                next_state <= S0;
                outp <= 1'b0;
              end
          else
              begin
                next_state <= S1;
                outp <= 1'b1;
              end
          end
        endcase
    end
endmodule
```

2 段式有限状态机将状态分为当前状态和次态，且系统会自动将次态更新到当前状态。输入更新在次态上，决定系统的输出和状态切换。输出和状态切换在两个 always 块中执行，第 1 个 always 块决定系统状态的自动跳转，第 2 个 always 块根据不同状态下的输入进行状态间的切换及输出。

Verilog HDL 程序 3 段式 always 语句设计如下。

```
module v_fsm_3 (clk, reset, x1, outp);
  input clk, reset, x1;                    //输入端口
  output outp;                             //输出端口
  reg outp;                                //输出端口类型声明
  reg [1:0] current_state, next_state;     //内部信号声明
  parameter S0 = 2'b00, S1 = 2'b01, S2 = 2'b10, S3 = 2'b11; //参数声明

always@ (posedge clk or posedge reset)     //状态寄存器
  begin
    if (reset)  current_state <= S0;
    else        current_state <= next_state;
  end

always@(current_state or x1)               //次态组合逻辑
  begin
    case (current_state)
      S0: begin
        if (x1==1'b1)
            next_state <= S1;
        else
            next_state <= S0;
        end
      S1: begin
        if (x1==1'b1)
            next_state <= S2;
        else
            next_state <= S1;
        end
      S2: begin
        if (x1==1'b1)
            next_state <= S3;
        else
            next_state <= S2;
        end
```

```
      S3: begin
          if (x1==1'b1)
             next_state <= S0;
          else
             next_state <= S1;
          end
      endcase
    end
  always@(current_state or x1)          //输出逻辑
    begin
      case (current_state)
        S0: begin
          if (x1==1'b1)
             outp <= 1'b1;
          else
             outp <= 1'b0;
          end
        S1: begin
          if (x1==1'b1)
             outp <= 1'b1;
          else
             outp <= 1'b0;
          end
        S2: begin
          if (x1==1'b1)
             outp <= 1'b1;
          else
             outp <= 1'b0;
          end
        S3: begin
          if (x1==1'b1)
             outp <= 1'b0;
          else
             outp <= 1'b1;
          end
      endcase
    end
  endmodule
```

3 段式有限状态机中，第 1 个 always 块完成系统状态间的自动跳转；第 2 个 always 块根据不同状态下的输入，完成状态间的切换；第 3 个 always 块根据系统的当前状态和输入信号产生输出值。

例 5-1 设计一个简易交通灯电路，红灯、绿灯、黄灯亮的时间分别为 18s、15s、3s，并通过倒计时方式显示计时数值。

采用 3 段式有限状态机设计本交通灯电路，具体代码如下。

```
traffic_lights3(clk, rst, cnt_out, count_red, count_green, count_yellow, red, green,
yellow);
input clk,rst;
    output reg [5:0] cnt_out;
    output reg red,green,yellow;
    output reg [4:0] count_red,count_green,count_yellow;
    reg [1:0] current_state, next_state;
    parameter IDLE=2'b00,s1=2'b01,s2=2'b10,s3=2'b11;
```

```verilog
always @(posedge clk or negedge rst)
  begin
    if(!rst)
      cnt_out<=0;
    else if(cnt_out==6'b100100)
      cnt_out<=1;
    else
      cnt_out<=cnt_out+1;
    end

always @(posedge clk or negedge rst)
  begin
    if(!rst)
      CS<=IDLE;
    else
      CS<=NS;
  end

always@(rst or CS or cnt_out)
    begin
      case(CS)
          IDLE: begin NS<=s1;  end
            s1: begin if(cnt_out==6'b010010)
                        NS<=s2;  end
            s2: begin if(cnt_out==6'b100001)
                        NS<=s3;  end
            s3: begin if(cnt_out==6'b100100)
                        NS<=s1;  end
          default:  begin NS<=IDLE;end
        endcase
    end

always@(posedge clk or negedge rst)
    begin
        if(!rst)
            {red,green,yellow}<=3'b000;
          else
            begin
             {red,green,yellow}<=3'b000;
            case(NS)
             IDLE: begin {red,green,yellow}<=3'b000;
                        count_red<=5'b10010;
                      count_green<=5'b01111;
                        count_yellow<=5'b00011;
                end
              s1: begin {red,green,yellow}<=3'b100;
                    count_red<=count_red-1;
                  count_green<=5'b01111;
                    count_yellow<=5'b00011;
                end
              s2: begin {red,green,yellow}<=3'b010;
                     count_green<=count_green-1;
                    count_red<=5'b10010;
                     count_yellow<=5'b00011;
              end
```

```
        s3: begin  {red,green,yellow}<=3'b001;
                count_yellow<=count_yellow-1;
               count_red<=5'b10010;
                count_green<=5'b01111;
            end
          default: begin {red,green,yellow}<=3'b000;
         end
        endcase
        end
      end
    endmodule
```

例 5-2 通过有限状态机设计 8 位二进制数—BCD 码转换器。

设计任意数目输入的二进制数—BCD 码转换器的一种方法是左移加 3。算法步骤如下。

（1）将要转换的二进制数左移 1 位。

（2）如果移位后的 BCD 码大于或等于 5，则对该值加 3；否则，继续左移。

（3）继续左移的过程，直至全部移位完成。

8 位的二进制数最大为 FF，转换为十进制数为 255。所以需要使用三个 BCD 码来表示所有的 8 位二进制数。在算法中每一次左移都要对个位、十位和百位进行判断，如果个位、十位或百位上的值大于或等于 5，就要在该位加 3。表 5-14 列出了 8 位二进制数 11111111 转换为 BCD 码的过程。

表 5-14　　　　　　　二进制数 11111111 转换为 BCD 码的过程

操作	BCD 码			二进制数	
	百位	十位	个位		
开始				1111	1111
左移 1			1	1111	111
左移 2			11	1111	11
左移 3			111	1111	1
加 3			1010	1111	1
左移 4		1	0101	1111	
加 3		1	1000	1111	
左移 5		11	0001	111	
左移 6		110	0011	11	
加 3		1001	0011	11	
左移 7	1	0010	0111	1	
加 3	1	0010	1010	1	
左移 8	10	1010	0101		
BCD	0010	0101	0101		
	2	5	5		

采用 3 段式有限状态机设计 8 位二进制数转换为 BCD 码的电路，具体代码如下。

```
module b_to_bcd( clk, rst_n, binary,  state_en, BCD_out);
```

```verilog
parameter  b_length    = 8;
parameter  bcd_len     = 12;
parameter  idle        = 5'b00001;
parameter  shift       = 5'b00010;
parameter  wait_judge  = 5'b00100;
parameter  judge       = 5'b01000;
parameter  add_3       = 5'b10000;
input      clk;
input      rst_n;
input  [b_length-1:0]  binary;
input      state_en;
output reg [bcd_len-1:0]  BCD_out;
reg  [b_length-1:0]  reg_binary;
reg  [3:0]   bcd_b, bcd_t, bcd_h;
reg  [3:0]   shift_time;
reg  [5:0]   current_state, next_state;
reg      add3_en;
reg      change_done;

always@(posedge clk or negedge rst_n)
  begin
      if(!rst_n)
           current_state <= idle;
      else
           curent_state <= next_state;
  end

always@(posedge clk or negedge rst_n)
  begin
    if(!rst_n)
           current_state <= idle;
    else
           case(next_state)
           idle:begin
                 if((binary!=0)&&(state_en==1'b1)&&(change_done==0'b0))
                     next_state <= shift;
                 else
                     next_state <= idle;
               end
        shift: next_state <= wait_judge;
    wait_judge: begin
                 if(change_done==1'b1)
                     next_state <= idle;
                 else
                     next_state <= judge;
               end
    judge:begin
             if(add3_en)
                 next_state <= add_3;
             else
                 next_state <= shift;
          end
    add_3:begin
             next_state <= shift;
          end
    default: next_state <= idle;
```

```
            endcase
     end

   always@(posedge clk or negedge rst_n)
     begin
       if(!rst_n)
             begin
                 shift_time  <= 4'b0;
             change_done <= 1'b0;
             add3_en    <= 1'b0;
           end
         else
           case(next_state)
           idle:begin
                 shift_time <= b_length;
                 reg_binary <= binary;
                 bcd_h     <= 4'b0;
                 bcd_t     <= 4'b0;
                 bcd_b     <= 4'b0;
             end
         shift:begin
                 {bcd_h,bcd_t,bcd_b,reg_binary} <= {bcd_h,bcd_t,bcd_b,reg_binary}<<1;
                 shift_time <= shift_time-1;
                 if(shift_time==1)    change_done <= 1'b1;
                 else                 change_done <= 1'b0;
             end
       wait_judge:begin
                 if((bcd_h>=4'd5)||(bcd_t>=4'd5)||(bcd_b>=4'd5))
                     add3_en <= 1;
                 else
                     add3_en <= 0;
                 if(change_done==1)  BCD <= {bcd_h,bcd_t,bcd_b};
             end
       judge:  add3_en <= 0;
       add_3: begin
                 if(bcd_h>=4'd5) bcd_h <= bcd_h + 4'b0011; else bcd_h <= bcd_h;
                 if(bcd_t>=4'd5) bcd_t <= bcd_t + 4'b0011; else bcd_t <= bcd_t;
                 if(bcd_b>=4'd5) bcd_b <= bcd_b + 4'b0011; else bcd_b <= bcd_b;
             end
       default: begin
                 change_done <= 1'b0;
             add3_en   <= 1'b0;
           end
       endcase
     end
   endmodule
```

5.6　Testbench 文件

1. 编写 Testbench 的目的

测试平台（Testbench）：描述测试信号变化和测试过程的模块。测试平台是对设计的系统进行恰当的配置、产生测试激励和观察电路响应的软件代码，其功能是对一个电路设计模块进行测试。

编写 Testbench 的主要目的是对使用硬件描述语言设计的电路进行仿真验证，测试设计电路的功能、部分性能是否与目标相符。通过观察被测模块的输出信号，可以验证系统结构设计是否正确，发现问题及时修改。编写 Testbench 进行测试的过程如下。

（1）产生模拟激励（波形）。

（2）将产生的激励输入被测模块并观察其输出信号。

（3）将输出信号与期望值进行比较，判断设计的正确性。

2. 测试平台的搭建

建立 Testbench 通常需要生成一个顶层文件。在顶层文件里，把被测模块和激励产生模块实例化，并把被测模块的端口与激励产生模块的端口进行对应连接，使得激励可以输入被测模块。如果待测试的电路模块功能简单，激励产生模块可以在测试文件中直接书写，产生模拟激励。通过观察被测模块的输出信号，可对设计电路模块进行调试和验证。

常用的 Testbench 书写结构如下。

```
module Testbench_name;
参数说明;
寄存器、线网类型变量的定义、说明;
被测模块实例化语句;
时钟脉冲定义、赋初值;
定义置/复位信号的变化情形;
用一个或多个 initia 块产生被测模块的模拟激励向量;
用 task 等定义被测模块外部时序接口;
endmodule
```

示例如下。

对半加器进行测试。

```
'timescale 1ns/100ps        // 指明时间单位为 1ns，其精度为 100ps
    module testbench;        // 被测模块
    reg a, b;               // 模拟激励信号名，与半加器数据类型不同
    wire co, s;             // 实例化半加器，半加器端口与 Testbench 的端口连接
    halfadder u1 ( .A(a), .B(b), .CO(co), .S(s) );
    // 产生各种可能的输入信号进行测试
    initial
    begin
        a = 0;
        b = 0;
    # 10 begin a=1; b=1; end
    # 10 begin a=1; b=0; end
    # 10 begin a=0; b=1; end
    # 10 begin a=0; b=0; end
    # 10 $ stop;            // 暂停仿真
    end
endmodule
```

对于测试平台而言，a、b 是寄存器变量，如同信号发生器的输出，可通过在初始化语句（initial 语句）中对 a、b 进行赋值，驱动半加器的输入端口。

3. Testbench 的时钟脉冲产生

测试文件中的时钟脉冲设计是最基本的设计，常利用 initial、always、assign 等语句产生时钟

脉冲。以下介绍周期性时钟脉冲的产生方法。

示例如下。

产生周期为20ns的时钟脉冲。

```
'timescale 1ns/100ps
module Gen_clock1( clock1 );
output clock1;
reg clock1;
    initial
    begin clock=0;
      forever # 10 clock1= ~clock1;
    end
    endmodule
```

产生的时钟脉冲如图 5-10 所示。

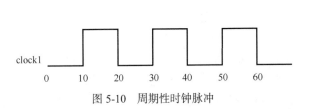

图 5-10 周期性时钟脉冲

4. 施加激励的方式

输入信号取值数据较少时可以使用 initial 语句中的顺序过程对信号输入的变化进行穷举式的描述。

```
'timescale 1ns/100ps
module testbench ( ) ;
//定义输入/输出端口
reg 输入激励端口;
wire 输出端口;
//实例化被测模块
//输入端加激励信号
initial
# 延迟时间  begin  输入激励信号赋值;  end
# 延迟时间  begin  输入激励信号赋值;  end
...
end
endmodule
```

5.7 良好的编程风格

良好的编程风格可以在实现功能和性能目标的前提下，增强代码的可读性、可移植性。每位设计人员在代码编写过程中都应该养成好的习惯。常用的代码编写通则概括如下。

（1）所有的信号名、变量名和端口名都用小写，这样做是为了和业界的习惯保持一致；常量名和用户定义的类型用大写。

（2）使用有意义的信号名、端口名、函数名和参数名。

（3）信号名不要太长。

（4）时钟脉冲使用 clk 作为信号名。如果设计中存在多个时钟脉冲，使用 clk 作为信号名的前缀。

（5）来自同一驱动源的信号在不同的子模块中采用相同的名字。这要求在集成电路总体设计时就定义好顶层子模块间连线的名字，端口和输入端口的信号尽可能采用相同的名字。

（6）低电平有效的信号应该以一个下画线跟一个小写字母 b 或 n 表示。注意，在同一个设计中要使用同一个小写字母表示低电平有效。

（7）复位信号使用 rst 作为信号名。如果复位信号是低电平有效的，建议使用 rst_n 作为信号名。

（8）当描述多 bit 总线时，使用一致的定义顺序。对于 Verilog HDL 而言，建议采用 bus_signal[x:0]来表示。

（9）尽量遵守业界已经习惯的一些约定。例如，*_r 表示寄存器输出，*_a 表示异步信号，*_pn 表示多周期路径第 n 个周期使用的信号，*_nxt 表示锁存前的信号，*_z 表示三态信号，等等。

（10）源文件、批处理文件的开始处应该有一个文件头。文件头一般包含文件名、作者、模块的实现功能概述和关键特性描述、文件创建和修改的记录（包括修改时间、修改的内容等）。

（11）使用适当的注释来解释所有的 always 进程、函数、端口定义、信号含义、变量含义、信号组和变量组的意义等。注释应该放在它所解释的代码附近，要求简明扼要，只要足够说明设计意图即可，避免过于复杂。

（12）每一个语句独立成行。尽管 Verilog HDL 允许一行写多个语句，但每个语句独立成行可以提高代码的可读性和可维护性。同时，保持每行小于或等于 72 个字符，这也是为了提高代码的可读性。

（13）建议采用缩进提高续行和嵌套语句的可读性。一般缩进两个空格，如果空格太多则在深层嵌套时限制行长。缩进避免使用 Tab 键，以免不同机器 Tab 键的设置不同限制代码的可移植能力。

（14）在 RTL 设计中，任何元素包括端口、信号、变量、函数、任务、模块等的命名都不能取 Verilog HDL 和 VHDL 的关键字。

（15）在进行模块的端口声明时，每行只声明一个端口，并建议采用以下顺序：输入信号的 clk、rst、enables other control signals、data and address signals；然后声明输出信号的 clk、rst、enalbes other control signals、data signals。

（16）在实例化模块时，使用名字相关的显式映射而不采用位置相关的映射，以提高代码的可读性和方便 debug 定位错误。

（17）如果同一段代码需要重复多次，尽可能使用函数。如果有可能，可以将函数通用化，以使它可以复用。注意，内部函数的定义一般要添加注释，这样可以提高代码的可读性。

（18）尽可能使用循环语句和寄存器组来提高代码的可读性，这样可以有效地减少代码行数。

（19）对一些重要的 always 块定义一个有意义的标号，这样有助于调试。注意，标号不要与信号名、变量名重复。

（20）在代码中不要直接使用数字，作为例外，可以使用 0 和 1。建议用参数定义代替数字。同时，在定义常量时，如果一个常量依赖于另一个常量，建议在定义该常量时用表达式表示出这种关系。

（21）不要在代码中使用嵌入式的 dc_shell 综合命令。这是因为其他综合工具并不认识这些隐含命令，会导致错误的或较差的综合结果。即使使用 Design Compiler，当综合策略改变时，嵌入式的综合命令也不如放到批处理综合文件中的命令易于维护。这条规则有一个例外，即编译开关的打开和关闭命令可以嵌入代码。

（22）避免冗长的逻辑表达式和子表达式。

（23）避免采用内部三态电路，建议用多路选择电路代替内部三态电路。

第6章 可编程器件及其应用

6.1 可编程器件基本结构与原理

目前常用的可编程器件是复杂可编程逻辑器件(Complex Programmable Logic Device, CPLD)和现场可编程门阵列(Field Programmable Gate Array, FPGA)。本节介绍可编程器件的发展历程、分类以及 CPLD/FPGA 的基本结构和原理。

6.1.1 可编程器件概述

随着微电子设计技术和制造工艺的发展,数字集成电路从电子管、晶体管、中小规模集成电路、大规模及超大规模集成电路逐步发展到今天的专用集成电路(Application Specific Integrated Circuit, ASIC)。ASIC 的出现降低了电子产品的生产成本,提高了系统的可靠性,缩小了电子器件的物理尺寸,但 ASIC 设计周期长、改版投资大等缺陷制约了它的应用范围。

全新的可编程逻辑器件(Programmable Logic Device, PLD)正越来越多地替代 ASIC 用于数字电路的设计和前端数字信号处理的运算。可编程逻辑器件具有与 ASIC 相似的特点,而且规模、重量和功耗都有所降低,吞吐量更高,能够更好地防止未授权复制,元器件和开发成本进一步降低,开发时间也大大缩短,同时还具有可重复编程的特性。

通常设计 ASIC 需要额外的半导体处理步骤,而可编程逻辑器件是不需要这些步骤的。这些额外步骤能够提供更高级别、更高性能的 ASIC,但同时也增加了一次性工程成本。使用现场可编程门阵列解决方案的设计者可以完全控制设计的实现进程,而不会因集成电路制造设备而延缓设计进度。

1. 可编程器件的发展历程

可编程器件随着微电子制造工艺的发展取得了长足的进步,从早期的只能存储少量数据、完成简单逻辑功能的可编程只读存储器(Programmable ROM, PROM)、紫外线可擦除只读存储器(Ultraviolet Erasable ROM、UEROM)、电可擦除只读存储器(Electrically Erasable Programmable ROM, EEPROM)发展到能完成中规模和大规模数字逻辑功能的可编程逻辑阵列(Programmable Logic Array, PLA)、可编程阵列逻辑(Programmable Array Logic, PAL)、通用阵列逻辑(Generic Array Logic, GAL),现在发展到复杂可编程逻辑器件(Complex Programmable Logic Device, CPLD)和现场可编程门阵列(Field Programmable Gate Array, FPGA)。随着半导体工艺的发展与市场需求的扩大,超大规模、超高速、低功耗的新型 CPLD / FPGA 不断涌现。新一代的 FPGA 甚至集成了中央处理器(Central Processing Unit, CPU)或数字信号处理器(Digital Signal Processer,

DSP）内核，在一片 FPGA 上进行数字系统的软硬件协同设计，为实现片上可编程系统（System On a Programmable Chip，SOPC）提供了强有力的硬件支持。

2. 可编程器件的分类

广义上讲，可编程器件是指一切可通过软件手段更改、配置内部结构和逻辑单元，完成既定设计功能的数字集成电路。目前常用的可编程器件主要有 PAL/GAL、CPLD、FPGA 3 大类。

PAL/GAL 密度较低，具有低功耗、低成本、高可靠性、软件可编程、可重复更改等特点。在很多简单的数字逻辑以及对成本十分敏感的设计中，GAL 等简单的可编程器件仍然被大量使用。GAL 发展至今已经 30 多年了，新一代的 GAL 以功能灵活、小封装、低成本、重复可编程、应用灵活等优点仍然在数字电路领域扮演着重要的角色，越来越多的 74 系列逻辑电路被 GAL 取代。目前比较大的 GAL 器件供应商主要是 Lattice 公司。

CPLD 是在 GAL 的基础上发展起来的，由可编程 I/O 单元、可编程逻辑宏单元、布线池和其他辅助功能模块构成。CPLD 可实现的逻辑功能比 GAL 有了大幅度的提升，一般可以完成较复杂、较高速度的逻辑功能设计，如接口转换、总线控制等。CPLD 的主要器件供应商有 Altera 公司、Lattice 公司和 Xilinx 公司等。

FPGA 的基本组成部分包括可编程 I/O 单元、基本可编程逻辑单元、丰富的布线资源、嵌入式 RAM 块、底层嵌入功能单元、内嵌专用硬核等。FPGA 的集成度很高，器件密度从数万门到数千万门不等，可以完成极其复杂的时序与组合逻辑电路功能，适用于高速、高密度的高端数字逻辑电路设计。FPGA 的主要器件供应商有 Xilinx 公司、Altera 公司、Lattice 公司、Actel 公司和 Atmel 公司等。

3. 可编程器件的开发方式

可编程器件的开发可以采用原理图输入设计法，也可以用 HDL 输入设计法。HDL 可移植性好，使用方便，但效率不如原理图；原理图可控性好，效率高，比较直观，但设计大规模 CPLD/FPGA 时显得很烦琐，移植性差。

在复杂的 FPGA /CPLD 设计中，通常采用原理图和 HDL 相结合的方法，适合用原理图的地方就用原理图，适合用 HDL 的地方就用 HDL，并没有强制的规定。在最短的时间内，用最熟悉的工具设计出高效、稳定并符合设计要求的电路才是设计人员的最终目的。

6.1.2 CPLD 型 XC95108 基本结构

XC95108 是 Xilinx 公司 CPLD 型可编程数字逻辑器件 XC9500 系列中的一种，其内部结构如图 6-1 所示。该结构含有输入/输出模块（I/O Block，IOB）、快速链接开关矩阵、6 个功能块（Function Block，FB）、用于内部编程控制的 JTAG 控制器等。其中每个功能块由 18 个宏单元（Macrocell）组成，该器件共有 6×18=108 个宏单元。

1. 功能块

功能块结构如图 6-2 所示。它由可编程与阵列、乘积项分配器以及 18 个宏单元构成。功能块的逻辑是通过与或阵列来实现的，36 个输入信号通过乘积项分配器分配到各个宏单元。

2. 宏单元

宏单元电路如图 6-3 所示。宏单元可配置成组合逻辑电路或寄存器，寄存器则可配置成 D 触发器或 T 触发器，也可舍弃不用。每个寄存器均可异步复位或置位，加电时如果用户未定义，则初态默认为"0"态，如果用户已定义了初态，则为初态值。

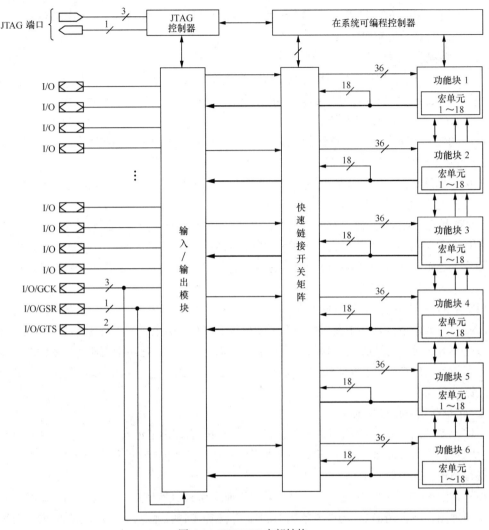

图 6-1　XC95108 内部结构

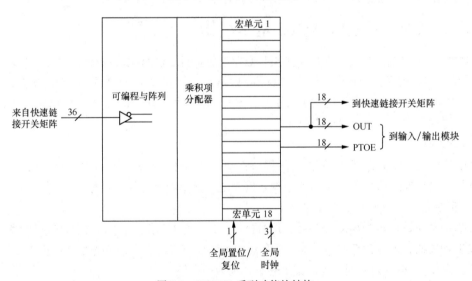

图 6-2　XC9500 系列功能块结构

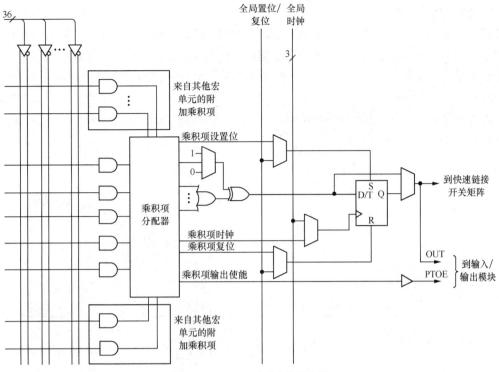

图 6-3 XC9500 系列宏单元电路

3. 快速链接开关矩阵

快速链接开关矩阵的作用是将 I/O 端口与功能块连接起来，如图 6-4 所示。

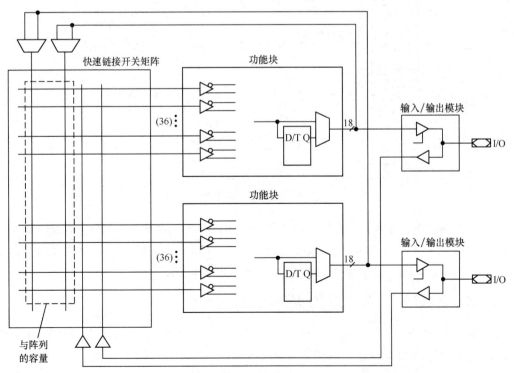

图 6-4 快速链接开关矩阵

z

4. 输入/输出模块

输入/输出模块的作用是将器件的端口与内部逻辑电路连接起来，如图 6-5 所示。每个输入/输出模块都含有输入缓冲级、输出驱动器、输出使能控制以及用于定义的接地控制，每个输入/输出模块的输入或输出性质由用户定义。在 XC9500 系列中还定义了几个特定的输入/输出模块：I/O GCK（Global Clock，全局时钟输入），在同步时序电路设计中，该管脚可将时钟脉冲同时送入相关寄存器；I/O GSR（Global Set/Reset，全局复位端）；I/O GTS（Global output enable Signals，全局输出信号使能控制端）。

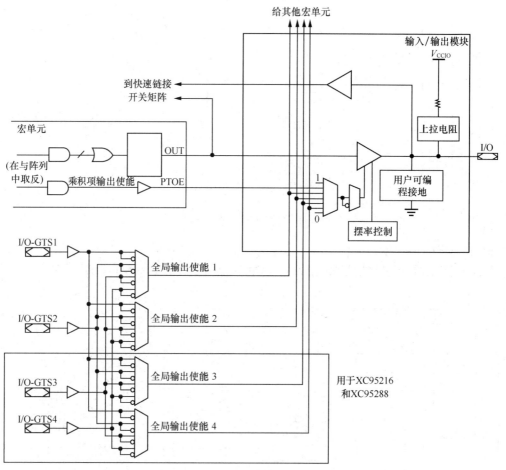

图 6-5 XC9500 系列的输入/输出模块

CPLD 有两个显著特点：一是它属于阵列结构，内部乘积项较多，一般可以完成较复杂、较高速度的逻辑功能设计，如接口转换、总线控制等；二是 CPLD 的连续式布线结构决定了它的 I/O 管脚之间（Pin-to-Pin）延时具有可预测性，与配置时的布局无关。

6.1.3 FPGA 型 XC3S50 基本结构

Spartan-3 系列 FPGA 是 Xilinx 推出的最低系统成本、适于批量应用的可编程器件，目前被广泛应用。XC3S50 是 Spartan-3 系列中的一种，其内部结构如图 6-6 所示，包含可配置逻辑模块（Configurable Logic Block，CLB）、输入/输出模块、块存储器（Block RAM，BRAM）、硬件乘法器（Multiplier）以及数字时钟管理器（Digital Clock Manager，DCM）。

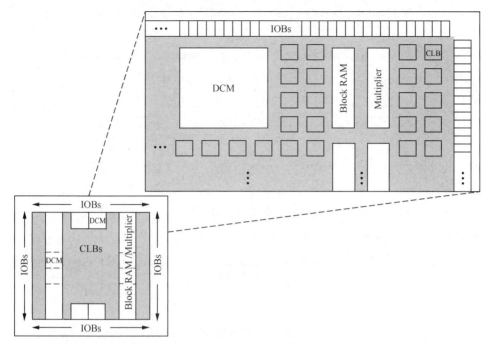

图 6-6　XC3S50 内部结构

Spartan-3 系列可编程器件的命名规则如 6-7 所示。

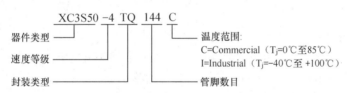

图 6-7　Spartan-3 系列可编程器件的命名规则

Spartan-3 系列可编程器件的逻辑资源如图 6-8 所示。

型号	系统门数	等效逻辑单元	可配置逻辑模块阵列			分布式RAM容量	块RAM容量	专用乘法器数	DCM数	最大可用O/I数	最大差分O/I对数
			行CLB数	列CLB数	总CLB数						
XC3S50	50K	1728	16	12	192	12K	72K	4	2	124	56
XC3S200	200K	4320	24	20	480	30K	216K	12	4	173	76
XC3S400	400K	8064	32	28	896	56K	288K	16	4	264	116
XC3S1000	1M	17280	48	40	1920	120K	432K	24	4	391	175
XC3S1500	1.5M	29952	64	52	3328	208K	576K	32	4	487	221
XC3S2000	2M	46080	80	64	5120	320K	720K	40	4	565	270
XC3S4000	4M	62208	96	72	6912	432K	1728K	96	4	633	300
XC3S5000	5M	74880	104	80	8320	520K	1872K	104	4	633	300

图 6-8　Spartan-3 系列可编程器件的逻辑资源

1. 可配置逻辑模块

每个可配置逻辑模块包含四个逻辑片（Slice）。其中两个位于左侧，为单片式存储器（Slice Memory，SliceM），具有只读存储器、分布式存储器、移位存储器以及逻辑功能；另外两个位于右侧，只可以实现只读存储器和逻辑功能。每个逻辑片包含两个 4 输入查找表（Look Up Table，

LUT）、两个触发器、同时还拥有多路复用器和快速进位链资源。可配置逻辑模块与可配置逻辑模块之间通过开关矩阵（Switch Matrix）实现互连。可配置逻辑模块示意图如图 6-9 所示。

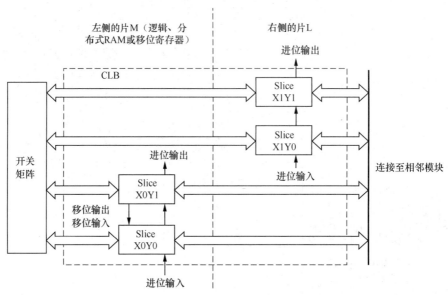

图 6-9　Spartan-3 系列可配置逻辑模块示意图

Spartan-3 系列可编程器件中的查找表均为 4 输入查找表（即 4×4 查找表），可以实现组合逻辑、ROM、分布式 RAM 及移位寄存器等不同功能。其中分布式 RAM 及移位寄存器只能在 SliceM 中使用。

2. 输入/输出模块

输入/输出模块在输入管脚和 FPGA 内部逻辑之间提供可编程的单向或双向的接口，支持多种信号标准，可完成不同电气特性下对输入/输出信号的驱动与匹配。输入/输出模块可通过软件适配不同的电气标准与 I/O 物理特性。

IOB 的输入/输出支持所有的单端 I/O 信号标准，大部分输入/输出也支持差分信号标准。设计者可灵活配置 IOB 信号标准，以满足设计中对信号完整性的要求。FPGA 的输入/输出模块按组（Bank）分类，每组都能够独立地支持不同的 I/O 信号标准。Spartan-3 系列的输入/输出模块分组如图 6-10 所示。

3. 块存储器

Spartan-3 系列可编程器件具有嵌入式 BRAM，这大大拓展了 FPGA 的应用范围和灵活性。BRAM 可被配置为单端口 RAM、双端口 RAM、内容地址存储器（Content Addressable Memory，CAM）以及 FIFO（First In First Out）等常用存储结

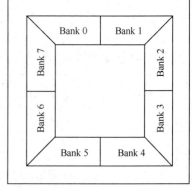

图 6-10　Spartan-3 系列的
输入/输出模块分组

构。CAM 内部的每个存储单元中都有一个比较逻辑，写入 CAM 的数据会和内部的每一个数据进行比较，并返回与端口数据相同的所有数据的地址，因而 CAM 在路由的地址交换器中有广泛的应用。FIFO 在设计中通常用于跨时钟域的数据同步。

除了 BRAM，还可以将 FPGA 中的查找表灵活地配置成 RAM、ROM 和 FIFO 等结构。在实

际应用中，集成电路内部 BRAM 的数量也是选择集成电路的一个重要因素。

每个 BRAM 的容量为 18kbit，即位宽为 18bit、深度为 1024。可以根据需要改变其位宽和深度，但要满足两个原则：首先，修改后的容量（位宽×深度）不能大于 18kbit；其次，位宽不能超过 36bit。当然，可以将多片 BRAM 级联起来形成更大的 RAM，该操作只受限于集成电路内部 BRAM 的数量，而不再受上面两条原则约束。

4. 硬件乘法器

Spartan-3 器件 XC3S50 具有 4 个 18bit×18bit 的嵌入式硬件乘法器，能快速有效地实现 18bit 以下的有符号数乘法运算或无符号数乘法运算，还可用作移位器或者用来生成二进制补码的返回值，也可以与 CLB 逻辑级联，实现较大或较复杂的函数。

5. 数字时钟管理器

数字时钟管理器由延迟锁定环（Delay Locked Loop，DLL）、数字频率合成器（Digital Frequency Synthesizer，DFS）、相移器（Phase Shifter）和状态逻辑（Status Logic）组成，其功能框图如图 6-11 所示。

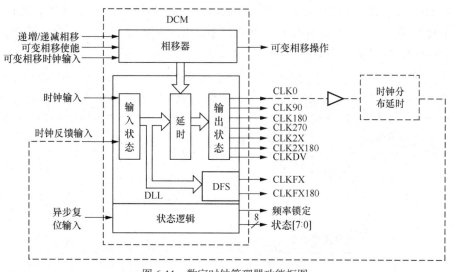

图 6-11　数字时钟管理器功能框图

DLL 通过在时钟输入路径上加入延时单元，消除时钟输入到 DCM 时钟输出的分布延时；DFS 可以产生倍频或分频时钟；相移器可以动态调整 DCM 输出时钟的相位；状态逻辑产生锁定信号和 DCM 工作状态信息。

6. 全局时钟资源

Spartan-3 系列可编程器件内部提供了全局时钟资源，包括专用时钟输入管脚、缓冲器和布线资源。时钟连接路径：从专用时钟输入管脚的全局时钟，经过缓冲器后与 DCM 或全局时钟缓冲器相连。

6.2　用 ISE 完成 CPLD/FPGA 设计的实例

本节介绍 ISE 集成开发环境的 HDL 输入设计实例、原理图输入设计实例以及混合输入设计实例，帮助读者通过实例进一步了解 CPLD/FPGA 的设计过程。

6.2.1 HDL 输入设计实例

ISE（Integrated Software Environment，集成开发环境）是 Xilinx 公司提供的一套完整的 CPLD/FPGA 软件工具集，利用该工具集可完成整个 CPLD/FPGA 的开发流程。

本节以设计并实现一个 4 位 2 选 1 数据选择器为例，介绍 ISE 的使用方法和 CPLD/FPGA 的开发流程。

1. 启动工程设计向导

单击"开始"/"程序"/"Xilinx ISE Design Suite 14.7"/"ISE Design Tools"/"Project Navigator"，或双击桌面上的快捷图标，启动工程设计向导（Project Navigator）。

2. 创建工程

单击"File"/"New Project"新建一个工程项目，出现新建工程设置（New Project Wizard）对话框，如图 6-12 所示。在此对话框中设置工程名称、工程路径和顶层文件类型。

示例中，工程名称为 mux21_4，工程路径为 E:\FPGAproject\mux21_4，顶层文件类型有硬件描述语言（HDL）、原理图（Schematic）、SynplifyPro 默认生成的网表文件（EDIF）、Xilinx IP Core 和 XST 生成的网表文件（NGC/NGO），这里选择 HDL 作为顶层文件。单击"Next"按钮，弹出图 6-13 所示的工程属性设置对话框。

图 6-12 新建工程设置对话框

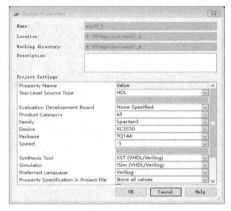

图 6-13 工程属性设置对话框

在工程属性设置对话框中，选择器件的型号（这里的器件型号就是 EDA 实验设备的可编程器件的型号）。根据实验板上 CPLD/FPGA 的不同型号，在 Project Settings 栏要做相应的修改。本设计以 Xilinx 公司的 FPGA 集成电路 XC3S50TQ144 为例，综合、仿真工具使用 ISE 套件自带的综合工具 XST 和仿真工具 ISim，Preferred Language 使用 Verilog，其余选项默认即可，具体设置如图 6-13 所示。单击"OK"按钮后，弹出新建文件汇总（Project Summary）对话框，该对话框内列出了此项工程相关设置情况。确认无误后，单击"Finish"按钮完成工程的创建，在主界面就可看到新建的工程了，如图 6-14 所示。

3. 设计输入

电路设计输入是指通过某些规范的描述方式，将工程师的电路构思输入给 EDA（Electronic Design Automation，电子设计自动化）工具。常用的方法有 HDL 输入设计法和原理图输入设计法。

在图 6-14 的工程管理区任意位置单击鼠标右键，在弹出的菜单中选择"New Source"命令，会弹出图 6-15 所示的新建文件向导（New Source Wizard）对话框。也可以在图 6-16 中单击"Project"

/ "New Source"，打开该对话框。

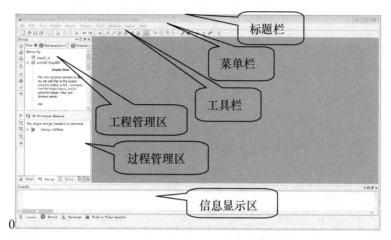

图 6-14　ISE 主界面

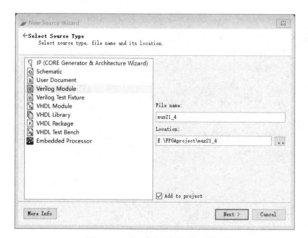

图 6-15　新建文件向导对话框

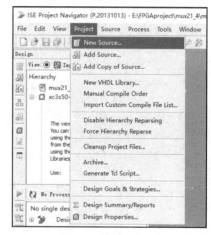

图 6-16　新建文件选项

对于逻辑设计，最常用的设计方式包括原理图输入设计法和 HDL 输入设计法。HDL 输入设计法是目前主要的 CPLD/FPGA 设计方法，拥有广泛的用户群。

在这里需要确定源文件的类型、文件名和存放位置。图 6-15 所示对话框左侧的列表用于选择代码的类型：Schematic 表示原理图输入设计法输入的设计文件；User Document 表示用户文档类型；Verilog Module 表示 HDL 输入设计法输入的设计文件；Verilog Test Fixture 表示 Verilog 测试模块类型，用于编写 Verilog 测试代码；VHDL Module 表示 VHDL 输入设计法输入的设计文件；VHDL Library 表示 VHDL 库类型，用于制作 VHDL 库；VHDL Package 表示 VHDL 包类型，用于制作 VHDL 包；VHDL Test Bench 表示 VHDL 测试模块类型，用于编写 VHDL 测试代码。

在这里以 Verilog HDL 作为设计语言，选择 "Verilog Module"，文件名为 mux21_4，单击 "Next" 按钮，进入模块定义（Define Module）对话框，如图 6-17 所示，在这里可以定义模块的输入/输出端口以及端口的类型和位宽。Port Name 表示端口名称，Direction 表示端口方向（可以选择 input/output/inout），MSB 表示端口的最高位，LSB 表示端口的最低位。标准逻辑型的 MSB 和 LSB 不用填写。

也可以不在此页面设置端口信息，而在 VHDL 文件中直接定义。单击 "Next" 按钮，弹出图 6-18

所示的设置确认对话框。单击"Finish"按钮，完成文件的创建。ISE 会自动创建一个 Verilog 文件的框架，并且在源代码编辑区内打开，简单的注释、模块和端口定义已经自动生成，接下来的工作就是将代码编写完整。

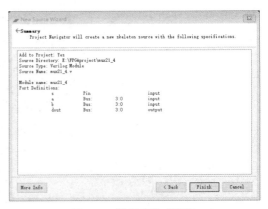

图 6-17　模块定义对话框　　　　　　　图 6-18　设置确认对话框

参考代码如下。

```
module mux21_4(a,b,s,dout);
    input [3:0] a,b;              //定义输入端口
    input s;
    output reg [3:0] dout;        //定义输出端口，设置为寄存器型变量
    reg x;                        //定义一个未知态
    always@(a or b or s)          //电路模块功能描述
    begin                         //块语句开始
        case(s)
            1'b0: dout <= a;
            1'b1: dout <= b;
            default: dout <= x;   //其他情况赋值为未知态
        endcase
    end                           //块语句结束
endmodule
```

　　一个设计对应一个工程项目文件（.xise 文件），工程项目文件可包含多个设计模块文件。本实例的工程项目文件下只有一个设计模块文件。

4. 行为仿真

行为仿真（Behavioral Simulation）是一种功能仿真，通常用于验证 HDL 代码是否能够实现设计的功能，也称作 RTL 仿真。电路设计完成以后，要用专用的仿真工具对设计进行行为仿真，验证电路功能是否符合设计需求。该仿真在设计的前期是很重要的，便于尽可能多地找出器件中存在的缺陷，并确定电路可以在系统中正确地工作。行为仿真有时也称为前仿真。

　　在进行集成电路行为仿真之前，应制订完善的仿真测试方案，尽可能覆盖所有情况。

首先加入仿真激励源：在任意位置单击鼠标右键，并在弹出的菜单中选择"New Source"，在新建文件向导对话框中选择"Verilog Test Fixture",文件名为 mux_test,如图 6-19 所示。单击"Next"按钮,出现图 6-20 所示的文件关联（Associate Source）对话框,一般情况下,工程会包含多个设计模块,而针对每一个模块都应该设计其对应的仿真激励文件,具体文件的关联关系需要在该对话框中进行设定。本实例中关联 mux21_4 模块,需用鼠标选择该模块,如图 6-20 所示。关联后生成的测试文件中会自动添加对源文件的实例化代码。单击"Next"按钮,在弹出的对话框中确认信息无误后单击"Finish"按钮。

图 6-19 新建文件向导对话框　　　　图 6-20 文件关联对话框

ISim 自动生成了基本的信号并对被测模块做了实例化,并生成了测试代码框架。因为本实例为组合逻辑电路,没有时钟脉冲,所以要把生成的测试代码框架中和时钟脉冲相关的进程删去,并添加描述激励信号的代码。

```verilog
'timescale 1ns / 1ps
module mux_test;
    //声明输入变量
    reg s;
    reg [3:0] a;
    reg [3:0] b;
    // 声明输出变量
    wire [3:0] dout;
    //调用设计块
    mux21_4 uut (
        .s(s),
        .a(a),
        .b(b),
        .dout(dout)
    );
    initial begin
        // 初始化输入变量
        s = 0;
        a = 0;
        b = 0;
        #100;
        a=4'b1000;
        b=4'b0100;
        #50 s=1'b1;
        #60 s=1'b0;
        #50 $stop;  //停止仿真
```

```
        end
   endmodule
```

在工程管理区 Design 窗口上方的 View 栏选中 "Simulation"（共有两个单选框，分别为实现（Implementation）和仿真（Simulation）），在下方的下拉列表中选择行为仿真（Behavioral）。

在过程管理区中单击展开 "ISim Simulator"，双击 "Behavioral Check Syntax" 对 Testbench 进行语法检查，如有语法错误，则修改错误并继续进行语法检查。通过 Behavioral Check Syntax 后，双击第二个选项 "Simulate Behavioral Model"，启动行为仿真。双击 "Simulate Behavioral Model" 后，仿真器 ISim 自动打开。

仿真波形如图 6-21 所示。从仿真结果来看，功能满足设计要求。同时可以观测到，数据的边沿是对齐的，这说明功能仿真（行为仿真）不包含延时信息。

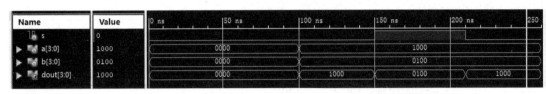

图 6-21　组合逻辑电路 4 位 2 选 1 数据选择器仿真波形

在 Value 栏中单击鼠标右键选择 "Radix"，可以选择不同的数值表示形式，包括二进制、八进制、十六进制、有符号/无符号十进制和 ASCII 字符等。

单击 "Restart" / "Run all" 按钮获得仿真波形，运行一段时间后可获得相应的波形以检查设计功能是否符合预期。单击 "Break" 按钮终止仿真。仿真完成后退出 ISim。

5. 设计综合

所谓综合，就是将 HDL、原理图等输入翻译成与、或、非门和 RAM、触发器等基本逻辑单元的逻辑连接（即网表文件），并根据目标和要求（约束条件）优化所生成的逻辑连接。完成输入和功能仿真后即可对项目进行综合。

在 Design 窗口上方的 View 栏选中 "Implementation"，在过程管理区中双击 "Synthesize – XST"，即开始运行综合。在此还可以通过 Generate Post-Synthesis Simulation Model 进行门级的功能仿真（Gate-Level Functional Simulation）。仿真波形如图 6-22 所示。由于在 FPGA 内部，无论是逻辑门、触发器还是布线资源，都存在延时，所以综合后仿真存在延时信息。

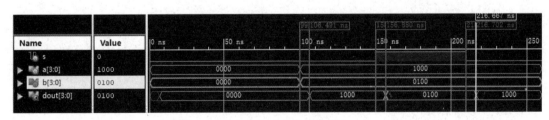

图 6-22　综合后仿真波形

6. 设计实现

综合完成后就可对设计进行实现了。所谓实现，是指将综合输出的逻辑网表翻译成所选器件的底层模块和硬件原语，将设计映射到器件结构上，进行布局布线，达到在选定器件上实现设计的目的。实现主要分为两个步骤：翻译（Translate）逻辑网表、配置（Fit）到可编程逻辑器件。

首先添加用户约束文件（User Constraint File，UCF）。约束是设计实现中的重要步骤，包括时序约束、管脚约束、电平标准约束、输出电流约束和区域约束。在此仅进行管脚约束。在过程管理区中，展开"User Constraints"，双击"I/O PIN Planning Pre-Synthesis"，打开管脚约束编辑窗口。此时弹出一个对话框，提示是否创建约束文件，如图 6-23 所示，单击"Yes"按钮即可。ISE 调用 PlanAhead 管脚约束工具，出现图 6-24 所示的界面。

图 6-23　创建约束文件对话框

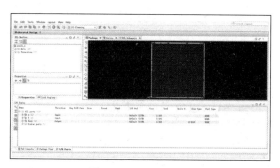

图 6-24　PlanAhead 界面

PlanAhead 界面主要包括以下几个部分：RLT Netlist 窗口、Physical Constraints 窗口、I/O Ports 窗口、Clock Regions 窗口、Properties 窗口（此窗口随着设计者选择不同的对象而显示不同的属性信息）。在此我们要对 I/O 端口进行约束，故选择 I/O Ports 窗口，此时该窗口显示了设计中的所有端口，而 Properties 窗口会显示 General 和 Configure 两个选项卡。

切换到 Package Pins 窗口，此窗口显示了可编程集成电路的所有封装管脚，按照 Bank 分组。下面介绍如何实现管脚约束：单击 Package Pins 窗口左方的 ▨（Group by I/O Bank）图标，可以看到 8 个 Bank。每个 Bank 分别包含若干个可编程集成电路的物理管脚。

可以通过下面两种方式中的任意一种方式来锁定集成电路的管脚，推荐使用第一种方式。

（1）在 I/O Ports 窗口中选中要锁定管脚的端口，在该窗口 Site 栏中输入或选择待分配的管脚。输入格式为字母 P 加上数字，如 P8、P10 等。

（2）在 I/O Ports 窗口中通过鼠标左键选中要锁定管脚的端口，按住左键拖曳到 Package Pins 窗口中需锁定的管脚位置，即完成管脚锁定。

管脚约束结果如图 6-25 所示。

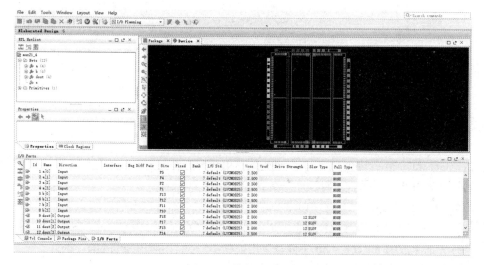

图 6-25　管脚约束结果

也可以通过代码实现管脚约束。在新建文件向导对话框中选择"Implementation Constraint Files"，将文件命名为 mux21_4.ucf。单击"Finish"按钮，在代码输入区输入以下代码，保存约束文件。"NET"后的""中是端口名称，"LOC="后的""中是可编程器件中的锁定管脚。

```
NET "a[0]" LOC = P5;
NET "a[1]" LOC = P4;
NET "a[2]" LOC = P2;
NET "a[3]" LOC = P1;
NET "b[0]" LOC = P13;
NET "b[1]" LOC = P12;
NET "b[2]" LOC = P11;
NET "b[3]" LOC = P10;
NET "dout[0]" LOC = P18;
NET "dout[1]" LOC = P17;
NET "dout[2]" LOC = P15;
NET "dout[3]" LOC = P14;
NET "s" LOC = P6;
```

设置完约束文件后，就可以进行实现（Implementation）操作了，在过程管理区中双击"Implementation Design"，会自动执行翻译、配置可编程器件的过程。如果设计没有经过综合，就会启动 XST 完成综合。在综合并实现过 Translate 后，可选择是否进行 Post-Translate Simulation。由于不考虑各类延迟，Post-Translate Simulation 仍是功能仿真。在 Map 后可进行 Post-Map Simulation，此时将考虑电路模块延迟造成的影响，是部分时序仿真（Partial Timing Simulation）。在 Place & Route 后则可进行 Post-Route Simulation，这是全部时序仿真（Full Timing Simulation）。

实现后，通过 Design Summary 视图即可看到具体的资源占用情况，如图 6-26 所示。

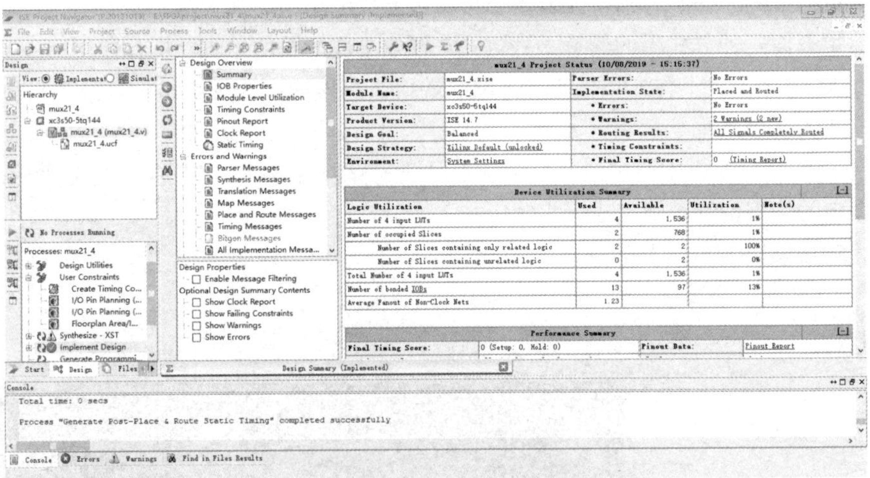

图 6-26　Design Summary 视图

7. 下载调试

双击"Generate Programming File"，可生成 Xilinx FPGA 配置文件（.bit 文件）。连接好下载线后，通过 ISE iMPACT 软件可将程序下载到 FPGA 中。

双击"Configure Target Device"，在弹出的警告对话框中单击"OK"按钮，会自动弹出 iMPACT 界面，如图 6-27 所示。在该界面中双击"Boundary Scan"，按提示单击右键添加器件，如图 6-28 所示。选择先前生成的 mux21_4.bit 文件，单击"Operations"/"Programme"进行下载。下载完成后，对实现的可编程器件进行测试。该电路共 9 个输入管脚（s、a[0]、a[1]、 a[2]、a[3]、b[0]、 b[1]、b[2]、b[3]），4 个输出管脚（dout[0]、dout[1]、dout[2]、dout[3]），通过在实验箱上将输入连接到逻辑电平输入，输出连接到 LED，可测试设计电路的功能。改变开关的状态，观察对应 LED 的亮灭，验证设计功能。

图 6-27　iMPACT 界面

图 6-28　添加器件

6.2.2　原理图输入设计实例

下面通过设计并实现一个序列信号发生器，总体介绍 ISE 的原理图输入设计法。

设计要求：设计一个"1010010"序列信号发生器，左边一位最先输出。

设计分析：该电路可由一个模 7 计数器和一个数据选择器（8 选 1 数据选择器）构成。

1. 启动工程设计向导

单击"开始"/"程序"/"Xilinx ISE Design Suite 14.7"/ "ISE Design Tools"/"Project Navigator"，或双击桌面上的快捷图标,启动工程设计向导（Project Navigator）。

2. 新建顶层文件为原理图的工程

单击"File" / "New Project "新建一个工程项目，出现新建工程设置（New Project Wizard）对话框。在该对话框中设置工程名称、工程路径，以及顶层文件类型。这里工程名称为 sequence，工程路径为 E:\FPGAproject\sequence，顶层文件类型选择原理图（Schematic）。单击"Next"按钮弹出工程属性设置对话框，选择器件的型号（这里的器件型号就是 EDA 实验设备的可编程器件的型号）。本设计以 Xilinx 公司的 FPGA 集成电路 XC3S50TQ144 为例，综合、仿真工具使用 ISE 套件自带的综合工具 XST 和仿真工具 ISim，其余选项默认即可。单击"OK"按钮后，弹出新建文件汇总（Project Summary）对话框，该对话框内列出了此项工程相关设置情况。确认无误后，单击"Finish"按钮完成工程的创建。

3. 新建原理图文件

在工程管理区任意位置单击鼠标右键，在弹出的菜单中选择"New Source"命令，弹出新建文件向导对话框。选择"Schematic"，将文件命名为 sequence，如图 6-29 所示。注意，图 6-29 中右下方的"Add to project"单选框务必要选中（。单击"Next"按钮，弹出原理图向导汇总对话框，如图 6-30 所示。单击"Finish"按钮，进入原理图设计窗口，如图 6-31 所示，在此窗口中完成原理图输入。

（1）放置器件符号。

单击原理图输入工具栏中的![] 图标，左侧 Option（选项）窗口变为 Symbols Categories（符号或元件分类）窗口，如图 6-32 所示。在上方的 Categories（分类）中选择 Counter（计数器），在 Symbols（元件）中选择 cb4cle，将其放到原理图的适当位置。重复操作，选择 Mux 下的 m8_1e（8 选 1 数据选择器），选择 General 下的 V_{CC}（逻辑高电平）和 GND（逻辑低电平），将其放到原理图的适当位置。

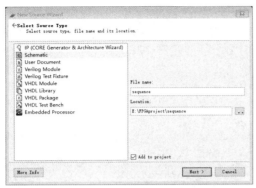

图 6-29　新建文件向导对话框

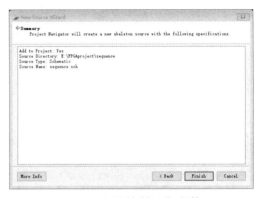

图 6-30　原理图向导汇总对话框

图 6-31　原理图设计窗口

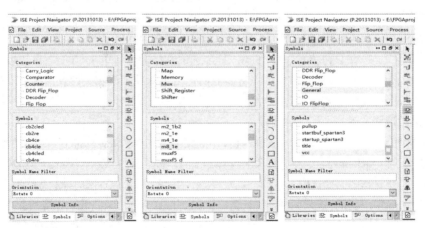

图 6-32　符号或元件分类窗口

如果对使用的元件功能不了解，可以双击该元件，弹出对象属性对话框，如图 6-33 所示。单击"Symbol Info"按钮，进入元件信息窗口，如图 6-34 所示。该窗口中有元件的功能表和功能描述。

图 6-33　对象属性对话框

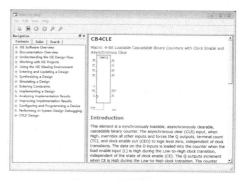

图 6-34　元件信息窗口

单击原理图输入工具栏中的图标，左侧 Option（选项）窗口变为 Add I/O Marker Options（放置输入/输出管脚）窗口，如图 6-35 所示。在 Add I/O Marker Options 下选择 Add an input marker（输入管脚）、Add an output marker（输出管脚）或者 Add a bidirectional marker（双向管脚），将其放到原理图中需连接的管脚端，管脚会自动连接。可拖动输入/输出管脚到适当位置（连接导线会自动延长）。双击输入/输出管脚，弹出管脚属性对话框，如图 6-36 所示。在该对话框中单击"Nets"，在 Value 栏中可更改网络节点名称。

（2）连线。

单击原理图输入工具栏中的图标，在 Add Wire Options（加入导线）窗口选择第一个选项，如图 6-37 所示。在原理图编辑窗口中将鼠标指针移到元件的管脚上，鼠标指针会变成十字形。按住左键，拖动鼠标，就会有导线引出。根据我们要实现的逻辑，连好各元件的管脚。最终电路图如图 6-38 所示。

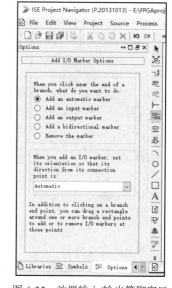

图 6-35　放置输入/输出管脚窗口

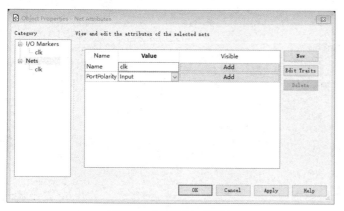

图 6-36　管脚属性对话框

图 6-37　加入导线窗口

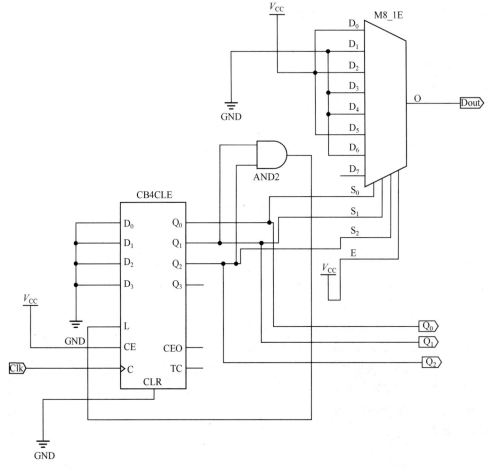

图 6-38　序列信号发生器电路图

（3）保存文件。

单击工具栏上的 💾 图标，弹出保存文件对话框，输入文件名，保存即可。

4. 行为仿真

参考 6.2.1 节 HDL 输入设计实例。

5. 设计综合

参考 6.2.1 节 HDL 输入设计实例。

6. 设计实现

参考 6.2.1 节 HDL 输入设计实例。

7. 下载调试

参考 6.2.1 节 HDL 输入设计实例。

测试激励代码如下。

```
'timescale 1ns / 1ps
module sequence_sequence_sch_tb();
// 声明输入变量
   reg clk;

// 声明输出变量
```

```
    wire Dout;
    wire Q0;
    wire Q1;
    wire Q2;

// 调用设计块
    sequence UUT (
        .clk(clk),
        .Dout(Dout),
        .Q0(Q0),
        .Q1(Q1),
        .Q2(Q2)
    );
initial begin
        // 初始化输入变量
        clk = 0;
    end
    always  #60  clk=~clk;
endmodule
```

仿真波形如图 6-39 所示。

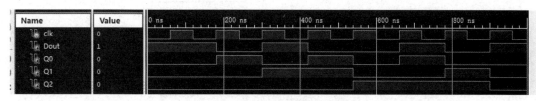

图 6-39　序列信号发生器仿真波形

6.2.3　原理图文本混合输入设计实例

下面通过设计并实现 4 位动态显示电路，介绍 ISE 的混合输入设计法。

4 位动态显示电路的顶层原理图如图 6-40 所示，其中的 mux4（位宽为 4bit 的 4 选 1 数据选择器，生成待显示数据）模块、Two_Bit_Counter（2 位加法计数器，系统控制器）以及 decoder（2-4 线译码器，生成位选信号）由 Verilog HDL 设计。

1. 启动工程设计向导

单击"开始"/"程序"/"Xilinx ISE Design Suite 12.4"/"ISE Design Tools"/"Project Navigator"，或双击桌面上的快捷图标 ，启动工程设计向导（Project Navigator）。

2. 新建顶层文件为原理图的工程

单击"File"/"New Project"新建一个工程项目，出现新建工程设置（New Project Wizard）对话框。在该对话框中设置工程名称、工程路径，以及顶层文件类型。这里工程名称为 dynamic_display，工程路径为 E:\FPGAproject\dynamic_display，顶层文件类型选择原理图（Schematic）。单击"Next"按钮弹出工程属性设置对话框，选择器件的型号（这里的器件型号就是 EDA 实验设备的可编程器件的型号）。本设计以 Xilinx 公司的 FPGA 集成电路 XC3S50TQ144 为例，综合、仿真工具使用 ISE 套件自带的综合工具 XST 和仿真工具 ISim，其余选项默认即可。单击"OK"按钮后，弹出新建文件汇总（Project Summary）对话框，该对话框内列出了此项工程相关设置情况。确认无误后，单击"Finish"按钮完成工程的创建。

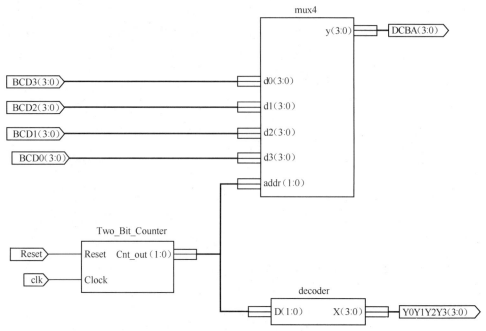

图 6-40　4 位动态显示电路顶层原理图

3. 设计输入

（1）输入计数器模块。

　　在工具栏单击🗋图标，打开图 6-41 所示的新建文件对话框，选择"Text File"（文本文件），单击"OK"按钮。在弹出的文本文件中输入计数器模块的 Verilog 描述，如图 6-42 所示。在工具栏单击🖫图标，弹出图 6-43 所示的保存设计文件对话框，输入的文件名必须是设计的实体名，此处为 Two_Bit_Counter，保存类型为 Verilog，单击"保存"按钮保存设计文件。

图 6-41　新建文件对话框　　　　　　　　　图 6-42　输入 Verilog 描述

　　计数器模块的 Verilog 描述如下。

```verilog
module Two_Bit_Counter ( Clock, Reset, Cnt_out );
    input Clock, Reset;
    output reg[1:0] Cnt_out;
    always @ ( posedge Clock or negedge Reset )
    begin
```

```
        if ( !Reset )
            Cnt_out <= 0;
        else
        begin
            if (Cnt_out < 2'b11)
                Cnt_out <= Cnt_out +1'b1;
            else
                Cnt_out <= 0;
        end
    end
endmodule
```

图 6-43　保存设计文件对话框

如图 6-44 所示，在菜单栏中单击"Project"/"Add Source"，打开图 6-45 所示的为工程加入设计文件对话框，选择设计文件 Two_Bit_Counter.v，单击"打开"按钮。弹出图 6-46 所示的加入源文件对话框，单击"OK"按钮，加入设计的 Verilog 文件。

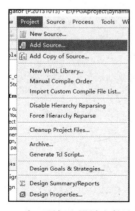

图 6-44　为工程加入设计文件选项

图 6-45　为工程加入设计文件对话框

在 Design 窗口的 View 栏选中"Implementation"，再选择设计的 Two_Bit_Counter 文件。在过程管理区，单击"Design Utilities"展开该逻辑树，双击"Create Schematic Symbol"，开始生成该设计的原理图符号（即可在原理图中调用的定制元件），如图 6-47 所示。

图 6-46　加入源文件对话框

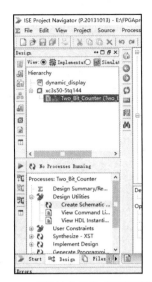

图 6-47　将设计文件生成原理图符号

（2）输入 2-4 线译码器模块、数据选择器模块。

输入方法与（1）一致，在此不再赘述。

 设计文件输入完成后，保存的文件名要和实体名一致，同时要将设计文件加入工程，并生成该设计的原理图符号。

2-4 线译码器模块的 Verilog 描述如下。

```verilog
module decoder (D, X);
    input[1:0] D;
    output    reg[3:0] X;
    always @ ( D )
    begin
        case ( D )
            2'b00 : X <= 4'b0111;
            2'b01 : X <= 4'b1011;
            2'b10 : X <= 4'b1101;
            2'b11 : X <= 4'b1110;
            default : X <= 4'b0000;
        endcase
    end
endmodule
```

数据选择器模块的 Verilog 描述如下。

```verilog
module mux4 (d0, d1, d2, d3, addr, y);
    input[3:0] d0, d1, d2, d3;
    input[1:0] addr;
    output    reg[3:0] y;
    always @ (d0 or d1 or d2 or d3 or addr)
    begin
        case (addr)
            2'b00 : y <= d0;
            2'b01 : y <= d1;
            2'b10 : y <= d2;
            default : y <= d3;
```

```
      endcase
    end
  endmodule
```

（3）输入顶层原理图文件。

在工具栏单击▢图标，打开图 6-41 所示的新建文件对话框，选择"Schematic"，单击"OK"按钮。单击原理图输入工具栏中的▨ 图标，左侧 Option（选项）窗口变为 Symbols Cantegories（符号或元件分类）窗口，此处多了一个元件库<E: \FPGAproject\dynamic_display>，下方的 Symbols 栏中出现了三个底层设计元件，如图 6-48 所示。

将这三个底层设计元件添加到原理图编辑窗口，然后添加 I/O 端口，连接导线，最终电路图如图 6-49 所示。

我们发现，生成的 I/O 端口名称不具有直观的物理意义，管脚约束（锁定管脚）时很难对应相应的端口。所以有必要修改 I/O 端口名称：双击"I/O Marker"，弹出管脚属性对话框，在该对话框中单击"Nets"，在 Value 栏中可更改网络节点名称。更改后的电路图如图 6-40 所示。

单击工具栏上的▤图标，弹出保存文件对话框，输入文件名dynamic_dispaly，保存即可。

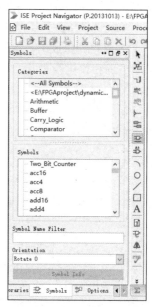

图 6-48　符号或元件分类窗口

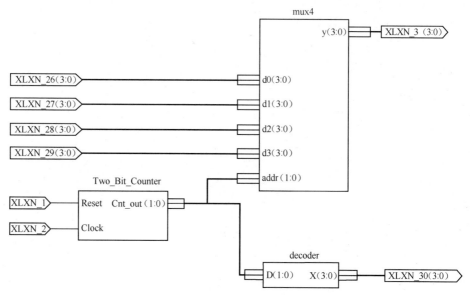

图 6-49　4 位动态显示电路电路图

在菜单栏中单击"Project"/"Add Source"，选择设计文件 dynamic_dispaly.sch，单击"打开"按钮。弹出加入源文件对话框，单击"OK"按钮，完成顶层设计的原理图文件加入。

4. 行为仿真

首先新建仿真激励源：在任意位置单击鼠标右键，并在弹出的菜单中选择"New Source"命令。在新建文件向导对话框中选择"Verilog Test Fixture"，将文件命名为 dynamic_test。单击"Next"按钮，出现图 6-20 所示的文件关联对话框，工程包含多个设计模块如 dynamic_display、mux4、decode 及 Two_Bit_Counter，而针对每一个模块都应该设计其对应的仿真激励文件，具体文件的关联关系需要在该对话框中进行设定。

本实例仅仿真顶层模块，其他底层模块的仿真请自行完成。

ISim 自动生成了基本的信号，并对被测模块做了实例化，生成了测试代码框架。加入描述激励信号的相关代码即可。

```
'timescale 1ns / 1ps
module dynamic_display_dynamic_display_sch_tb();
// 声明输入变量
  reg clk;
  reg Reset;
  reg [3:0] BCD0;
  reg [3:0] BCD1;
  reg [3:0] BCD2;
  reg [3:0] BCD3;
// 声明输出变量
  wire [3:0] DCBA;
  wire [3:0] Y0Y1Y2Y3;
// 调用设计块
  dynamic_display UUT (
       .clk(clk),
       .Reset(Reset),
       .BCD0(BCD0),
       .BCD1(BCD1),
       .BCD2(BCD2),
       .BCD3(BCD3),
       .DCBA(DCBA),
       .Y0Y1Y2Y3(Y0Y1Y2Y3)
  );
//初始化输入变量
    initial begin
       clk = 0;
       Reset = 0;
       BCD0 = 4'b0100;
       BCD1 = 4'b0001;
       BCD2 = 4'b0000;
       BCD3 = 4'b0010;
       #100;
       Reset = 1;//等待100ns后，赋值为1
       end
    always #20 clk = ~clk;
endmodule
```

测试仿真波形如图 6-50 所示。

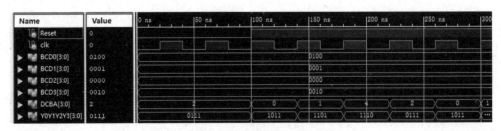

图 6-50　测试仿真波形

5. 设计综合

参考 6.2.1 节 HDL 输入设计实例。

6. 设计实现

参考 6.2.1 节 HDL 输入设计实例。

7. 下载调试

参考 6.2.1 节 HDL 输入设计实例。

第 **7** 章　可编程器件实验

7.1　基于原理图输入的 CPLD/FPGA 基础实验

本节主要介绍基于可编程器件原理图输入的数字逻辑电路基础实验，实验原理中与中小规模数字电路实验类似的部分本章不再赘述，读者可以参考第 4 章的实验原理。实验中用到的可编程器件软件平台为 Xilinx 公司的 ISE Design Suit 14.7（以下简称 ISE 14.7）。可编程器件硬件为 Xilinx XC3S50ANTQG144，如图 7-1 所示。实验箱的使用方法请参考附录 A。

Property Name	Value
Evaluation Development Board	None Specified
Product Cateqory	All
Family	Spartan3A and Spartan3AN
Device	XC3S50AN
Packaqe	TQG144
Speed	−5

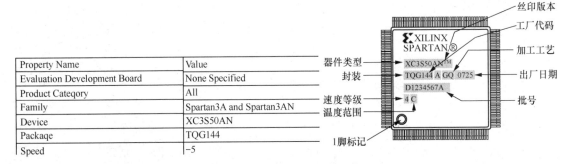

图 7-1　实验用可编程器件硬件

7.1.1　门电路应用

一、实验目的

1. 掌握可编程器件软硬件平台的使用方法。
2. 掌握基本门电路的实际应用方法。
3. 掌握门电路多余端的处理方法。
4. 用实验验证所设计电路的逻辑功能。

二、预习要求

1. 详细阅读附录 A 中电工电子综合实验箱的基本功能及使用方法。
2. 复习组合逻辑电路的设计方法。
3. 根据实验内容设计出电路图。

三、实验原理

1. 基本门使用介绍

ISE 14.7 软件中门电路的元件选取如图 7-2 所示，先在 Categories 中选择 Logic，再在 Symbols 中根据需要选取合适的门电路。也可以在 Symbol Name Filter 窗口中直接输入元件名称进行选择。在原理图编辑窗口中双击相应器件可以查看元件的属性，如图 7-3 所示。在元件属性对话框中，单击右侧 "Symbol Info" 按钮，可以打开元件信息窗口，查看元件介绍、逻辑功能表等，如图 7-4 所示。

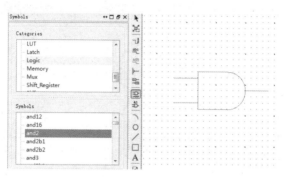

图 7-2 元件选取

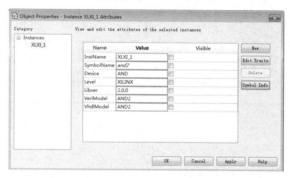

图 7-3 元件属性对话框

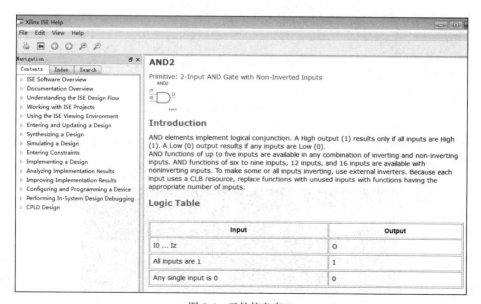

图 7-4 元件信息窗口

2. 应用举例

例 7-1 举重比赛中有三个裁判。裁判认为杠铃已完全举上时，按下自己面前的按钮。假定主裁判和两个副裁判面前的按钮分别为 A、B 和 C。表示完全举上的指示灯 F 只有在三个裁判或两个裁判（但其中一个必须是主裁判）按下自己面前的按钮时才亮。试设计满足该逻辑功能的逻辑电路。

首先按题意列出真值表，列真值表要解决两个问题：一是根据逻辑问题确定逻辑变量和输出函数；二是概括逻辑功能填写真值表。由题意可以明显看出，裁判面前的按钮为逻辑变量，指示灯为输出函数。

按钮和指示灯都只有两种状态，用"1"表示按钮按下，"0"表示不按下；F="1"表示灯亮，F="0"表示灯灭。根据题意列出真值表如表 7-1 所示。

表 7-1 真值表

A	B	C	F
0	0	0	0
0	0	1	0
0	1	0	0
0	1	1	0
1	0	0	0
1	0	1	1
1	1	0	1
1	1	1	1

经卡诺图化简可得

$$F = AC + AB$$

逻辑电路如图 7-5 所示。

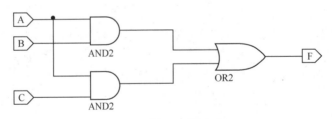

图 7-5 例 7-1 逻辑电路

功能仿真结果如图 7-6 所示，两个标尺之间为一个完整的仿真周期。通过分析可以看出，设计满足题目要求。

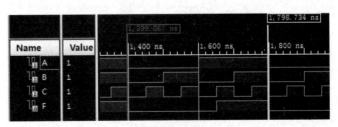

图 7-6 功能仿真结果

四、实验内容

1. 测试两输入与非门 NAND2 的逻辑功能。

2. 测试两输入异或门 XOR2 的逻辑功能。

3. 用门电路设计一位半加器。

4. 用门电路设计一位全加器。

5. 用门电路设计一位全减器。

6. 用异或门实现当 K＝"0" 时输出原码，K＝"1" 时输出反码（设原码为 4 位并行二进制码）。

7. 用门电路设计一数字锁逻辑电路。该锁有三个按钮 A、B、C，当 A、B、C 同时按下，或 A、B 同时按下，或只有 A 或 B 按下时开锁。如果有动作但不符合上述条件则报警。

五、实验报告要求

1. 写出设计过程，画出实验电路图。

2. 列出数据表格，将实验结果填入相应表格并处理数据。

3. 画出相应的仿真图、实物测试波形图。

4. 列出管脚约束表。

5. 对实验中出现的情况进行分析和讨论，并总结收获。

六、思考题

1. 总结门电路的多余输入端的处理方法。

2. 为什么异或门又称可控反相门？

3. 某同学认为逻辑电平中 "1" 就是指该信号电压为+5V，这种认识是否正确？为什么？

7.1.2　数据选择器及应用

一、实验目的

1. 掌握可编程器件软硬件平台的使用方法。

2. 熟悉数据选择器的工作原理与逻辑功能。

3. 掌握数据选择器的应用方法。

二、预习要求

1. 复习数据选择器的有关内容。

2. 掌握数据选择器的工作原理及应用方法。

3. 根据实验内容设计出实验电路，拟定数据表格。

4. 推导出理论数据或画出理论波形。

三、实验原理

1. 数据选择器简单介绍

ISE 14.7 软件中数据选择器的选取方法如图 7-7 所示，先在 Categories 中选择 Mux，再在 Symbols 中根据需要选取合适的数据选择器。也可以在 Symbol Name Filter 窗口中直接输入元件名称进行选择。M8_1E 数据选择器逻辑功能表如表 7-2 所示。

表 7-2　　　　　　　　　　　　　M8_1E 数据选择器逻辑功能表

输入					输出
E	S_2	S_1	S_0	$D_7 \sim D_0$	O
0	×	×	×	×	0

续表

输入					输出
E	S_2	S_1	S_0	$D_7 \sim D_0$	O
1	0	0	0	D_0	D_0
1	0	0	1	D_1	D_1
1	0	1	0	D_2	D_2
1	0	1	1	D_3	D_3
1	1	0	0	D_4	D_4
1	1	0	1	D_5	D_5
1	1	1	0	D_6	D_6
1	1	1	1	D_7	D_7

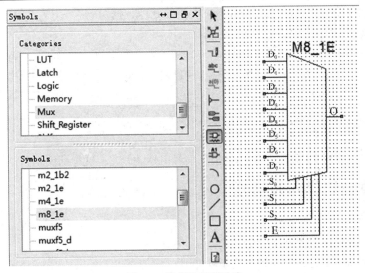

图 7-7　数据选择器选取

2. 应用举例

例 7-2　用数据选择器实现函数

$$F_1 = \overline{c}\overline{b}a + \overline{c}b\overline{a} + \overline{c}ba + c\overline{b}\overline{a} + c\overline{b}a + cb\overline{a}$$
$$= m_1 + m_2 + m_3 + m_4 + m_5 + m_6$$

因函数 F_1 的变量数为 3，所以选用具有 3 个地址端的 8 路选择器来实现函数，并将变量 c、b、a 相应选作选择输入 S_2、S_1、S_0。接着确定 c、b、a 各组取值时的函数值。可列出函数 F_1 的真值表，再将各函数值接入选择器的对应输入端，构成所需功能的逻辑电路，如图 7-8 所示。

仿真结果如图 7-9 所示。

函数 F_1 的输入变量同 MUX 的地址端连接时，必须让加到地址端 C、B、A 的函数输入变量位权与书写最小项代号下标时的位权相同。上面 F_1 式中的最小项代号的下标是按变量 c、b、a 的位权为 4、2、1 标注的，所以地址 S_2、S_1、S_0 所加的变量次序应为 c、b、a。

由此可见以函数自变量作为地址变量时实现函数的方法：首先根据函数变量数，确定 MUX 的类型；然后确定选择器的输入数据，并把它们加到相应的数据输入端。

由例 7-2 也可看出，当输入变量数小于地址数 n 时，将不用的地址端接地即可。

当输入变量数大于地址数 n 时，需要采用降维或扩展数据选择器容量的方法实现函数。

	c	b	a	F_1
m_0	0	0	0	0…
m_1	0	0	1	1…
m_2	0	1	0	1…
m_3	0	1	1	1…
m_4	1	0	0	1…
m_5	1	0	1	1…
m_6	1	1	0	1…
m_7	1	1	1	0…

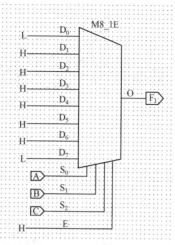

图 7-8　用 MUX 实现函数 F_1

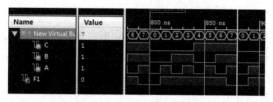

图 7-9　函数 F_1 仿真结果

例 7-3　用数据选择器实现序列信号 "11100010"。

计数器和 MUX 结合起来很容易产生所需要的序列信号。MUX 的路数和计数器的模由序列信号的长度 P 决定。只要在 MUX 数据输入端按一定次序加上序列信号中各位二进制数码，将计数器的输出作为 MUX 的地址输入，在时钟脉冲作用下就可产生所需要的序列信号。现在需要产生序列信号 "11100010"，由该序列信号可知 $P=8$，因而可选用 8 路 MUX 及 3 位二进制计数器，将计数器的输出 Q_2、Q_1、Q_0 分别作为 MUX 的地址 S_2、S_1、S_0，并使 MUX 的数据输入 $D_0 \sim D_7$ 为 "11100010"，在时钟脉冲作用下，MUX 的输出端便可重复产生该序列信号，电路如图 7-10（a）所示。也可降维后，用图 7-10（b）所示电路来实现。

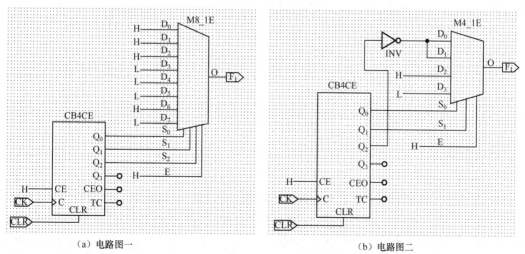

（a）电路图一　　　　　　　（b）电路图二

图 7-10　用 MUX 产生序列信号

仿真结果如图 7-11 所示，两个标尺之间为一个完整周期的序列信号"11100010"。

图 7-11　产生序列信号仿真结果

四、实验内容

1. 测试数据选择器 M8_1E 的逻辑功能。

2. 用数据选择器设计一位全加器，写出设计过程，并用实验验证。

3. 试用数据选择器产生序列信号"1110010"，用示波器双踪观察并记录时钟脉冲和序列信号波形。

4. 试用数据选择器产生序列信号"1110010010"，用示波器双踪观察并记录时钟脉冲和序列信号波形。

5. 试用数据选择器 M8_1E 实现函数 $F=\sum (m_0,m_4,m_5)$。

6. 试用数据选择器 M8_1E 实现函数 $F=\sum (m_0,m_4,m_5,m_8,m_{12},m_{14})$。

7. 用数据选择器将 8421BCD 码转换为 2421BCD 码。

五、实验报告要求

1. 写出设计过程，画出完整实验电路图。

2. 列出数据表格，将实验结果填入相应表格并处理数据。

3. 画出相应的仿真图、实物测试波形图。

4. 列出管脚约束表。

5. 对实验中出现的情况进行分析和讨论，并总结收获。

六、思考题

数据选择器在容量不够的情况下，如何进行扩展？

7.1.3　译码显示电路

一、实验目的

1. 掌握常用译码器的工作原理与逻辑功能。

2. 了解动态扫描显示电路的工作原理及优缺点。

3. 掌握十进制数字动态显示电路的设计方法。

二、预习要求

1. 复习译码显示电路的工作原理。

2. 根据实验内容设计出实验电路，拟定数据表格。

3. 推导出理论数据或画出理论波形。

三、实验原理

1. 译码器简单介绍

ISE 14.7 软件中译码器的选取方法如图 7-12 所示，先在 Categories 中选择 Decoder，再在 Symbols 中根据需要选取合适的译码器。也可以在 Symbol Name Filter 窗口中直接输入元件名称进行选择。D3_8E 译码器逻辑功能表如表 7-3 所示。

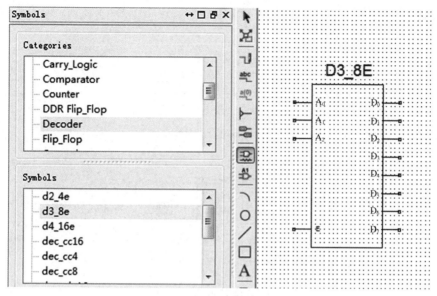

图 7-12　译码器选取

表 7-3　　　　　　　　　　　　　　　D3_8E 译码器逻辑功能表

输入				输出							
A_2	A_1	A_0	E	D_7	D_6	D_5	D_4	D_3	D_2	D_1	D_0
×	×	×	0	0	0	0	0	0	0	0	0
0	0	0	1	0	0	0	0	0	0	0	1
0	0	1	1	0	0	0	0	0	0	1	0
0	1	0	1	0	0	0	0	0	1	0	0
0	1	1	1	0	0	0	0	1	0	0	0
1	0	0	1	0	0	0	1	0	0	0	0
1	0	1	1	0	0	1	0	0	0	0	0
1	1	0	1	0	1	0	0	0	0	0	0
1	1	1	1	0	0	0	0	0	0	0	0

2. 应用举例

例 7-4　用译码器实现逻辑函数

$$F(a,b,c) = \sum(0,1,3,6,7)$$

由函数 F 的表达式可知，它可以选用译码器 D3_8E 来实现，D3_8E 的输出高电平有效。

$$F(a,b,c) = \sum(0,1,3,6,7)$$
$$= D_0 + D_1 + D_3 + D_6 + D_7$$

因此，将 D3_8E 的 D_0、D_1、D_3、D_6 和 D_7 各输出送到 5 输入或门的输入端，就可得到函数 F，如图 7-13 所示。

仿真结果如图 7-14 所示，两个标尺之间为一个完整的仿真周期。通过分析可以看出，设计满足题目要求。

例 7-5　设计一个 4 位动态显示电路，显示数字"8421"。

4 位动态显示电路框图如图 7-15 所示。

要动态显示数字"8421"，只需要将数据加到数据选择器的相应端。可编程器件部分设计电路如图 7-16 所示。

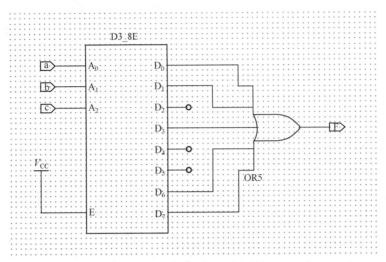

图 7-13　用译码器实现逻辑函数 F

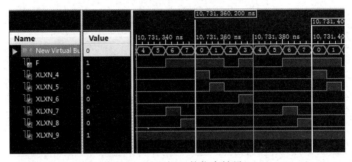

图 7-14　逻辑函数仿真结果

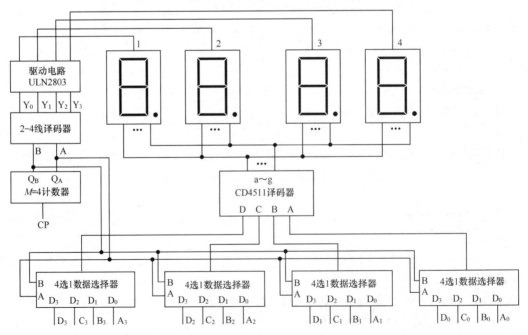

图 7-15　4 位动态显示电路框图

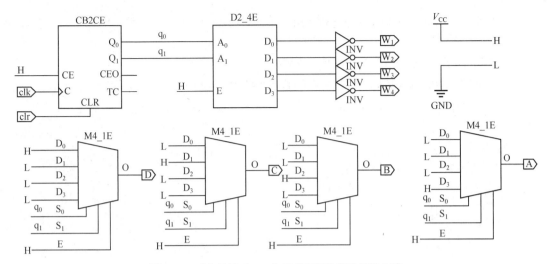

图 7-16 动态显示 "8421" 可编程器件部分设计电路

仿真结果如图 7-17 所示。

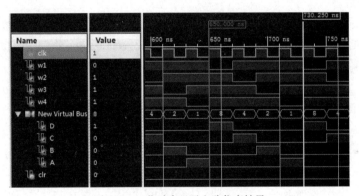

图 7-17 4 位动态显示电路仿真结果

四、实验内容

1. 测试译码器 D2_4E 的逻辑功能。

2. 测试 CD4511 和数码管的功能。

3. 用译码器设计 1 位二进制全加器。

4. 用译码器 D3_8E 实现函数 $F=\sum(m_0, m_4, m_5)$。

5. 试用译码器 D3_8E 和 D 触发器构成矩形波发生器,使其占空比分别为 3/8、5/8 和 7/8。画出电路图,并通过实验验证,画出三种情况下的输出波形。

6. 设计一个 4 位动态显示电路,显示的内容为学号的后 4 位。

7. 设计一个 6 位动态显示电路,显示的内容为学号的后 6 位。

8. 设计一个 5×7 点阵显示电路,要求循环显示 "HELLO" 5 个字母。

五、实验报告要求

1. 写出设计过程,画出完整实验电路图。

2. 列出数据表格,将实验结果填入相应表格并处理数据。

3. 画出相应的仿真图、实物测试波形图。

4. 列出管脚约束表。

5. 对实验中出现的情况进行分析和讨论，并总结收获。

六、思考题

1. 选用显示译码器和数码管应根据什么?

2. 怎样用万用表判断数码管是共阴数码管还是共阳数码管?

7.1.4 集成触发器及应用

一、实验目的

1. 掌握集成触发器的逻辑功能。

2. 熟悉用触发器构成计数器的设计方法。

3. 掌握集成触发器的基本应用方法。

二、预习要求

1. 复习触发器的工作原理和特点。

2. 根据实验内容设计出电路图。

3. 根据实验内容拟定数据表格或画出理论波形。

三、实验原理

ISE 14.7 软件中触发器的选取方法如图 7-18 所示，先在 Categories 中选择 Flip_Flop，再在 Symbols 中根据需要选取合适的触发器。也可以在 Symbol Name Filter 窗口中直接输入元件名称进行选择。FDRS 触发器逻辑功能表如表 7-4 所示。

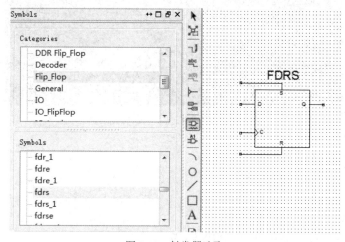

图 7-18 触发器选取

表 7-4   FDRS 触发器逻辑功能表

输入				输出
R	S	D	C	Q
1	×	×	↑	0
0	1	×	↑	1
0	0	D	↑	D

四、实验内容

1. 测试 FDRS 触发器的逻辑功能。

2．用触发器设计 2 位二进制加法计数器。

3．用触发器设计 2 位二进制减法计数器。

4．设计一个 3bit 可控延时电路。该电路有一个输入信号 CP，一个串行输入信号 F_1（"1000"，自行设计），一个串行输出信号 F_2，F_1 和 F_2 与 CP 同步，另有两个控制信号 K_1 和 K_2。对该电路的逻辑功能要求：（1）当 K_2K_1="00" 时，F_2 和 F_1 没有延时；（2）当 K_2K_1 = "01" 时，F_2 和 F_1 延时 1 个时钟周期（1bit）；（3）当 K_2K_1="10" 时，F_2 和 F_1 延时 2 个时钟周期（2bit）；（4）当 K_2K_1 = "11" 时，F_2 和 F_1 延时 3 个时钟周期（3bit）。

5．试用触发器设计同步 5 分频电路，画出各点波形。

6．设计一个占空比可控电路。该电路有一个输入信号 CP、1 个输出信号 F、3 个控制信号 K_3、K_2 和 K_1。对该电路的逻辑功能要求：（1）输出信号 F 的频率为 2kHz；（2）在 3 个控制信号 K_3、K_2 和 K_1 的控制下，输出信号 F 的占空比为 1/8～7/8。

7．设计一个延迟 1/2 周期的电路，输入信号为方波，频率为 10kHz~100kHz。

五、实验报告要求

1．写出设计过程，画出完整实验电路图。

2．列出数据表格，将实验结果填入相应表格并处理数据。

3．画出相应的仿真图、实物测试波形图。

4．列出管脚约束表。

5．对实验中出现的情况进行分析和讨论，并总结收获。

六、思考题

1．触发器的哪些输入端一定要使用消抖动开关控制？

2．如何用触发器将异步信号变成同步信号？

7.1.5　计数器及应用

一、实验目的

1．掌握计数器的逻辑功能及应用方法。

2．掌握任意进制计数器的设计方法。

3．掌握数字电路多个输出波形相位关系的正确测试方法。

4．了解非均匀周期信号波形的测试方法。

二、预习要求

1．复习计数和分频电路的有关内容。

2．掌握数字电路多路波形相位关系的测试方法。

3．学习不均匀周期信号波形的测试方法。

4．根据实验内容设计出电路图。

5．根据实验内容拟定数据表格或画出理论波形。

三、实验原理

1．计数器简单介绍

ISE 14.7 软件中计数器的选取方法如图 7-19 所示，先在 Categories 中选择 Counter，再在 Symbols 中根据需要选取合适的计数器。也可以在 Symbol Name Filter 窗口中直接输入元件名称进行选择。CB4CLE 二进制计数器逻辑功能表如表 7-5 所示。

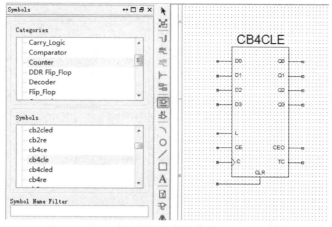

图 7-19　计数器选取

表 7-5　　　　　　　　　　　　　　CB4CLE 二进制计数器逻辑功能表

输入					输出		
CLR	L	CE	C	$D_z \sim D_0$	$Q_z \sim Q_0$	TC	CEO
1	×	×	×	×	0	0	0
0	1	×	↑	D_n	D_n	TC	CEO
0	0	0	×	×	保持	保持	0
0	0	1	↑	×	加法计数	TC	CEO

$z=$位宽-1

$TC=Q_z \cdot Q_{(z-1)} \cdot Q_{(z-2)} \cdot \cdots \cdot Q_0$

$CEO=TC \cdot CE$

2. 应用举例

　　例 7-6　设计一个模 $M=5$ 的计数器。

　　选用 CB4CLE 二进制计数器模块，采用置"0"法设计，因为计数器为同步计数器，所以 $L=M-1=Q_2$。真值表如表 7-6 所示。

　　设计电路图如图 7-20 所示。

表 7-6　模 5 计数器真值表

$Q_3Q_2Q_1Q_0$	L
0000	0
0001	0
0010	0
0011	0
0100	1

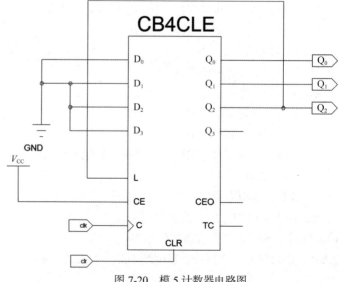

图 7-20　模 5 计数器电路图

仿真波形如图 7-21 所示，两个标尺之间为一个完整的计数周期，从 0 计到 4，实现了 $M=5$ 的计数器。

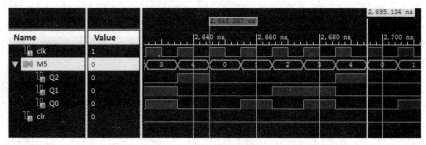

图 7-21　模 5 计数器仿真波形

四、实验内容

1. 用 CB4CLE 采用置 "0" 法设计 $M=7$ 的计数器，测试并记录 C、Q_0、Q_1、Q_2、Q_3 各端波形。

2. 设计一个分频比 $N=5$ 的整数分频电路，观察并记录时钟脉冲和输出波形。

3. 设计一个 "10101" 序列信号发生器，观察并记录时钟脉冲和输出波形。

4. 设计一个 1～12 计数的时钟小时部分计数显示电路。

5. 设计一个节拍分配电路，该电路在时钟脉冲作用下，5 个节拍输出端 F_1、F_2、F_3、F_4 和 F_5 轮流输出 "1"。

五、实验报告要求

1. 写出设计过程，画出完整实验电路图。

2. 列出数据表格，将实验结果填入相应表格并处理数据。

3. 画出相应的仿真图、实物测试波形图。

4. 列出管脚约束表。

5. 对实验中出现的情况进行分析和讨论，并总结收获。

六、思考题

试设计一个 4 位二进制可逆计数器，K= "0" 时加法计数，K = "1" 时减法计数。

7.1.6　移位寄存器及应用

一、实验目的

1. 掌握移位寄存器的逻辑功能。

2. 掌握移位寄存器的具体应用方法。

3. 掌握移存型计数器的自启动特性的检测方法。

4. 掌握不均匀周期信号波形的测试方法。

二、预习要求

1. 复习移位寄存器的有关内容。

2. 复习不均匀周期信号波形的测试方法。

3. 掌握移位寄存器的工作原理。

4. 根据实验内容设计出电路图。

5. 根据实验内容拟定数据表格或画出理论波形。

三、实验原理

1. 移位寄存器简单介绍

ISE 14.7 软件中移位寄存器的选取方法如图 7-22 所示，先在 Categories 中选择 Shift_Register，再在 Symbols 中根据需要选取合适的移位寄存器。也可以在 Symbol Name Filter 窗口中直接输入元件名称进行选择。SR4CLE 移位寄存器逻辑功能表如表 7-7 所示。

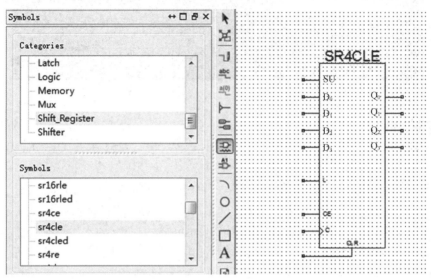

图 7-22　移位寄存器选取

表 7-7　　　　　　　　　　　　　　　SR4CLE 移位寄存器逻辑功能表

输入						输出	
CLR	L	CE	SLI	$D_n \sim D_0$	C	Q_0	$Q_z \sim Q_1$
1	×	×	×	×	×	0	0
0	1	×	×	$D_n \sim D_0$	↑	D_0	D_n
0	0	1	SLI	×	↑	SLI	Q_{n-1}
0	0	0	×	×	×	保持	保持

z＝位宽−1

Q_{n-1}＝前一个时钟周期的参考输出状态

2. 应用举例

例 7-7　用移位寄存器设计一个 F＝"0011101"序列信号发生器。

移存型序列信号发生器由移存器和反馈电路两部分组成，反馈电路的输出作为移存器的串行输入。在时钟脉冲作用下，移存器做左移或右移操作，输出一个序列信号。不同的反馈电路将产生不同的输出序列，n 位移存器可以产生的序列信号的最大长度 $P = 2^n$。

第一步，由给定序列信号的循环长度 $P = 7$ 确定所需移存器的最少位数。

根据 $2^{n-1} \le P \le 2^n$，确定 $n = 3$，不需要置数功能，选用移位寄存器 SR4CLE，仅用 SR4CLE 中的三位 Q_0、Q_1 和 Q_2。

第二步，根据给定序列信号、移位方式和移存规律做出状态转换表。

因 $n = 3$，我们可按给定的序列信号三位三位地划分。由此可知，状态流通图中无重复流通现象。电路中应具有 7 种状态。在选用左移的情况下，这 7 种状态的转移表如表 7-8 所示。

表 7-8   "0011101" 序列信号状态转移表

$t = t_n$	$t = t_{n+1}$	反馈函数
$Q_2Q_1Q_0$	$Q_2Q_1Q_0$	SLI
001	011	1
011	111	1
111	110	0
110	101	1
101	010	0
010	100	0
100	001	1
偏离状态 000	001	1

如果划分结果有重复流通问题，则应增加移存器的位数，直到状态流图中消除重复流通现象为止。在做状态转移表时，还要考虑电路的自启动性能，如果存在偏离状态，需要对偏离状态进行处理。

经过分析，存在偏离状态 "000"。为了使电路具有自启动性能，在偏离状态 "000"，反馈函数置 "1"，下一个状态是 "001"，进入有效循环。

由表 7-8 画出反馈函数的卡诺图，如图 7-23 所示。

Q_2\\Q_1Q_0	00	01	11	10
0	1	1	1	0
0	1	0	0	1

图 7-23   "0011101" 序列信号反馈函数卡诺图

由卡诺图可求出反馈函数 SLI。电路图如图 7-24 所示。

$$SLI = \overline{Q_1} \cdot \overline{Q_0} + \overline{Q_2} \cdot Q_0 + Q_2 \cdot \overline{Q_0}$$

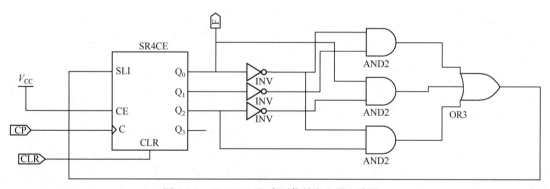

图 7-24   "0011101" 序列信号发生器电路图一

仿真结果如图 7-25 所示，两个标尺之间为一个完整的仿真周期。通过分析可以看出，能正确产生 "0011101" 序列信号。

该电路的反馈部分也可以用 8 选 1 数据选择器来实现，电路设计将变得简单，设计方法如下。

将 SR4CE 的现态 Q_2、Q_1、Q_0 作为数据选择器 M8_1E 的地址 S_2、S_1、S_0 输入，反馈函数 SLI

数据分别加到 M8_1E 的数据输入端口 $D_0 \sim D_7$，用数据选择器进行选择，对应关系如表 7-9 所示，逻辑电路图如图 7-26 所示。

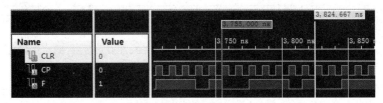

图 7-25　"0011101"序列信号发生器仿真结果

表 7-9　　　　　　　　　　　　　SR4CE、M8_1E 状态对应表

$t = n$	M8_1E	反馈函数	M8_1E
$Q_2 Q_1 Q_0$	$S_2 S_1 S_0$	SLI	D
0 0 1	0 0 1	1	D_1
0 1 1	0 1 1	1	D_3
1 1 1	1 1 1	0	D_7
1 1 0	1 1 0	1	D_6
1 0 1	1 0 1	0	D_5
0 1 0	0 1 0	0	D_2
1 0 0	1 0 0	1	D_4
偏离状态 0 0 0	0 0 0	1	D_0

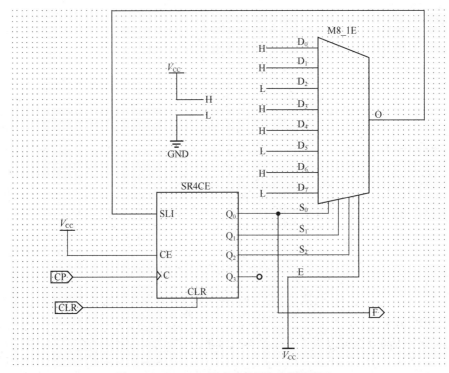

图 7-26　"0011101"序列信号发生器电路图二

四、实验内容

1. 测试 SR4CLE 的逻辑功能。

2. 用移位寄存器附加基本门电路设计"101001"序列信号发生器，要求具有自启动特性，用实验验证。用示波器双踪观察并记录时钟脉冲和输出波形。

3. 用移位寄存器附加数据选择器电路设计"101001"序列信号发生器，要求具有自启动特性，用实验验证。用示波器双踪观察并记录时钟脉冲和输出波形。

4. 用移位寄存器设计 4 位环形计数器，验证自启动特性，画出完全状态流通图。

5. 利用移位寄存器设计一个可编程分频电路。该电路有一个输入信号 F_1，一个系统清零端 CLR，一个输出信号 F_2，三个控制信号 K_3、K_2、K_1。要求的功能：（1）分频比 $N=F_1/F_2$，$N=1\sim8$ 可变；（2）由 K_3、K_2 和 K_1 控制分频比；（3）CLR="1"时分频器清零。

五、实验报告要求

1. 写出设计过程，画出完整实验电路图。

2. 列出数据表格，将实验结果填入相应表格并处理数据。

3. 画出相应的仿真图、实物测试波形图。

4. 列出管脚约束表。

5. 对实验中出现的情况进行分析和讨论，并总结收获。

六、思考题

试设计一个 8 位并行—串行自动转换电路。

7.2　基于 Verilog HDL 的 CPLD/FPGA 进阶实验

7.2.1　组合逻辑电路

一、实验目的

1. 使用 ISE 软件完成组合逻辑设计的输入并仿真。

2. 掌握 Testbench 中组合逻辑测试文件的写法。

3. 下载并测试实现的逻辑功能。

二、预习要求

1. 复习组合逻辑电路的 Verilog HDL 建模。

2. 熟悉 7 段译码器的功能表。

3. 根据实验内容，思考测试电路的要求，画出测试激励的时序图。

三、实验内容

设计并实现共阴极 7 段译码器的逻辑功能。

1. 设计分析。

7 段译码器结构如图 7-27 所示。

（1）确定输入/输出的端口个数：共阴极 7 段译码器输入 4 位；输出（高电平有效）7 位。端口结构图如图 7-28 所示。

（2）真值表如表 7-10 所示。

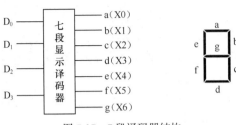

图 7-27　7 段译码器结构

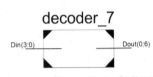

图 7-28　7 段译码器端口结构图

表 7-10　　　　　　　　　　　　　　　　共阴极 7 段译码器真值表

D₃	D₂	D₁	D₀	a	b	c	d	e	f	g
0	0	0	0	1	1	1	1	1	1	0
0	0	0	1	0	1	1	0	0	0	0
0	0	1	0	1	1	0	1	1	0	1
0	0	1	1	1	1	1	1	0	0	1
0	1	0	0	0	1	1	0	0	1	1
0	1	0	1	1	0	1	1	0	1	1
0	1	1	0	1	0	1	1	1	1	1
0	1	1	1	1	1	1	0	0	0	0
1	0	0	0	1	1	1	1	1	1	1
1	0	0	1	1	1	1	1	0	1	1
1	0	1	0	1	1	1	0	1	1	1
1	0	1	1	0	0	1	1	1	1	1
1	1	0	0	0	0	0	1	1	0	1
1	1	0	1	0	1	1	1	1	0	1
1	1	1	0	1	0	0	1	1	1	1
1	1	1	1	1	0	0	0	1	1	1

2. 设计实现。

（1）新建工程。

双击桌面上的 ISE 14.7 图标，启动 ISE 软件（也可通过菜单启动）。每次打开 ISE 都会默认恢复最近使用过的工程界面。第一次使用时，由于还没有历史记录，所以工程管理区显示空白。单击 "File" / "New Project"，启动新建工程向导，在弹出的对话框中输入工程名称 decode_7，并指定工程路径。

单击 "Next" 按钮进入下一对话框，选择实验箱上所用的集成电路型号及综合、仿真工具。这里选用的集成电路型号为 XC3S50TQ144。选择 Verilog HDL 作为默认的硬件描述语言。

单击 "Next" 按钮进入设置确认对话框，确认无误后，单击 "Finish" 按钮，完成新建工程操作。

（2）设计输入和设计仿真。

在工程管理区任意位置单击鼠标右键，在弹出的菜单中选择 "New Source" 命令，单击 "Verilog Module"，并输入文件名 decode_7。

单击 "Next" 按钮进入模块定义对话框，输入（Din）为 4 位数据，输出（Dout）为 7 位数据。也可以略过这一步，在源程序中进行添加。

单击"Next"按钮进入新建文件汇总对话框，确认无误后，单击"Finish"按钮，完成新建文件操作。

通过以上操作，ISE 会自动生成一个 Verilog 模块的代码框架，并且在源代码编辑区打开。简单的注释、实体和端口定义已经自动生成，接下来的工作就是在此基础上设计待实现的逻辑功能。

参考代码如下。

```
module decode_7(Din,Dout);
    input [3:0] Din;                //定义输入端口
    output reg [6:0] Dout;          //定义输出端口，设置为寄存器型变量
    always@( Din )                  //电路模块功能描述
    begin                           //块语句开始
        case(Din)
                4'b0000: Dout <= 7'b1111110 ;        //0
                4'b0001: Dout <= 7'b0110000 ;        //1
                4'b0010: Dout <= 7'b1101101 ;        //2
                4'b0011: Dout <= 7'b1111001 ;        //3
                4'b0100: Dout <= 7'b0110011 ;        //4
                4'b0101: Dout <= 7'b1011011 ;        //5
                4'b0110: Dout <= 7'b1011111 ;        //6
                4'b0111: Dout <= 7'b1110000 ;        //7
                4'b1000: Dout <= 7'b1111111 ;        //8
                4'b1001: Dout <= 7'b1111011 ;        //9
                4'b1010: Dout <= 7'b1110111 ;        //A
                4'b1011: Dout <= 7'b0011111 ;        //B
                4'b1100: Dout <= 7'b0001101 ;        //C
                4'b1101: Dout <= 7'b0111101 ;        //D
                4'b1110: Dout <= 7'b1001111 ;        //E
                4'b1111: Dout <= 7'b1000111 ;        //F
            default: Dout <= 7'b0000000;
        endcase
    end
endmodule
```

在工程管理区的 View 栏选中"Simulation"，在该区任意位置单击鼠标右键，在弹出的菜单中选择"New Source"，在类型中选择"Verilog Test Fixture"，输入测试文件名，单击"Next"按钮。这时，工程中所有的模块名都会显示出来，选择要进行测试的模块 decoder_7。关联后生成的测试文件中会自动加入对源文件的实例化代码。单击"Next"按钮，在弹出的对话框中确认信息无误后单击"Finish"按钮。

ISim 自动生成了基本的信号并对被测模块做了实例化，并生成了测试代码框架。因为本例为组合逻辑，没有时钟脉冲，所以要把生成的测试代码框架中和时钟脉冲相关的进程删去，并加入描述激励信号的代码。

```
'timescale 1ns / 1ps
module decode_7_test;
    //声明输入变量
    reg [3:0] Din;
    //声明输出变量
    wire [6:0] Dout;
    //调用设计块
    decode_7 uut (
        .Din(Din),
```

```
        .Dout(Dout)
    );
    initial begin
        //初始化输入变量
        Din = 0;
        #50 Din = 4'b0000;
        #50 Din = 4'b0001;
        #50 Din = 4'b0010;
        #50 Din = 4'b0011;
        #50 Din = 4'b0100;
        #50 Din = 4'b0101;
        #50 Din = 4'b0110;
        #50 Din = 4'b0111;
        #50 Din = 4'b1000;
        #50 Din = 4'b1001;
        #50 Din = 4'b1010;
        #50 Din = 4'b1011;
        #50 Din = 4'b1100;
        #50 Din = 4'b1101;
        #50 Din = 4'b1110;
        #50 Din = 4'b1111;
    end
endmodule
```

测试程序也可设计出 4 位模 16 计数器，产生 Din 管脚的输入激励信号，测试代码如下。

```
'timescale 1ns / 1ps
module decode_7_test;
    //声明输入变量
    reg [3:0] Din;
    reg clk;
    //声明输出变量
    wire [6:0] Dout;
    //调用设计块
    decode_7 uut (
        .Din(Din),
        .Dout(Dout)
    );
    initial begin
        //初始化输入变量
        Din = 0;
        clk=0;
        #100;
    end
always @(posedge clk)              //检测 clk 上升沿
        begin
          if (Din == 4'b1001)      //计数到 "1001" 即 9，则清零
                Din = 4'b0000;
            else
                Din = Din + 4'b0001;
        end
always #20 clk = ~clk;            //产生时钟脉冲
endmodule
```

在工程管理区的 View 栏选中 "Simulation"，在下方的下拉列表中选择行为仿真（Behavioral）。

在过程管理区中单击展开"ISim Simulator",双击"Behavioral Check Syntax"对 Testbench 进行语法检查,如有语法错误,则修改错误并继续进行语法检查。通过 Behavioral Check Syntax 后,双击第二个选项"Simulate Behavioral Model",启动行为仿真。双击"Simulate Behavioral Model"后,仿真器 ISim 自动打开。

仿真波形如图 7-29 所示。

图 7-29　7 段译码器仿真波形

（3）设计综合。

（4）管脚约束。

（5）设计实现。

3. 下载调试。

四、实验报告要求

1. 根据设计要求,写出 7 段译码器的功能表。

2. 根据功能表用 Verilog HDL 设计电路。

3. 根据电路功能要求设计出测试文件。

4. 功能仿真,记录测试结果波形。

5. 记录硬件测试的具体过程。

6. 若实验过程中出现故障,记录故障现象及其解决方法。

五、思考题

1. 根据第 5 章组合逻辑电路的设计方法,用 3 种以上的 Verilog 语句描述 7 段译码器的设计,完成设计模块、Testbench,并保存仿真波形。要求 Testbench 能够覆盖所有的输入组合、下载到 FPGA、完成硬件调测并实现电路功能。

2. 用 Verilog HDL 设计一个 8 选 1 数据选择器,完成设计模块、Testbench,并保存仿真波形。要求 Testbench 能够覆盖所有的输入组合、下载到 FPGA、完成硬件调测并实现电路功能。

3. 用 Verilog HDL 设计一个 3-8 线译码器,完成设计模块、Testbench,并保存仿真波形。要求 Testbench 能够覆盖所有的输入组合、下载到 FPGA、完成硬件调测并实现电路功能。

4. 用 Verilog HDL 设计一个 8-3 线优先编码器,完成设计模块、Testbench,并保存仿真波形。要求 Testbench 能够覆盖所有的输入组合、下载到 FPGA、完成硬件调测并实现电路功能。

7.2.2　时序逻辑电路

一、实验目的

1. 使用 ISE 软件完成时序逻辑电路的设计输入并仿真。

2. 掌握 Testbench 中时序逻辑测试文件的写法。

3. 下载并测试实现的逻辑功能。

二、预习要求

1. 复习组合逻辑电路、时序逻辑电路的 Verilog HDL 建模。

2. 熟悉 7bit 可控数字延时器的设计原理。

3. 根据实验内容,思考测试电路的要求,画出测试激励的时序图。

三、实验内容

设计一个 7bit 可控数字延时器。

1. 设计分析。

7bit 延时，需要 3 位地址端选择延时信号，1 路输入信号，1 路时钟脉冲和清零信号，1 路输出信号。端口结构图如图 7-30 所示。

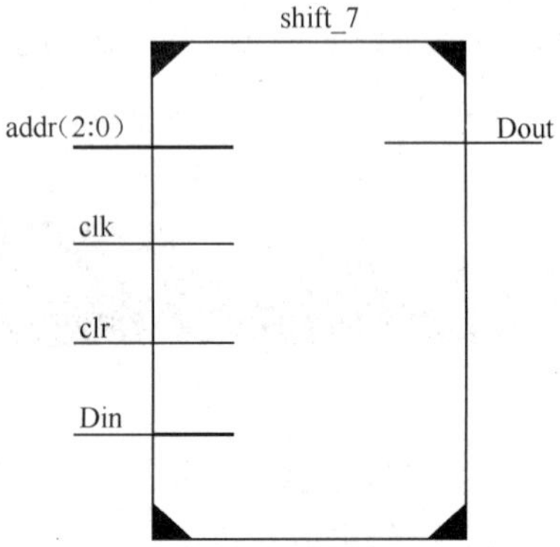

2. 设计实现。

（1）设计输入。

程序部分由时序逻辑进程移位寄存器和组合逻辑 8 选 1 数据选择器构成，具体设计如下。

图 7-30　7bit 延时端口结构图

```verilog
module shift_7( clk, clr, Din, addr, Dout );
    input clk;
    input clr;
    input Din;
    input[2:0] addr;
    output  Dout;
    reg[6:0] reg7;
    reg reg1;
    assign Dout = reg1;
always@(posedge clk or negedge clr) //移位寄存器进程，clr 为异步清零，低电平有效
    begin
        if(!clr)
            reg7 <= 7'b0000000;
        else if(Din)
            reg7 <= {reg7[5:0],Din};
        else
            reg7 <= (reg7<<1);
    end
always@( addr or Din or reg7 )        //8选1数据选择器进程，组合逻辑
    begin                              //块语句开始
      case( addr )
        3'b000: reg1 <= Din;
          3'b001: reg1 <= reg7[0];
        3'b010: reg1 <= reg7[1];
          3'b011: reg1 <= reg7[2];
          3'b100: reg1 <= reg7[3];
          3'b101: reg1 <= reg7[4];
          3'b110: reg1 <= reg7[5];
        default: reg1 <= Din;
      endcase
    end
endmodule
```

（2）设计仿真。

激励信号需给出待测模块的所有输入的逻辑关系，包括测试信号（Din）、延时控制信号（addr）、时钟脉冲（clk）、清零信号（clr），测试激励代码如下。

```verilog
`timescale 1ns / 1ps
module shift_7_test;
    //声明输入变量
```

```
    reg clk;
    reg clr;
    reg Din;
    reg [2:0] addr;
//声明输出变量
wire Dout;
reg[2:0] counter;
//调用设计块
shift_7 uut (
    .clk(clk),
    .clr(clr),
    .Din(Din),
    .addr(addr),
    .Dout(Dout)
);

    initial begin
        //初始化输入变量
        clk = 0;
        clr = 0;
        Din = 0;
        addr = 0;
        counter=3'b000;
        #100;
        clr = 1;                    //异步清零信号设置为1，不清零
        addr = 3'b001;              //产生延时控制信号 addr
        #400 addr = 3'b010;
        #400 addr = 3'b011;
        #400 addr = 3'b100;
        #400 addr = 3'b101;
        #400 addr = 3'b110;
    end
    always @(posedge clk)           //产生测试信号 Din
        begin
            if (counter < 3'b110)
                begin
                    counter = counter+1;
                    Din=0;
                end
            else
                begin
                    counter = 0;
                    Din=1;
                end
        end

    always #20 clk =~clk;
endmodule
```

测试仿真波形如图 7-31 所示。

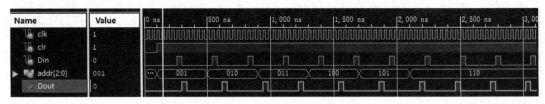

图 7-31　7bit 延时测试仿真波形

（3）设计综合。

（4）管脚约束。

（5）设计实现。

3. 下载调试。

四、实验报告要求

1. 根据设计要求，画出 7bit 可控数字延时器的功能框图。

2. 根据功能框图，通过 Verilog HDL 设计移位寄存器和数据选择器。

3. 根据电路功能要求设计出测试文件。

4. 功能仿真，记录测试结果波形。

5. 记录硬件测试的具体过程。

6. 若实验过程中出现故障，记录产生故障的现象及其解决方法。

五、思考题

1. 通过层次化设计完成 3bit 可控数字延时器的设计与实现，完成设计模块、Testbench，并保存仿真波形。Testbench 能够测试到电路设计要求的所有功能、下载到 FPGA、完成硬件调测并实现电路功能。

设计提示如下。

（1）层次化设计：先设计功能模块（计数器、触发器、乘法器等），顶层设计根据设计要求选择合适的模块来搭建电路，顶层搭建电路时，只要进行功能模块的实例化即可。这样层次清晰，逻辑关系明确，容易进行仿真和验证。

（2）在 Verilog HDL 中，在顶层模块实例化后，子模块就相当于一个实际存在的电路或功能集成电路，是物理上存在的实体，并不是软件中函数调用的概念。在使用 Verilog HDL 进行电路设计时，应该摒弃软件编程的一些思想。尽管在形式上与函数概念类似，但 Verilog 中模块的实例化实际上是复制一块实体电路。

（3）设计过程：3bit 延时主要通过串行连接三个 D 触发器实现。输出每经过一个 D 触发器就较上一级延时一个时钟周期（一拍），最终通过 4 选 1 选择器输出延迟。

（4）测试信号在测试程序中可以通过计数器产生。

参考代码如下。

（1）顶层例化。

```
module Top_dalay3(clk, choose, clr, X, Y );
  input clk, clr;
  input [1:0] choose;
  wire [3:0] dx,dx1,dx2,dx3;
  output [3:0] X;
  output [3:0] Y;
              /*延迟*/
  DFF dff1(.clk(clk),.clr(clr),.D(dx),.Q(dx1));
```

```
DFF dff2(.clk(clk),.clr(clr),.D(dx1),.Q(dx2));
DFF dff3(.clk(clk),.clr(clr),.D(dx2),.Q(dx3));
assign X=dx;  //将输入的计数输出便于观察比较
MUX4_1 mux(.D0(dx),.D1(dx1),.D2(dx2),.D3(dx3),.choose(choose),.Y(Y));
```

（2）底层设计代码。

```
/*D 触发器*/
module DFF(clk,clr,D,Q);
 input clk,clr;
 input [3:0] D;
 output reg [3:0] Q;
 always @(posedge clk or negedge clr )
    begin
      if(!clr)
          Q<=4'b0000;
      else
          Q<=D;
    end
endmodule
/*4 选 1 数据选择器*/
module MUX4_1(D0,D1,D2,D3,choose,Y);
 input [3:0] D0,D1,D2,D3;
 input [1:0] choose;
 output reg [3:0] Y;
 always @ (D0 or D1 or D2 or D3 or choose)
    begin
     case(choose)
     2'b00:Y<=D0;
       2'b01:Y<=D1;
       2'b10:Y<=D2;
       2'b11:Y<=D3;
       endcase
    end
endmodule
```

2. 参考思考题 1 的设计思路，采用层次化的设计思想，设计一个 7bit 可控数字延时器，完成设计模块、Testbench，并保存仿真波形。Testbench 能够测试到电路设计要求的所有功能、下载到 FPGA、完成硬件调测并实现电路功能。

3. 用 Verilog HDL 设计一个具有异步置位和异步复位功能的 D 触发器，完成设计模块、Testbench，并保存仿真波形。Testbench 能够测试到电路设计要求的所有功能、下载到 FPGA、完成硬件调测并实现电路功能。

4. 用 Verilog HDL 设计一个具有 74LS161（同步 4 位二进制加法计数器）集成电路功能的时序逻辑电路，完成设计模块、Testbench，并保存仿真波形。Testbench 能够测试到电路设计要求的所有功能、下载到 FPGA、完成硬件调测并实现电路功能。

5. 用 Verilog HDL 设计一个具有 94194 集成电路功能的时序逻辑电路（即 4 位双向移位寄存器，具有异步清零、同步置数、左移、右移和保持功能），完成设计模块、Testbench，并保存仿真波形。Testbench 能够测试到电路设计要求的所有功能、下载到 FPGA、完成硬件调测并实现电路功能。

7.2.3　小型数字系统设计

7.2.3.1　交通灯实验

一、实验目的

1. 使用 ISE 软件完成时序逻辑电路的设计输入并仿真。
2. 掌握 Testbench 中时序逻辑测试文件的写法。
3. 下载并测试实现的逻辑功能。

二、预习要求

1. 复习组合逻辑电路、时序逻辑电路的 Verilog HDL 建模。
2. 熟悉交通灯的工作过程。
3. 根据实验内容，思考测试电路的要求。

三、实验内容

设计一个简易交通灯电路，红灯、绿灯、黄灯亮的时间分别为 18s、15s、3s。

图 7-32　交通灯外部端口结构图

1. 设计分析。

交通灯外部端口结构图如图 7-32 所示。其中 cnt_out(5:0)为 6 位计数器输出，便于测试。

2. 设计实现。

（1）设计输入。

设计由时序逻辑进程模 36 计数器和计数的比较输出逻辑（即控制器+处理器结构）构成，具体代码如下。

```
module Traffic_Lights( clk, rst, cnt_out, green, red, yellow );
    input clk;
    input rst;
    output reg[5:0] cnt_out;
    output reg green;
    output reg red;
    output reg yellow;

    always@(posedge clk )
    begin
        if(rst == 1)
            cnt_out <= 6'b000000;
        else if(cnt_out < 6'b100011)
            cnt_out<=cnt_out+6'b000001;
        else
            cnt_out <= 6'b000000;
    end
    always @(posedge clk )
    begin
        if(cnt_out <= 6'b010010)
          begin
            red<=1; yellow<=0; green<=0;
          end
        else if(cnt_out > 6'b010010 && cnt_out <= 6'b10 0100)
          begin
            red<=0; yellow<=0; green<=1;
```

```
                end
             else
                begin
                  red<=0; yellow<=1; green<=0;
                end
        end
endmodule
```

（2）设计仿真。

此设计电路输入仅有时钟脉冲（clk）和复位信号（rst），测试代码较为简单。测试代码如下。

```
'timescale 1ns / 1ps
module Traffic_Lights_test;
    //声明输入变量
    reg clk;
    reg rst;
    //声明输出变量
    wire [5:0] cnt_out;
    wire green;
    wire red;
    wire yellow;

    //调用设计块
    Traffic_Lights uut (
        .clk(clk),
        .rst(rst),
        .cnt_out(cnt_out),
        .green(green),
        .red(red),
        .yellow(yellow)
    );

    initial begin
        //初始化输入变量
        clk = 0;
        rst = 1;
        #2  rst = 0;
    end
     always #5 clk =~ clk;
endmodule
```

测试仿真波形如图 7-33 所示。

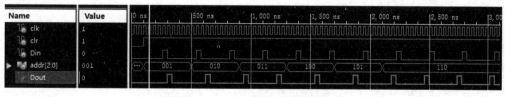

图 7-33　交通灯测试仿真波形

（3）设计综合。

（4）管脚约束。

（5）设计实现。

3. 下载调试。

四、实验报告要求

1. 根据设计要求，确定输入/输出管脚的个数，画出交通灯的功能框图。

2. 对功能框图进行进一步细化，得到计数器进程加判断输出进程的基本结构，通过 Verilog HDL 设计电路。

3. 根据设计要求设计出测试文件。

4. 功能仿真，记录测试结果波形。

5. 记录硬件测试的具体过程。

6. 若实验过程中出现故障，记录故障现象及其解决方法。

五、思考题

1. 通过状态机方法重新设计交通灯电路，并讨论有限状态机的不同实现方式和编码方式的特点（参考 5.5.5 节）。完成设计模块、Testbench，并保存仿真波形。Testbench 能够测试到电路设计要求的所有功能、下载到 FPGA、完成硬件调测并实现电路功能。

2. 根据交通灯的设计方法，设计一个 PWM（Pulse Width Modulation，脉宽调剂）信号方波发生器，要求如下。

（1）输入时钟脉冲频率为 100kHz。

（2）产生 PWM 信号的周期为 1ms。

（3）PWM 信号占空比为 10%～90%可变。

（4）按键控制占空比步进，1%连续可调。

完成设计模块、Testbench，并保存仿真波形。Testbench 能够测试到电路设计要求的所有功能、下载到 FPGA、完成硬件调测并实现电路功能。

设计提示如下。

（1）时钟计数分频。把 100kHz 的时钟脉冲分频为 1kHz 的时钟脉冲。

（2）占空比调节方法。判断按键的上升沿，每按一次按键，占空比寄存器加 1。

（3）计数器和设定的占空比寄存器比较，计数器值小于占空比寄存器值，PWM 信号输出为"0"，否则 PWM 信号输出为"1"。

参考代码如下。

```
module PWM1(rst,clk,key,pwm);
input rst,clk,key;
  output pwm;
  reg [6:0] count;
  reg [6:0] pwm_count;
  always @ (posedge clk or negedge rst)
  begin
    if(!rst)
      count<=0;
    else if(rst==7'b1100011)   //从 0 计到 99
      count<=0;
      else
        count<=count+1'b1;
  end

  always @ (posedge key or negedge rst)
    begin
```

```
        if(!rst)
            pwm_count<=10;
        else if(pwm_count==7'b1011010)   //从 10 计到 90
            pwm_count<=10;
        else
            pwm_count<=pwm_count+7'b0000001;
    end

assign pwm=(count<pwm_count)?1:0;

endmodule
```

Verilog HDL 需注意的问题如下。

（1）不要在同一个 always 块内同时使用阻塞赋值（＝）和非阻塞赋值（<=）。

（2）不要在不同的 always 块内为同一个变量赋值。

（3）两个 always 块是并行的。

7.2.3.2 动态译码显示实验

一、实验目的

1. 使用 ISE 软件完成时序逻辑电路的设计输入并仿真。

2. 掌握 Testbench 中时序逻辑测试文件的写法。

3. 下载并测试实现的逻辑功能。

二、预习要求

1. 复习组合逻辑电路、时序逻辑电路的 Verilog HDL 建模。

2. 熟悉动态译码显示的工作过程。

3. 根据实验内容，思考测试电路的要求，画出测试激励的时序图。

三、实验内容

设计一个 4 位动态显示电路，显示的内容为 "9851"。

1. 设计分析。

4 位数码管共用一个译码器。当 CP 的频率 f=1Hz 时，在 CP 的控制下，4 位数码管将逐个轮流分时显示。但是，当 CP 的频率 f=100Hz 时，每个数码管依次显示 1/25s，由于人眼的视觉暂留效应，实际的视觉效果是 4 个数码管同时显示 4 个数字。端口结构图如图 7-34 所示，其中 D_out 为输入到译码器的数据，Ena_out 为数码管的控制信号。

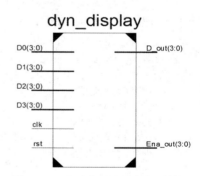

图 7-34　4 位动态显示电路端口结构图

2. 设计实现。

（1）设计输入。

设计电路由时序逻辑进程模 4 计数器、2-4 线译码器电路和数据选择器构成，具体代码如下。

```
module dyn_display(D0, D1, D2, D3, clk, rst, D_out, Ena_out);
    input [3:0] D0;
    input [3:0] D1;
    input [3:0] D2;
    input [3:0] D3;
    input clk;
    input rst;
```

```
    output reg [3:0] D_out;
    output reg [3:0] Ena_out;
     reg [1:0] cnt;
     always@(posedge clk or negedge rst) //时序过程，计数控制器，rst 异步复位
     begin
            if(!rst)
                cnt <= 2'b00;
            else
                cnt <= cnt + 2'b01;
     end
    always @ ( cnt )  //组合逻辑，译码器
    begin
        case ( cnt )
            2'b00 : Ena_out <= 4'b0111;
            2'b01 : Ena_out <= 4'b1011;
            2'b10 : Ena_out <= 4'b1101;
            default : Ena_out <= 4'b1110;
        endcase
    end
    always @ ( cnt or D3 or D2 or D1 or D0 )  //组合逻辑，数据选择器
    begin
        case ( cnt )
            2'b00 : D_out <= D3;
            2'b01 : D_out <= D2;
            2'b10 : D_out <= D1;
            default : D_out <= D0;
        endcase
    end
 endmodule
```

（2）设计仿真。

激励信号需给出待测模块的所有输入的逻辑关系，包括输入数据信号（D_0）、（D_1）、（D_2）、（D_3）、时钟脉冲（clk）、清零信号（clr）。测试激励代码如下。

```
'timescale 1ns / 1ps
module dyn_display_test;

    //声明输入变量
    reg [3:0] D0;
    reg [3:0] D1;
    reg [3:0] D2;
    reg [3:0] D3;
    reg clk;
    reg rst;
    //声明输出变量
    wire [3:0] D_out;
    wire [3:0] Ena_out;
    //调用设计块
    dyn_display uut (
        .D0(D0),
        .D1(D1),
        .D2(D2),
        .D3(D3),
        .clk(clk),
```

```
        .rst(rst),
        .D_out(D_out),
        .Ena_out(Ena_out)
    );
    initial begin
        //初始化输入变量
        D0 = 0;
        D1 = 0;
        D2 = 0;
        D3 = 0;
        clk = 0;
        rst = 0;
        #100;
     rst = 1;
        D3 = 4'b1001;     //D3 赋值为 9
        D2 = 4'b1000;     //D2 赋值为 8
     D1 = 4'b0101;        //D1 赋值为 5
        D0 = 4'b0001;     //D0 赋值为 1
    end
      always #20 clk =~ clk;
endmodule
```

测试仿真波形如图 7-35 所示。

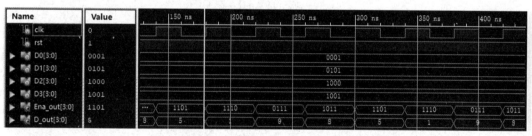

图 7-35   4 位动态译码显示仿真波形

（3）设计综合。

（4）管脚约束。

（5）设计实现。

3. 下载调试。

四、实验报告要求

1. 根据设计要求，确定输入/输出管脚的个数，画出动态译码显示的功能框图。

2. 对功能框图进行进一步细化，得到计数器、译码器电路、数据选择器的基本结构，并画出该结构。

3. 通过 Verilog HDL 完成该设计。

4. 根据设计要求设计出测试文件。

5. 功能仿真，记录测试结果波形。

6. 记录硬件测试的具体过程。

7. 若实验过程中出现故障，记录故障现象及其解决方法。

五、思考题

1. 如果实验箱上没有 7 段译码器电路，请设计出 7 段译码器电路，将该模块加入系统并测试。下载到 FPGA、完成硬件调测并实现电路功能。

2. 通过层次化设计的方法重新设计动态译码显示电路，完成设计模块、Testbench，并保存仿真波形。Testbench 能够测试到电路设计要求的所有功能、下载到 FPGA、完成硬件调测并实现电路功能。

3. 采用 Verilog HDL 设计一个数字钟电路，电路功能要求如下。

（1）设计一个具有时、分、秒的十进制数字显示（小时数 00~23）计数器。

（2）具有手动校时、校分功能。

完成电路设计、Testbench，并保存仿真波形。Testbench 能够测试到电路设计要求的所有功能、下载到 FPGA、完成硬件调测并实现电路功能。

电路顶层结构如图 7-36 所示。

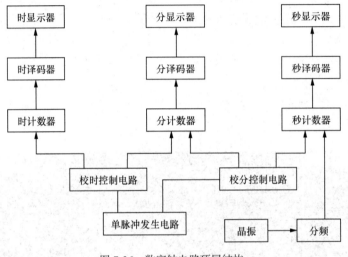

图 7-36　数字钟电路顶层结构

7.2.3.3　存储器实验

一、实验目的

1. 了解利用 ISE CORE Generator 进行设计的方法。

2. 了解块 ROM 的读写操作方法。

3. 下载并测试实现的逻辑功能。

二、预习要求

1. 熟悉存储器的工作过程。

2. 根据实验内容，思考测试电路的要求。

三、实验内容

利用 ROM 设计一个 4 路序列信号发生器，4 路序列信号模值均为 $M=8$，各个序列信号的位值分别为 F_1= "11001100"，F_2= "11110000"，F_3= "11011011"，F_4= "10111001"，右侧为最低位。

1. 设计分析。

由设计要求，通过 IP 核产生位宽为 4bit、存储深度为 8 的只读存储器，即可满足设计任务的硬件要求。然后要对该 ROM 进行数据的写入，写入的数据需要根据 4 路序列信号的波形进行设计。同时需要一个模 8 计数器对 ROM 的地址进行驱动，以读出写入 ROM 的设计数据。具体设计思路如表 7-11 所示。

表 7-11 4 路序列信号发生器设计表

信号	地址							
	0	1	2	3	4	5	6	7
F_1	1	1	0	0	1	1	0	0
F_2	1	1	1	1	0	0	0	0
F_3	1	1	0	1	1	0	1	1
F_4	1	0	1	1	1	0	0	1

2. 设计实现。

（1）设计输入。

设计电路由模 8 计数器和 8bit×4bit ROM 构成，顶层设计通过原理图输入完成，具体方法如下。

启动 ISE 的工程设计向导（Project Navigator），创建工程。

单击"File"/"New Project"新建一个工程项目，出现新建工程设置对话框。在该对话框中设置工程名称、工程路径，以及顶层文件类型。这里工程名称为 sequence_4，工程路径为 E:\FPGAproject\sequence_4，顶层文件类型选择原理图（Schematic）。单击"Next"按钮弹出工程属性设置对话框，选择器件的型号（这里的器件型号就是 EDA 实验设备的可编程器件的型号）。本设计以 Xilinx 公司的 FPGA 集成电路 XC3S50TQ144 为例。综合、仿真工具使用 ISE 套件自带的综合工具 XST 和仿真工具 ISim，其余选项默认即可。单击"OK"按钮后，弹出新建文件汇总（Project Summary）对话框，该对话框内列出了此项工程相关设置情况。确认无误后，单击"Finish"按钮完成工程的创建。

① 由 Core Generator 生成 8bit×4bit ROM 模块。

利用 ISE 套件中的 CORE Generator（IP 核生成器，IP 核是预先设计好的、经过严格测试和优化的功能模块）生成块 ROM。

在工程管理区任意位置单击鼠标右键，在弹出的菜单中选择"New Source"命令，弹出新建文件向导对话框。选择"IP(CORE Generator&Architecture Wizard)"，将文件命名为 rom，如图 7-37 所示。注意，图 7-37 右下方的"Add to project"单选框务必要选中（☑）。单击"Next"按钮，弹出新建 IP 核向导对话框，如图 7-38 所示。

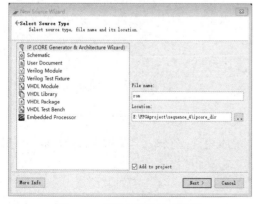

图 7-37 新建文件向导对话框

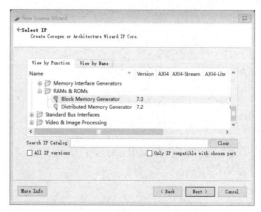

图 7-38 新建 IP 核向导对话框

选择按照功能分类显示 IP 核（View by Function），再选择"Memorys & Storage Elements"/"RAMs & ROMs"/"Block Memory Generator"，单击"Next"按钮。弹出新建 IP 核向导汇总对话框，如图 7-39 所示。单击"Finish"按钮，完成 IP 核向导的初步设计，弹出块存储器 IP 核生成属性窗口，如图 7-40 所示。

在块存储器 IP 核生成属性窗口中单击"Datasheet"按钮，会弹出该 IP 核的数据表文件，通过该文件可以学习如何使用该 IP 核；单击"Help"按钮，会弹出设计 IP 核的帮助文档。

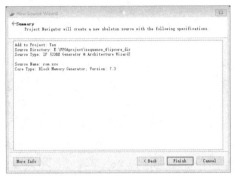

图 7-39　新建 IP 核向导汇总对话框

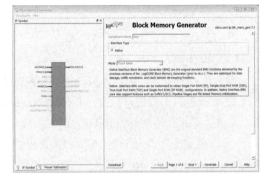

图 7-40　块存储器 IP 核生成属性窗口

单击图 7-40 下方的"Next"按钮后，在存储器类型（Memory Type）中可选择单口 RAM（Single Port RAM）、简单双口 RAM（Single Dual Port RAM）、全双口 RAM/真双口 RAM（True Dual Port RAM）、单口 ROM（Single Port ROM）及双口 ROM（Dual Port ROM）。在此选择单口 ROM（Single Port ROM）。

单击"Next"按钮，弹出图 7-41 所示对话框。在 Memory Size 下填写 ROM 的宽度和深度，本实验选择位宽（Read Width）为 4，深度（Read Depth）为 8。单击"Next"按钮进入图 7-42 所示对话框，这里要导入 ROM 的值。初始化 ROM/RAM 的数据文件的后缀名是.coe。

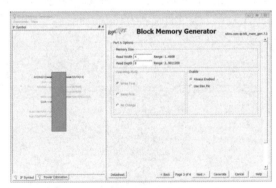

图 7-41　设置存储深度和存储宽度对话框

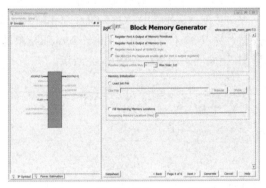

图 7-42　设置初始化 ROM 对话框

创建初始化 ROM/RAM 文件的方法：建一个空的文本文件，在该文件中输入设计内容，将其另存为后缀名为.coe 的文件即可。按照设计序列要求，输入如下程序。

```
memory_initialization_radix=2;
memory_initialization_vector=
1111,
```

```
0111,
1010,
1110,
1101,
0001,
0100,
1100;
```

程序说明：第一行定义文件中的数据采用什么进制，可以使用十进制、二进制、十六进制，数据大小不能超过 ROM/RAM 定义的存储宽度；第三行开始是数据，每个数据用逗号"，"结尾，可以不分行；最后一个数据用分号"；"结尾；数据的个数必须和ROM/RAM 定义的存储深度相同，否则会出错。

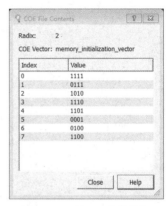

写好初始化文件后，将其另存为 ROM.coe。然后选中"Load Init File"复选框，再单击"Browse"按钮，打开这个设计好的初始化文件。如果没有错误，可以单击旁边的"Show"按钮查看数据，数据如图 7-43 所示。

在图 7-42 中单击"Generate"按钮，生成设计的块 ROM。

② 由 Core Generator 生成模 8 计数器（3 位二进制计数器）模块。

参照块 ROM 的设计方法，选择按照功能分类显示 IP 核（View by Function），再选择"Basic Elements"/"Counters/Binary Counter"，

图 7-43　写入 ROM 的数据

如图 7-44 所示。单击"Next"按钮，再单击"Finish"按钮，弹出二进制计数器属性窗口，在该窗口中设置输出宽度（Output Width）为 3，增加值（Increment Value）为 1，其他选项保留默认状态，如图 7-45 所示。单击"Generate"按钮生成 3 位二进制计数器。

也可以仿照第 5 章的计数器代码，编写 Verilog HDL 模块，双击"Create Schematic Symbol"生成原理图符号。

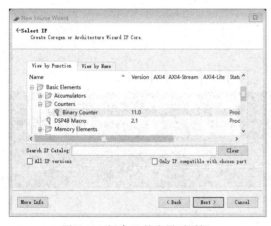

图 7-44　新建 IP 核向导对话框

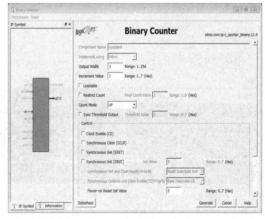

图 7-45　二进制计数器属性窗口

③ 顶层设计通过原理图输入完成。

详细设计参见 6.2.3 节设计输入部分的内容。顶层原理图如图 7-46 所示。

（2）设计仿真。

激励信号需给出待测模块的所有输入的逻辑关系，在此例中输入信号只有时钟脉冲，测试激

励代码如下。

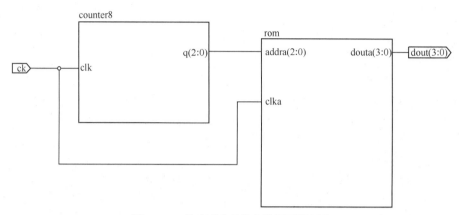

图 7-46　4 路序列信号发生器顶层原理图

```
'timescale 1ns / 1ps
module sequence_4_sequence_4_sch_tb();
//声明输入变量
  reg clk;
//声明输出变量
  wire [3:0] dout;
//调用设计块
  sequence_4 UUT (
      .clk(clk),
      .dout(dout)
  );
//初始化输入变量
    initial begin
    clk = 0;
    end
    always #20 clk =~ clk;
endmodule
```

测试仿真波形如图 7-47 所示。

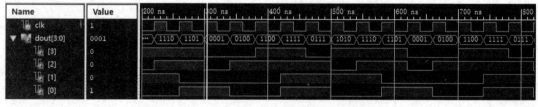

图 7-47　4 路序列信号发生器测试仿真波形

（3）设计综合。

（4）管脚约束。

（5）设计实现。

3. 下载调试。

四、实验报告要求

1. 根据设计要求，画出 4 路序列信号发生器顶层原理图。

2. 通过 IP 核完成存储器模块的设计。

3. 通过 Verilog HDL 完成计数器模块的设计。

4. 根据设计要求设计出测试文件。

5. 功能仿真，记录测试结果波形。

6. 记录硬件测试的具体过程。

7. 若实验过程中出现故障，记录故障现象及其解决方法。

五、思考题

通过 Verilog HDL 而不通过 IP 核实现 4 路序列信号发生器，完成设计模块、Testbench，并保存仿真波形。要求 Testbench 能够测试到电路设计要求的所有功能、下载到 FPGA、完成硬件调测并实现电路功能。

第 8 章　数模转换器和模数转换器

随着大规模集成电路和计算机技术的飞速发展，数字技术渗透到各个领域，以数字技术为核心的装置和系统层出不穷，如数字仪表、数字控制、数字通信、数字电视等。但是自然界中大多数物理信号和需要处理的信息是以模拟信号的形式出现的，如语音、温度、位移、压力等。所以，要想用数字技术对这些信号进行处理和加工，就必须先把模拟信号转换成数字信号，这就是模数转换（Analog Digital Converter，ADC）。另一方面，在许多情况下为了直观显示或便于控制，必须将数字量转换成模拟量，这就是数模转换（Digital Analog Converter，DAC）。完成这种转换的电路有多种，特别是单片大规模集成 A/D 转换器、D/A 转换器的问世，为实现上述转换提供了极大的方便。本章中的实验将采用大规模集成电路 DAC0832 实现数模转换、ADC0809 实现模数转换。

8.1　常用集成数模转换器简介

数模转换器（D/A 转换器）是一种把数字信号转换成模拟电信号的器件。集成化的数模转换器常采用 T 型网络，要求输出电压 V_0 和输入数字量 D 成正比。目前生产的 D/A 转换器品种繁多，不下数百种，按分辨率分有 8 位、10 位、12 位、14 位、16 位等，按接口形式分有串行的与并行的，按集成组分有单路、双路、四路、八路等。

8.1.1　数模转换器 DAC0832 的组成与工作原理

DAC0832 是 8 位双缓冲器 D/A 转换器。集成电路内有数据锁存器，可与数据总线直接相连。电路有极好的温度跟随性，使用了 CMOS 电流开关和控制逻辑而获得低功耗、低输出的泄漏电流误差。集成电路采用 R-2R T 型电阻网络，对参考电流进行分流，完成 DAC。转换结果以一组差动电流 I_{OUT1} 和 I_{OUT2} 输出。

1. 管脚功能

DAC0832 的逻辑功能框图和管脚图如图 8-1 所示。各管脚的功能说明如下。

$D_0 \sim D_7$：8 位数据输入线，TTL 电平，有效时间应大于 90 ns（否则锁存器的数据会出错）。

ILE：数据锁存允许控制信号输入线，高电平有效。

$\overline{CS}$：片选信号输入线（选通数据锁存器），低电平有效。

$\overline{WR_1}$：数据锁存器写选通输入线，负脉冲（脉宽应大于 500ns）有效。由 ILE、$\overline{CS}$、$\overline{WR_1}$ 的逻辑组合产生 LE1。当 LE1 为高电平时，数据锁存器状态随输入数据线变换；当 LE1 负跳变时，将输入数据锁存。

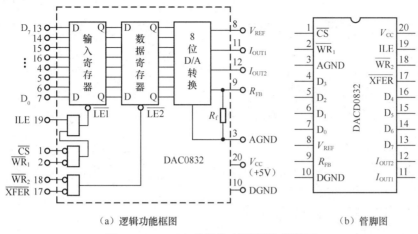

（a）逻辑功能框图　　　　　　　　　　（b）管脚图

图 8-1　DAC0832 的逻辑功能框图和管脚图

$\overline{\text{XFER}}$：数据传输控制信号输入线，低电平有效，负脉冲（脉宽应大于 500ns）有效。

$\overline{\text{WR}_2}$：DAC 寄存器选通输入线，负脉冲（脉宽应大于 500ns）有效。由 $\overline{\text{WR}_2}$、$\overline{\text{XFER}}$ 的逻辑组合产生 LE2。当 LE2 为高电平时，DAC 寄存器的输出随寄存器的输入而变化；当 LE2 负跳变时，将数据锁存器的内容打入 DAC 寄存器并开始 DAC。

I_{OUT1}：输出电流 1，其值随 DAC 寄存器的内容线性变化。

I_{OUT2}：输出电流 2，其值与 I_{OUT1} 值之和为一常数。

R_{FB}：反馈信号输入线，改变 R_{FB} 端外接电阻值可调整转换满量程精度。

V_{CC}：输入电压，V_{CC} 的范围为+5V～+15V。

V_{REF}：参考电压，V_{REF} 的范围为−10V～+10V。

AGND：模拟信号地。

DGND：数字信号地。

2. 工作方式

DAC0832 进行 DAC，可以采用两种方法对数据进行锁存。

第一种方法是使输入寄存器工作在锁存状态，而 DAC 寄存器工作在直通状态。具体地说，就是使 $\overline{\text{WR}_2}$ 端和 $\overline{\text{XFER}}$ 端都为低电平，DAC 寄存器的锁存选通端得不到有效电平而直通。此外，使输入寄存器的控制信号线 ILE 处于高电平、$\overline{\text{CS}}$ 处于低电平，这样，当 $\overline{\text{WR}_1}$ 端来 1 个负脉冲时，就可以完成 1 次转换。

第二种方法是使输入寄存器工作在直通状态，而 DAC 寄存器工作在锁存状态。就是使 $\overline{\text{WR}_1}$ 和 $\overline{\text{CS}}$ 为低电平，ILE 为高电平，这样，输入寄存器的锁存选通信号处于无效状态而直通，当 $\overline{\text{WR}_2}$ 端和 $\overline{\text{XFER}}$ 端输入 1 个负脉冲时，DAC 寄存器工作在锁存状态，提供锁存数据进行转换。

根据上述对 DAC0832 的输入寄存器和 DAC 寄存器不同的控制方法，DAC0832 有如下 3 种工作方式。

（1）单缓冲型工作方式。

单缓冲型工作方式连接图如图 8-2 所示，两个寄存器之中任一个处于常通状态，亦可使两个寄存器同时选通及锁存。此方式适用于只有一路模拟量输出或几路模拟量异步输出的情形。

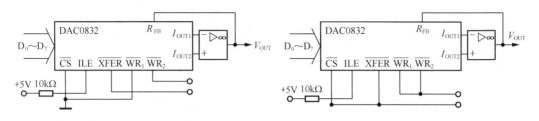

（a）输入寄存器处于常通状态　　　　　　（b）两个寄存器同时选通

图 8-2　单缓冲型工作方式连接图

（2）二级缓冲型工作方式。

二级缓冲型工作方式连接图如图 8-3 所示，利用两个控制信号进行二次输出操作完成数据的传送及转换。此方式适用于几路模拟量同步输出的情形。

（3）直通型工作方式。

直通型工作方式连接图如图 8-4 所示，将 $\overline{WR_1}$、$\overline{WR_2}$、$\overline{XFER}$、$\overline{CS}$ 均接地，ILE 接高电平。此时两个寄存器都处于直通状态，模拟输出能够快速反映输入数码的变化。此方式适用于连续反馈控制线路。

3. 输出形式

DAC0832 输出的是电流，一般要求输出是电压，所以还必须通过一个外接的运算放大器（简称运放）将电流转换成电压。

（1）单极性输出。

如图 8-5 所示，由运算放大器进行电流—电压转换，使用内部反馈电阻。

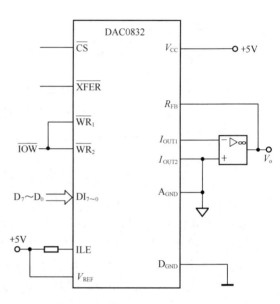

图 8-3　二级缓冲型工作方式连接图

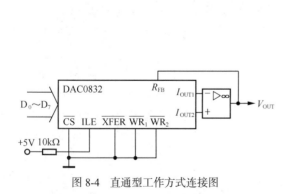

图 8-4　直通型工作方式连接图

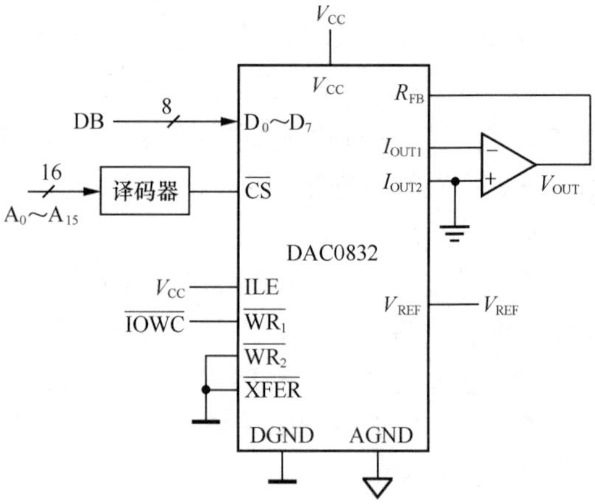

图 8-5　单极性电压输出电路

输出电压值 V_{OUT} 和输入数码 D 的关系如下。

$$V_{OUT} = -V_{REF} \times D/256$$

$$D = 0 \sim 255, \quad V_{OUT} = 0 \sim -V_{REF} \times (255/256)$$
$$V_{REF} = -5, \quad V_{OUT} = 0 \sim 5 \times (255/256)$$
$$V_{REF} = +5, \quad V_{OUT} = 0 \sim -5 \times (255/256)$$

（2）双极性输出。

如果实际应用系统中要求输出模拟电压为双极性，则需要用转换电路实现，如图 8-6 所示。

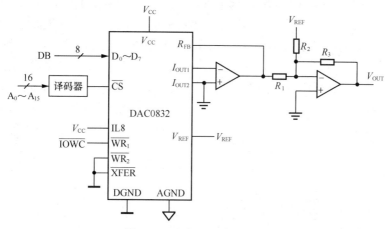

图 8-6　双级性电压输出电路

其中

$$R_2 = R_3 = 2R_1$$
$$V_{OUT} = 2 \times V_{REF} \times D/256 - V_{REF} = (2D/256 - 1) V_{REF}$$
$$D = 0, \quad V_{OUT} = -V_{REF}$$
$$D = 128, \quad V_{OUT} = 0$$
$$D = 255, \quad V_{OUT} = (2 \times 255/256 - 1) \times V_{REF} = (254/255) V_{REF}$$

即输入数字为 0～255 时，输出电压为 $-V_{REF} \sim +V_{REF}$。

4. 倒 T 型电阻网络

DAC0832 的核心部分采用倒 T 型电阻网络的 8 位 D/A 转换器，如图 8-7 所示。它由倒 T 型 R-2R 电阻网络、模拟开关、运算放大器和参考电压 V_{REF} 4 部分组成。

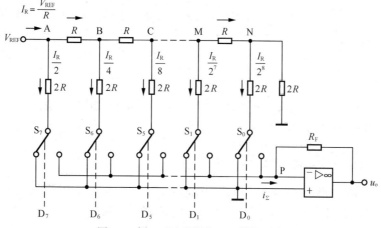

图 8-7　倒 T 型电阻网络 D/A 转换电路

为了建立输出电流，在电阻分流网络的输入端接参考电压 V_{REF}，模拟开关 S_i(i=0,1,2,…,6,7) 由输入数码 D_i 控制，当输入数码的任何一位是"1"时，对应开关便将电阻 2R 接到运放反相输入端，而当其为"0"时，则将电阻 2R 接地。工作于线性状态的运放，其反相端"虚地"，这样不论模拟开关接到运放的反相输入端（虚地）还是接地，也就是不论输入数字信号是"1"还是"0"，各支路的电流都与开关状态无关。不过，只有开关倒向右边时，才能给运放输入端提供电流。倒 T 型 R-2R 电阻网络中，节点 N 的右边为两个电阻值为 2R 的电阻并联，等效电阻值为 R，节点 M 的右边也是两个电阻值为 2R 的电阻并联，它们的等效电阻值也是 R，以此类推，最后在 A 点等效于一个电阻值为 R 的电阻接在参考电压 V_{REF} 上。这样，就很容易算出 B 点、C 点、N 点的电位分别为 $-V_{REF}/2$、$-V_{REF}/4$、$-V_{REF}/8$。在清楚了电阻网络的特点和各节点的电压之后，再来分析一下各支路的电流值。如果从参考电压端输入的电流为 I（$I=V_{REF}/R$），则流过各开关支路（从左到右）的电流分别为 $I/2$，$I/4$，$I/8$，…，$I/128$，$I/256$。当输入的数码 D_i 为"1"时，电流流向运放的反相输入端，当输入的数码 D_i 为"0"时，电流流向地，可写出总电流 i_Σ 的表达式为

$$i_\Sigma = I\left(\frac{D_7}{2} + \frac{D_6}{2^2} + \frac{D_5}{2^3} + \cdots + \frac{D_1}{2^7} + \frac{D_0}{2^8}\right)$$

$$= \frac{V_{REF}}{2^8 R}(D_7 \cdot 2^7 + D_6 \cdot 2^6 + D_5 \cdot 2^5 + \cdots + D_1 \cdot 2^1 + D_0 \cdot 2^0)$$

$$= \frac{V_{REF}}{2^8 R}\sum_{i=0}^{7}(D_i \cdot 2^i)$$

运放的输出电压为

$$u_o = -R_F i_\Sigma = -\frac{V_{REF} R_F}{2^8 R}\sum_{i=0}^{7}(D_i \cdot 2^i)$$

由上式可见，输出电压 u_o 与输入的数字量成正比，这就实现了从数字量到模拟量的转换。一个 8 位的 D/A 转换器有 8 个输入端，共有 $2^8 = 256$ 种不同的二进制组态，每输入一个 8 位的二进制数到 D/A 转换器，就有一个对应的模拟量输出，故运放每次输出的模拟电压为 256 个电压值之一。

DAC0832 内部的模拟开关可以实现双向电流传输，也就是说，当 V_{REF} 为正时，电流由 V_{REF} 经支路电阻流入 I_{OUT1} 或 I_{OUT2}，此时 u_o 负；当 V_{REF} 为负时，电流由 I_{OUT1} 或 I_{OUT2} 经支路电阻流入 V_{REF}，此时 u_o 正。既然 V_{REF} 可正可负，那么 V_{REF} 端也可以加一个交流电压 u_i；若将式 $u_o = -R_F i_\Sigma = -\frac{V_{REF} R_F}{2^8 R}\sum_{i=0}^{7}(D_i \cdot 2^i)$ 中的常数 $-\frac{R_F}{2^8 R}$ 用 K 表示，$\sum_{i=0}^{7}(D_i \cdot 2^i)$ 用 N_B 表示，则式 $u_o = -R_F i_\Sigma = -\frac{V_{REF} R_F}{2^8 R}\sum_{i=0}^{7}(D_i \cdot 2^i)$ 可改写为

$$u_o = K \cdot u_i \cdot N_B$$

上式表明，u_o 与 u_i 和 N_B 的乘积成正比，具有这种功能的数模转换器被称为乘法数模转换器。利用这一功能可以制成数字电位器。

8.1.2 数模转换器的主要参数

在实际应用中，工程师们首先要了解各种器件的技术参数，然后通过这些参数来选择适宜的转换器。数模转换器的主要技术参数有最小输出电压和满量程输出电压、转换精度、转换速度，下面给出这些参数的含义，并介绍 DAC0832 的技术参数。

1. 最小输出电压 U_{LSB} 和满量程输出电压 U_{FSR}

最小输出电压 U_{LSB} 是指输入数字量只有最低位为 "1" 时, 数模转换器所输出的模拟电压的幅度。或者说, 当输入数字量的最低位的状态发生变化时（由 "0" 变成 "1" 或由 "1" 变成 "0"）, 输出模拟电压的变化量。对于 n 位 DAC 电路, 最小输出电压 U_{LSB} 为

$$U_{LSB} = \frac{|V_{REF}|}{2^n}$$

满量程输出电压 U_{FSR} 定义为输入数字量的所有位均为 "1" 时, 数模转换器输出模拟电压的幅度。有时也把 U_{FSR} 称为最大输出电压。对于 n 位 DAC 电路, 满量程输出电压 U_{FSR} 为

$$U_{FSR} = \frac{2^n - 1}{2^n} |V_{REF}|$$

对于电流输出的 D/A 转换器, 则有 I_{LSB} 和 I_{FSR} 两个概念, 其含义与 U_{LSB} 和 U_{FSR} 相对应。有时也将 U_{LSB} 和 I_{LSB} 简称为 LSB, 将 U_{FSR} 和 I_{FSR} 简称为 FSR。

2. 转换精度

D/A 转换器的转换精度通常用分辨率和转换误差来描述。

（1）分辨率。

分辨率是指 D/A 转换器分辨最小电压的能力, 它是 D/A 转换器在理论上所能达到的精度, 我们将其定义为 D/A 转换器的最小输出电压和最大输出电压之比, 即

$$分辨率 = \frac{U_{LSB}}{U_{FSR}} = \frac{1}{2^n - 1}$$

显然, D/A 转换器的位数 n 越大, 分辨率越高。正因为如此, 在实际的集成 DAC 产品的参数表中, 有时直接将 2^n 或 n 位作为 DAC 的分辨率, 例如, 8 位 D/A 转换器的分辨率为 2^8 或 8 位。

（2）转换误差。

DAC 在实际工作中并不能达到理论上的精度, 转换误差就是用来描述 DAC 输出模拟信号的理论值和实际值之间差别的一个综合性指标。

D/A 转换器的转换误差一般有两种表示方式: 绝对误差和相对误差。所谓绝对误差, 就是实际值与理论值之间的最大差值, 通常用最小输出值 LSB 的倍数来表示。例如, 转换误差为 0.5LSB, 表明输出信号的实际值与理论值之间的最大差值不超过最小输出值的一半。相对误差是指绝对误差与 D/A 转换器满量程输出值 FSR 的比值, 以 FSR 的百分比来表示。例如, 转换误差为 0.02%FSR, 表示输出信号的实际值与理论值之间的最大差值是满量程输出值的 0.02%。由于转换误差的存在, 转换精度只讲位数就是片面的, 因为转换误差大于 1LSB 时, 理论精度就没有意义了。DAC0832 的相对误差为 0.2%FSR。造成 D/A 转换器转换误差的原因有多种, 如参考电压 V_{REF} 的波动、运算放大器的零点漂移、模拟开关的导通内阻和导通压降、电阻解码网络中电阻值的偏差等。

① 比例系数误差。

比例系数误差是由 D/A 转换器实际的比例系数与理想的比例系数之间存在偏差而引起的输出模拟信号的误差, 也称为增益误差或斜率误差, 如图 8-8 所示。这种误差使得 D/A 转换器的每一个模拟输出值都与相应的理论值相差同一百分比, 即输入的数字量越大, 输出模拟信号的误差也就越大。参考电压 V_{REF} 的波动和运算放大器的闭环增益偏离理论值是引起这种误差的主要原因。

② 失调误差。

失调误差也称为零点误差或平移误差，它是指当输入数字量的所有位都为"0"时，D/A 转换器的输出电压与理想情况下的输出电压（应为 0）之差。造成这种误差的原因是运算放大器的零点漂移，它与输入的数字量无关。这种误差使得 D/A 转换器的实际转换特性曲线相对于理想转换特性曲线发生了平移（向上或向下），如图 8-9 所示。

③ 非线性误差。

非线性误差是指一种没有一定变化规律的误差，它既不是常数也不与输入数字量成比例，通常用偏离理想转换特性的最大值来表示。这种误差使得 D/A 转换器的理想线性转换特性变为非线性，如图 8-10 所示。造成这种误差的原因有很多，例如，模拟开关的导通电阻和导通压降不可能绝对为零，而且各个模拟开关的导通电阻也未必相同；又如，电阻网络中的电阻值存在偏差，各个电阻支路的电阻偏差以及对输出电压的影响也不一定相同；等等。这些都会导致输出模拟电压的非线性误差。

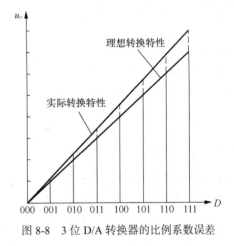

图 8-8　3 位 D/A 转换器的比例系数误差

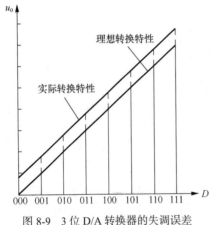

图 8-9　3 位 D/A 转换器的失调误差

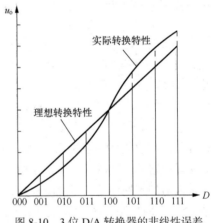

图 8-10　3 位 D/A 转换器的非线性误差

3. 转换速度

通常用建立时间（Setting Time）和转换速率来描述 D/A 转换器的转换速度。当 D/A 转换器输入的数字量发生变化时，输出的模拟量达到所对应的数值需要一段时间，我们将这段时间称为建立时间。由于数字量的变化量越大，D/A 转换器所需要的建立时间越长，所以在集成 DAC 产品的性能表中，建立时间通常是指从输入数字量由全"0"突变到全"1"或由全"1"突变到全"0"开始，输出模拟量进入规定的误差范围所用的时间。误差范围一般取 $\pm$ LSB/2。建立时间的倒数即为转换速率，也就是每秒 D/A 转换器至少可进行的转换次数。DAC0832 输出电流的建立时间为 1.0μs。

8.1.3　DAC 集成电路的选择与使用

目前，集成 DAC 技术发展很快，国内外市场上的集成 DAC 产品有几百种之多，性能各不相同，可以满足不同应用场合的要求。

在选择 DAC 集成电路时，主要从以下几个方面考虑。

（1）DAC 集成电路的转换精度。这是 DAC 集成电路最重要的技术指标，如前所述，应该从 DAC 集成电路的分辨率（理论精度）和转换误差两个方面综合考虑。

（2）DAC 集成电路的转换速度。按照建立时间的长短，DAC 集成电路可以分成若干类。建立时间大于 300 μs 的属于低速型，目前已较少见；建立时间为 10～300μs 的属于中速型；建立时间在 0.01～10 μs 的为高速型；建立时间小于 0.01 μs 的为超高速型。

（3）输入数字量的特征。输入数字量的特征是指数字量的编码方式（自然二进制码、补码、偏移二进制码、BCD 码等）、数字量的输入方式（串行输入或并行输入），以及逻辑电平的类型（TTL 电平、CMOS 电平或 ECL 电平等）。

（4）输出模拟量的特征。输出模拟量的特征是指 DAC 集成电路是电压输出还是电流输出，以及输出模拟量的范围。

（5）工作环境要求。这里主要是指 DAC 集成电路的工作电压、参考电压、工作温度、功耗、封装，以及可靠性等性能要与应用系统相适应。

8.2　常用集成模数转换器简介

模数转换器（A/D 转换器）是指将模拟信号转变为数字信号的器件。数字化浪潮推动了 A/D 转换器不断变革，而 A/D 转换器是数字化的先锋。A/D 转换器发展了 30 多年，经历了多次技术革新，从并行、逐次逼近型、积分型 ADC 集成电路，到近年新发展起来的 $\sum$-Δ 型和流水线型 ADC 集成电路，它们各有优缺点，能满足不同的应用场合的使用需求。下面主要介绍 ADC0809 的结构与应用。

8.2.1　模数转换器 ADC0809 的组成与工作原理

ADC0809 是 CMOS 工艺 8 通道、8 位逐次逼近型 A/D 转换器。其内部有一个 8 通道多路开关，可以根据地址码锁存译码后的信号，只选通 8 路模拟输入信号中的一个进行模数转换。其主要特性如下。

（1）具有 8 路输入通道，属于 8 位 A/D 转换器，即分辨率为 8 位。

（2）具有转换起停控制端。

（3）转换时间为 100μs（时钟脉冲频率为 640kHz 时）、130μs（时钟脉冲频率为 500kHz 时）。

（4）单个 +5V 电源供电。

（5）模拟输入电压范围 0～+5V，不需要零点和满刻度校准。

（6）工作温度范围 -40～+85℃。

（7）低功耗，约 15mW。

1. ADC0809 的管脚功能

图 8-11 所示为 ADC0809 的逻辑功能框图和管脚图。

ADC0809 有 3 个主要组成部分：256 个电阻组成的电阻阶梯及树状开关、逐次逼近型寄存器（Successive Approximation Register，SAR）和比较器。电阻阶梯和树状开关含有一个 8 通道单端信号模拟开关和一个地址译码器。地址译码器选择 8 个模拟信号之一进行模数转换，因此适用于数据采集系统。表 8-1 所示为 ADC0809 通道选择表。

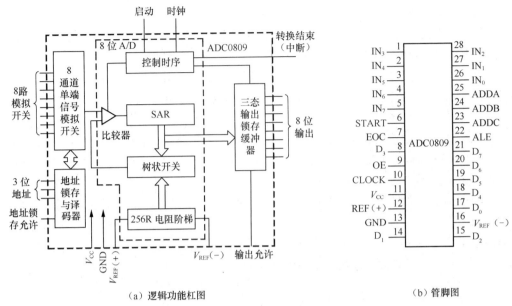

（a）逻辑功能杠图　　　　　　　　　　　　　　　（b）管脚图

图 8-11　ADC0809 的逻辑功能框图和管脚图

表 8-1　　　　　　　　　　　　　　　　　　ADC0809 通道选择表

地址输入端			选中通道
ADDC	ADDB	ADDA	
0	0	0	IN_0
0	0	1	IN_1
0	1	0	IN_2
0	1	1	IN_3
1	0	0	IN_4
1	0	1	IN_5
1	1	0	IN_6
1	1	1	IN_7

图 8-11（b）所示为管脚图。各管脚功能如下。

（1）$IN_0 \sim IN_7$ 输入 8 路模拟信号。

（2）ADDA、ADDB、ADDC 为地址输入端。

（3）$D_1 \sim D_8$ 为变换后的数据输出端。

（4）START（6 脚）是 ADC 启动脉冲输入端，输入一个正脉冲（至少 100ns 宽）使其启动（脉冲上升沿使 ADC0809 复位，下降沿启动 ADC）。

（5）ALE（22 脚）是通道地址锁存输入端。当 ALE 上升沿到来时，地址锁存器可对 ADDA、ADDB、ADDC 锁定。下一个 ALE 上升沿允许通道地址更新。实际使用中，ADC 开始之前地址就应锁存，所以通常将 ALE 和 START 连在一起，使用同一个脉冲，上升沿锁存地址，下降沿启动转换。

（6）OE（9 脚）为输出允许端，控制 ADC0809 内部三态输出缓冲器。

（7）EOC（7 脚）端输入转换结束信号，由内部控制逻辑电路产生。EOC＝"0"表示转换正在进行，EOC＝"1"表示转换已经结束。因此 EOC 可作为微机的中断请求信号或查询信号。显然，只有 EOC＝"1"才可以让 OE 端为高电平，这时读出的数据才是正确的转换结果。

2. ADC0809 工作时序图

ADC0809 工作时序图如图 8-12 所示。

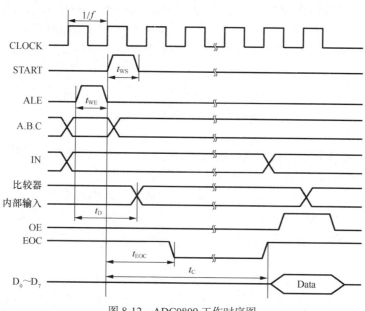

图 8-12　ADC0809 工作时序图

（1）$IN_0 \sim IN_7$ 端可分别连接要测量转换的 8 路模拟量信号。

（2）由 ADDA～ADDC 端输入代表选择测量通道的代码，例如，000(B)代表通道 0，001(B)代表通道 1，111 代表通道 7。

（3）将 ALE 端由低电平置为高电平，从而将 ADDA～ADDC 端送进的通道代码锁存，经译码后将被选中的通道的模拟量送给内部转换单元。

（4）给 START 端一个正脉冲。上升沿到来时，所有内部寄存器清零。下降沿到来时，开始进行模数转换。在转换期间，START 端保持低电平。

（5）EOC 端输入转换结束信号。在上述转换期间，可以对 EOC 端进行不断测量，EOC 端为高电平表明转换工作结束，否则表明正在进行转换。

（6）转换结束后，将 OE 设置为"1"，这时 $D_0 \sim D_7$ 端的数据便可以读取了。OE＝"0"，$D_0 \sim D_7$ 端为高阻态；OE＝"1"，$D_0 \sim D_7$ 端输出转换的数据。

ADC0809 的转换工作是在时钟脉冲下完成的,因此首先要通过CLOCK端给它一个时钟脉冲，接入的脉冲频率是 10kHz～1280kHz，典型值是 640kHz。

图 8-12 中的 t_{EOC} 为从 START 上升沿开始的 8 个时钟周期再加 2us。这一点需要注意，因为当 START 脉冲结束、转换工作开始时，EOC 端不是立即变为低电平而是过 8 个时钟周期才进入低电平，所以在给出 START 脉冲后最好延时一会儿再进行 EOC 端检测。

一个通道的转换时间一般为 64 个时钟周期，例如，时钟脉冲频率为 640kHz 时，时钟周期为 1.5625μs，一个通道的转换时间则为 1.5625×64＝100μs，那么 1s 就可以转换 1000000÷100＝10000 次。

8.2.2　模数转换器的主要参数

衡量模数转换器性能的技术指标有很多，其中最主要的是转换精度和转换速度，其次是输入电压范围等特性参数。

1. 输入电压范围

输入电压范围是指 A/D 转换器能够转换的模拟电压范围。单极性工作的集成电路的输入电压有+5V、+10V、−5V、−10V 等，双极性工作的集成电路的输入电压有以 0V 为中心的 ±2.5V、±5V、±10V 等，其值取决于参考电压的值。理论上最大输入电压 $U_{max}=V_{REF}(2^n-1)/2^n$，有时也用 V_{REF} 近似代替。

2. 转换精度

A/D 转换器的转换精度也采用分辨率和转换误差来描述。

（1）分辨率。

分辨率又称为分解度，指的是 A/D 转换器对输入模拟量的分辨能力，通常用输出数字量的位数 n 来表示。例如，n 位二进制 A/D 转换器可分辨 2^n 个不同等级的模拟量，这些模拟量之间的最小差别为 $\Delta=U_{max}/2^n$。可见，分辨率所描述的就是 A/D 转换器的固有误差——量化误差 ε。它指出了 A/D 转换器在理论上所能达到的精度。根据量化方式的不同，$\varepsilon=\Delta$ 或 $\varepsilon=\Delta/2$。当输入模拟电压的范围一定时，数字量的位数 n 越大，量化误差越小，分辨率越高。

（2）转换误差。

转换误差是指 A/D 转换器实际输出的数字量与理论上应该输出的数字量之间的差值，通常以最大值的形式给出，表示为最低有效位的位数。例如，给出转换误差 $\leqslant \pm LSB/2$，表示 A/D 转换器实际值与理论值之间的差别最大不超过半个最低有效位。有时也用 FSR 的百分比来表示转换误差，如 ±5%FSR。ADC0809 的转换误差为−5/4LSB～+5/4LSB。

A/D 转换器的转换误差是由 A/D 转换电路中各种器件的非理想特性造成的，它是一个综合性指标，包括比例系数误差、失调误差和非线性误差等多种类型误差，其成因与 D/A 转换电路类似。

必须指出，由于转换误差的存在，一味地增加输出数字量的位数并不一定能提高 A/D 转换器的精度，必须根据转换误差小于或等于量化误差这一关系，合理地选择输出数字量的位数。

3. 转换速度

A/D 转换器的转换速度用完成一次转换所用的时间来表示。它是指从接收到转换控制信号起，到输出端得到稳定有效的数字信号为止所经历的时间。转换时间越短，说明 A/D 转换器的转换速度越快。有时也用每秒能完成转换的最大次数——转换速率来描述 A/D 转换器的转换速度。A/D 转换器的转换速度主要取决于转换电路的类型，不同类型转换电路的转换速度相差甚远。ADC0809 的转换时间为 100μs。

8.2.3　ADC 集成电路的选择与使用

ADC 集成电路品种繁多，性能各异，对 ADC 集成电路的选择直接影响系统的性能。在确定设计方案后，首先需要明确指标要求，包括转换精度、采样速率、信号范围等。

（1）确定 ADC 集成电路的位数。在选择 ADC 集成电路之前，需要明确设计所要达到的转换精度。转换精度是反映 ADC 集成电路的实际输出接近理想输出的程度的物理量。在转换过程中，由于存在量化误差和系统误差，转换精度会有所损失。其中量化误差对转换精度的影响是可计算的，主要取决于 ADC 集成电路的位数。ADC 集成电路的位数可以用分辨率来表示。

一般把 8 位以下的 ADC 集成电路称为低分辨率 ADC 集成电路，9～12 位为中分辨率，13 位以上为高分辨率。ADC 集成电路的位数越高，分辨率越高，量化误差越小，能达到的转换精度越高。理论上可以通过增加 ADC 集成电路的位数，无止境地提高系统的转换精度。但事实并非如此，前端电路的误差也制约着系统的转换精度。

例如，用 ADC 集成电路采集传感器提供的信号，传感器的精度会制约 ADC 集成电路采样的精度，经 ADC 集成电路采集后，信号的精度不可能超过传感器输出信号的精度。设计时应当综合考虑系统需要的转换精度及前端信号的精度。

（2）选择 ADC 集成电路的采样速率。不同的应用场合对采样速率的要求是不同的，在相同的应用场合，转换精度要求不同，采样速率也会不同。采样速率主要由采样定理决定。确定了应用场合，就可以根据采集信号对象的特性，利用采样定理计算采样速率。如果采用数字滤波技术，还必须进行过采样，提高采样速率。

（3）判断是否需要采样/保持器。采样/保持器主要用于稳定信号量，实现平顶抽样。在高频信号的采集中，采样/保持器是非常必要的。采集直流或低频信号时可以不用采样/保持器。

（4）选择合适的量程。模拟信号的动态范围较大，有时还可能出现负电压。在选择时，待测信号的动态范围最好在 ADC 集成电路的量程范围内，以减少额外的硬件支出。

（5）选择合适的线形度。线形度越高越好，但是线形度越高，ADC 集成电路的价格也越高。当然，也可以通过软件补偿来减少线形度低的影响。所以在设计时要综合考虑价格、软件实现难度等因素。

（6）选择 ADC 集成电路的输出接口。ADC 集成电路接口的种类很多，有并行总线接口，有 SPI、I^{2}C、1-Wire 等串行总线接口。它们在原理和精度上相同，但是控制方法和接口电路会有很大差异。转换接口的选择主要取决于系统要求，以及开发者使用各种接口的熟练程度。

8.3　数模转换电路实验

一、实验目的

1. 了解 D/A 转换器的基本工作原理和基本结构。
2. 掌握大规模集成 D/A 转换器的功能及其典型应用方法。
3. 掌握综合型电路的调测方法。

二、预习要求

1. 复习 D/A 转换器的结构和工作原理。
2. 熟悉 DAC0832 各管脚的功能和使用方法。
3. 根据实验内容，画出完整的实验电路图和实验记录表格。

三、实验内容

1. D/A 转换器——DAC0832。

（1）按图 8-13 所示的原理图接线，电路接成直通方式，即 $\overline{CS}$、$\overline{WR_1}$、$\overline{WR_2}$、$\overline{XFER}$ 接地，ILE、V_{CC}、V_{REF} 接+5V 电源，运放电源接 ± 15V，D_0～D_7 端接逻辑开关的输出插口，V_o 接直流数字电压表。

（2）按表 8-2 所列的输入数字量，用数字电压表测量运放的输出模拟量 V_o，将测量结果填入表 8-2，并与理论值进行比较。

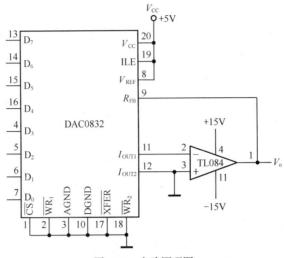

图 8-13 实验原理图

表 8-2   DAC0832 的输入数字量和输出模拟量

输入数字量								输出模拟量 V_o/V
D_7	D_6	D_5	D_4	D_3	D_2	D_1	D_0	V_{CC}=+5V
0	0	0	0	0	0	0	0	
0	0	0	0	0	0	0	1	
0	0	0	0	0	0	1	0	
0	0	0	0	0	1	0	0	
0	0	0	0	1	0	0	0	
0	0	0	1	0	0	0	0	
0	0	1	0	0	0	0	0	
0	1	0	0	0	0	0	0	
1	0	0	0	0	0	0	0	
1	1	1	1	1	1	1	1	

2. 设计一个可编程波形发生器。

（1）系统结构要求。

可编程波形发生器的整体框图如图 8-14 所示，其中
K_1 和 K_2 是用于控制输出信号波形的编程开关。

（2）电气指标要求。

① 输出信号波形受 K_1 和 K_2 控制。

当 K_1 为 "0"，K_2 为 "1" 时，输出信号波形为正斜率
锯齿波，如图 8-15（a）所示。

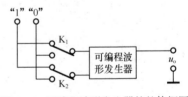

图 8-14 可编程波形发生器的整体框图

当 K_1 为 "1"，K_2 为 "0" 时，输出信号波形为负斜率锯齿波，如图 8-15（b）所示。

当 K_1 为 "1"，K_2 为 "1" 时，输出信号波形为正、负斜率锯齿波组成的三角波，如图 8-15
（c）所示。

② 输出信号的频率，锯齿波为 f_1=1kHz，三角波为 f_2=0.5kHz。

③ 锯齿波和三角波正、负斜率部分的阶梯数均等于或大于 16 个。

④ 输出幅度 u_o 为 0～2V 可调。

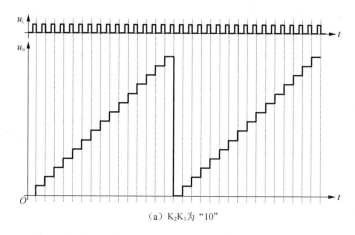

(a) K_2K_1 为 "10"

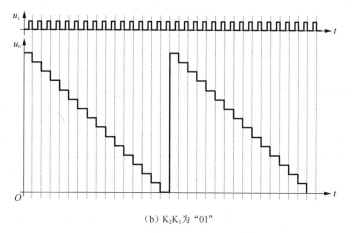

(b) K_2K_1 为 "01"

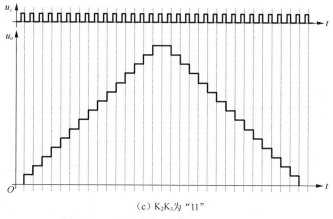

(c) K_2K_1 为 "11"

图 8-15 可编程波形发生器的输出信号波形

（3）设计条件。

① 电源电压为 ±5V。

② 系统时钟脉冲可以自行设计，也可以采用实验箱所提供的脉冲信号源。

四、实验提示

在可编程波形发生器中，由于产生的波形都是周期波形，因此，必须有一个时钟脉冲来控制波形的频率。正、负斜率波形的阶梯数为 16 个，则需要设计模 16 计数器。当产生正斜率波时，电路做加法计数；当产生负斜率波时，电路做减法计数。三角波的频率为正、负斜率锯齿波的1/2。

显然，可由模32计数器来实现。计数0～15为加法计数，产生前一半正斜率锯齿波，计数16～31为减法计数，产生后一半负斜率锯齿波。模32计数器可由模16计数器×模2计数器来实现。

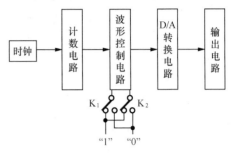

图 8-16　电路设计框图

最后输出在示波器上的波形为模拟信号，故还需要D/A转换电路。由于设计要求输出信号电压可调，因此，必须有输出信号电压控制电路。综上所述，电路设计框图如图8-16所示。

五、实验报告要求

1. 根据测试的数据，画出DAC0832的输入数字量和实测输出模拟量之间的关系曲线。
2. 画出完整的电路设计图，要有详细的设计过程分析。
3. 记录单元电路测试结果波形。
4. 写出预习时遇到的问题和解决方法。

六、思考题

1. 用FPGA和D/A转换器实现本节的可编程波形发生器。
2. D/A转换器的转换精度与什么有关？
3. 为什么D/A转换器的输出要接运算放大器？
4. 用DAC0832设计产生频率为1kHz的正斜率阶梯波的发生器。在实验中，电路原理图完全正确，如图8-17（a）所示，而示波器显示的波形如图8-17（b）所示，请指出并分析实际搭试的硬件电路中的错误。

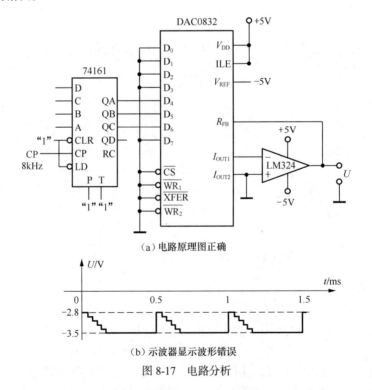

图 8-17　电路分析

5. 在 FPGA 中设计计数器电路和波形控制电路，通过读出 ROM IP 核中的设计好的波形数据，设计出一个基于 FPGA 和数模转换电路的可编程波形发生器。完成设计、Testbench 测试，并保存仿真波形，下载 FPGA 实现并完成硬件调测。要求通过 Testbench 测试和硬件测试能够实现电路设计要求的所有功能。

8.4 模数转换电路实验

一、实验目的

1. 了解 A/D 转换器的基本工作原理和基本结构。
2. 掌握大规模集成 A/D 转换器的功能及其典型应用方法。
3. 掌握综合型电路的调测方法。

二、预习要求

1. 复习 A/D 转换器工作原理。
2. 熟悉 ADC0809 的逻辑框图和管脚排列图。
3. 根据实验内容，画出完整的实验电路图和实验记录表格。

三、实验内容

1. A/D 转换器——ADC0809。

按图 8-18 所示电路接线。

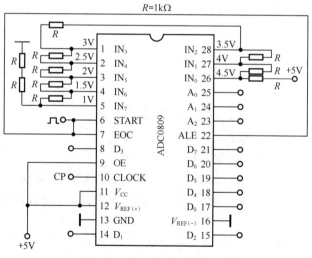

图 8-18 ADC0809 实验电路

（1）8 路输入模拟信号电压范围为 $1\sim4.5\mathrm{V}$，由 $+5\mathrm{V}$ 电源经电阻 R 分压产生；$D_0\sim D_7$ 端接逻辑电平显示器输入插口，CP 由计数脉冲源提供，取 $f = 100\mathrm{kHz}$；$A_0\sim A_2$ 地址端接逻辑电平输出插口。

（2）接通电源后，在启动端（START）加一正单次脉冲，下降沿一到即开始模数转换。

（3）按表 8-3 所示的要求观察，记录 $IN_0\sim IN_7$ 8 路模拟信号的转换结果，将转换结果换算成十进制数表示的电压值，并与数字电压表实测的各路输入电压值进行比较，分析误差原因。

表 8-3   实验数据记录

被选模拟通道	输入模拟量	地 址			输 出 数 字 量								
IN	V/V	A_2	A_1	A_0	D_7	D_6	D_5	D_4	D_3	D_2	D_1	D_0	十进制
IN_0	4.5	0	0	0									
IN_1	4.0	0	0	1									
IN_2	3.5	0	1	0									
IN_3	3.0	0	1	1									
IN_4	2.5	1	0	0									
IN_5	2.0	1	0	1									
IN_6	1.5	1	1	0									
IN_7	1.0	1	1	1									

2. 数字式电缆对线器。

（1）系统功能结构要求。

① 可在远端预设芯线编号，在近端测量出对应的芯线并以数字显示出芯线编号。

② 可以检测到芯线的短路或开路故障。

③ 可由人工单线接入测试，亦可自动测试。

④ 数字式电缆对线器的系统结构框图如图 8-19 所示。其中远端编号器用于给被测电缆处于远端的芯线编号，电缆对线器在电缆近端测出各芯线与远端的对应关系并以数字显示出近端各芯线的编号。

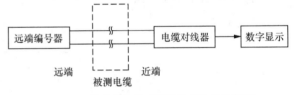

图 8-19　数字式电缆对线器的系统结构框图

（2）电气指标要求。

① 数字式电缆对线器一次可接入的芯线数量为 30 根。因实验器件限制，选取其中 4 路显示，分别为 0、5、15、31。其中 0 为短路，31 为开路。

② 芯线编号显示方法：2 位数码，编号为 0～31。

③ 显示及刷新时间：2s 刷新 1 次，显示数码时间不少于 1s。

④ 测试方法：远端编号器并接好芯线后不再操作，近端用人工方式逐一选择被测芯线。

⑤ 电缆故障报警：当发现某条芯线有短路或开路故障时，发出告警信号——LED 亮。

（3）系统设计条件。

① 被测电缆长度为 1000m，芯线直径 0.4mm，直流电阻 148Ω/km，绝缘电阻 2000MΩ/km。测试前有一根芯线远、近端均已明确，用其作为测试地线。

② 电源条件：直流稳压电源提供 5V 电压。

③ 可用实验箱上的信号源和动态显示部分。

四、实验提示

数字式电缆对线器设计是一个综合性比较高的实验项目，在设计过程中可以将整个电缆对线器电路分为 6 部分来实现，分别为远端编号器、近端接入电压、A/D 转换器、译码电路、显示电路、控制电路，其系统详细框图如图 8-20 所示。远端编号器输出的不同数值电压经过电缆传输，由近端接收；将这些电压通过 A/D 转换器进行量化，变成一组数值；将这一组数值通过译码电路译码，然后通过显示电路显示。译码前还需要通过校验电路将 5 位二进制码转换成 BCD 码，以便使用显示译码器和数码管完成数字显示。同时用控制电路对测量结果进行刷新，在短路与开路时通过逻辑电路和 LED 实现告警功能。

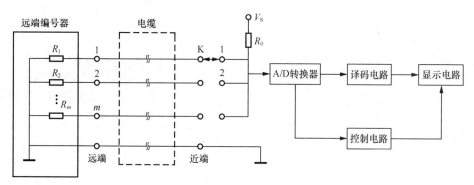

图 8-20 数字式电缆对线器的系统详细框图

若定义远端编号器中某一电阻值为 R_x，在忽略电缆导线电阻的情况下，在近端可测得 V_x 为

$$V_x = \frac{R_x}{R_0 + R_x} V_s$$

由于 $R_1 \sim R_m$ 均为事先选定的，所以，当近端的开关 K 处于不同位置时，都可事先算出 m 个 V_x 值，这组 V_x 值经模数转换成为一组数值。可事先为这 m 个数值建立一张译码表，表中 m 个数值对应 m 个导线号码。当近端开关位于其中某个通道时，即得一个 V_x 值经模数转换后的数值，将这一数值译码并显示为芯线编号。

五、实验报告要求

1. 整理实验数据，分析实验结果，找出误差产生原因。
2. 画出完整的电路设计图，要有详细的设计过程分析。
3. 记录单元电路测试结果波形。
4. 说明实验过程中产生的故障现象及其解决方法。

六、思考题

1. 12 位 A/D 转换器能够区分出输入信号的最小电压值为多少？
2. 已知 8 位 A/D 转换器的 V_{REF}=5.12V，如果输入电压为 4V，写出其输出的二进制码。

第9章 数字系统设计

本章从工程实现的角度介绍数字系统设计的主要步骤和要点，着重介绍如何将技术需求抽象成 ASM 图，如何将 ASM 图与具体的电路对应起来，向读者提供更具操作性的设计指导。

9.1 数字系统设计概述

本节主要介绍小型数字系统设计的基本流程、设计时要考虑的主要因素和数字系统的设计特点等。通过本节的学习，读者将对数字系统设计的概貌有初步了解。

9.1.1 数字系统设计的方法与过程

数字系统设计初期并没有规范的方法和步骤，大多采用试凑法。试凑法是指依据设计者的经验，将数字系统细分为不同的功能模块，通过反复试验和拼凑，找出各种合适的功能模块来分担系统不同的逻辑功能，并反复调整和修改各个模块之间的连接关系，使所有模块连接后具有满足系统要求的逻辑关系，在此基础上再逐一设计各模块内部的逻辑电路。在设计各模块逻辑电路时，也要通过反复试验和拼凑，使电路实现符合要求的逻辑功能。数字电路设计的试凑法与模拟电路设计的试凑法的思路是相同的。这种方法要求设计人员具有丰富的电路知识、器件知识和设计经验，能通过反复试验、拼凑和修改，逐步逼近设计目标。

目前，数字系统在初步系统级设计时大都采用试凑法将系统划分为子系统和功能模块。一些设计人员具有丰富的设计经验，在长期的实践中积累了许多较成熟的参考电路，设计电路时常引用这些已有的较成熟的参考电路，再根据新的设计要求进行修改，这样电路设计的起点较高，能较快地达到设计目标。由于小型数字系统中的受控电路逻辑操作各式各样，无法用一个统一的模型去概括它，所以在设计受控电路时也只能采用试凑法，在设计控制电路时才采用较为规范的ASM 图法。

试凑法的缺点是，当数字系统规模较大或逻辑关系复杂时，由于没有采用有效的逻辑关系描述工具，因此难以正确并清楚地反映逻辑关系。尽管设计时可以借助某些辅助方法（如受控电路操作明细表、状态转换表等），但是这些方法在描述复杂逻辑关系时有很多局限性（如逻辑关系复杂时状态转换表将十分庞大）。因此，采用试凑法设计难免有遗漏和错误，必须反复地进行修改和试凑才能达到设计要求，致使系统开发用时较多，效率较低。

随着电子技术的发展，数字系统的设计也日趋完善和规范，现代数字系统的设计方法更强调系统性、清晰性和可靠性。现代的数字系统设计方法是一种"自顶向下"的设计方法。这种方法需要对设计要求全面消化理解，对所设计的系统进行整体考虑，反复推敲。首先从系统设计入手，在顶层将整个系统划分成几个子系统；然后逐级向下，再将每个子系统分为若干功能模块；每个功能模块还可以继续向下划分成子模块，直至分成基本模块加以实现。从上到下的划分过程中，最重要的是将系统或子系统划分成控制单元和数据处理单元。数据处理单元中的功能模块通常为设计者熟悉的各种功能电路，无论是取用现成模块还是自行设计，都无须花费很多精力。设计者的主要任务为控制单元的设计，而控制单元实际上是一个状态机。"自顶向下"设计方法将一个复杂的数字系统设计转化为一些较为简单的状态机设计和基本电路模块的设计，从而大大降低了设计难度。数字系统"自顶向下"的设计方法可分为以下几个步骤，其设计流程如图 9-1 所示。

图 9-1 数字系统的设计流程

1. 行为分析

在拿到一个实际数字系统的设计任务后，首先应对设计要求进行分析，明确系统所要完成的逻辑功能及其性能指标。在明确设计要求后，应当画出系统的简易框图，标明输入信号、输出信号及必要的指标要求。

2. 结构设计

明确设计要求后，需要进一步确定实现系统功能的结构。实现同一系统功能可以采用各种不同的结构，结构设计的优劣直接关系到系统实现的成本、质量和时间。对现有产品的电路多做分析、比较，反复推敲，确定优化方案，能够获得事半功倍的效果。系统的结构确定后，应当给出系统框图、系统流程图或用硬件描述语言描述的系统算法等，必要时给出系统的时序图。对于较为复杂的数字系统，应当将系统划分成子系统（如数据处理子系统和控制子系统），以及组成子系统的功能模块，确定各子系统或功能模块之间的关系，必要时给出它们的框图或流程图。结构设计非常重要，在结构设计中，如果各子系统或各功能模块不能协调工作，则系统将不能实现预想的功能。对于较为复杂的系统，应先构造比较粗糙的、抽象的单元结构，随着设计的逐步深入，再提出较为细致及更加具体的设计方案。

3. 逻辑设计

逻辑设计是具体实现各个子系统所必不可少的过程，即通过对子系统的逻辑功能的分析，选用相应的控制算法或逻辑表达式。各功能模块则可采用典型的逻辑电路。对于较为复杂的系统，其控制算法的设计需要反复推敲，直至获得一个完整的、过程具体而详尽的控制算法。当然，对设计出来的子系统可以先通过仿真验证其功能，如有问题存在，则返回重新进行逻辑设计，直到完全符合要求为止。

4. 硬件实现

为了最终使设计得以实现，在上述设计的基础上，需选择具体的集成电路，用硬件电路实现各个子系统，包括印制电路板的制作、元器件的焊接，以及最终的硬件调试。如果使用了可编程逻辑器件，还需对其进行烧录。利用现代化电子设计的软件工具，设计者在子系统的逻辑设计阶段就可以根据系统要求用硬件描述语言描述系统，利用软件工具对其进行编译和仿真，软件自动生成下载文件，以便将设计烧录在可编程逻辑器件中。

9.1.2 数字系统设计时应考虑的主要因素

进行数字系统设计时，尤其是以新产品开发为目的的工程逻辑设计，电路的简化并不是设计的唯一追求，设计者必须全面、细致地分析各种因素，提出各种构想，综合确定系统的实现方案。在确定系统方案时，应考虑下列关键因素。

1. 系统设计时的任务分析和可行性分析

设计时可用各种方式提出对整个数字系统的逻辑要求，可采用自然语言、逻辑流程图、时序图，以及几种方式的结合。拟定系统方案之前，必须判明系统的可行性，在系统可行的基础上进行设计。系统的可行性不仅受到逻辑要求合理性的影响，还受到开发成本、开发时间、器件供应、开放设备、人员水平等条件的约束。

2. 确定以软件或硬件方式实施方案

数字系统的实现目前可采用3种基本方案：软件实现、硬件实现和软硬件结合的方法。软件实现是指利用含CPU的器件，并配以外围器件，通过软件编程来实现系统的逻辑要求。其优点是方便灵活、智能性强、便于修改、调测方便等，不足之处是速度较慢。硬件实现是指采用不含CPU的器件，通过器件间的连接来实现系统的逻辑要求。其优点是逻辑操作速度快，缺点是修改系统不便。现代数字系统设计多采用软硬件结合的方法，用软件部分实现判断的控制等逻辑操作，用硬件实现某些快速逻辑操作。

3. 编程器件的应用

可编程逻辑器件（Programmable Logic Device，PLD）是一类半定制的通用性器件，用户可以通过对 PLD 进行编程来实现所需的逻辑功能。与专用集成电路相比，PLD 具有灵活性高、设计周期短、成本低、风险小等优势，因而得到了广泛应用，各项相关技术也迅速发展起来，PLD 已经成为数字系统设计的重要硬件基础。目前使用最广泛的可编程逻辑器件有两类：现场可编程门阵列（Field Programmable Gate Array，FPGA）和复杂可编程逻辑器件（Complex Programmable Logic Device，CPLD）。

FPGA 和 CPLD 的内部结构稍有不同。通常，FPGA 中的寄存器资源比较丰富，适合同步时序电路较多的数字系统；CPLD 中组合逻辑资源比较丰富，适合组合电路较多的控制应用。在这两类可编程逻辑器件中，CPLD 提供的逻辑资源较少，而 FPGA 提供了较高的逻辑密度、较丰富的特性和极高的性能，因此在通信、消费电子、医疗、工业和军事等各应用领域中占据重要地位。

4. EDA 与电子工程设计

传统的电路装配、调试一般采用面包板或专门的焊接板，通过手工连线装配，检查无误后进行电路测量，最后评估电路性能。但当电路复杂时，尤其是在集成电路的设计中，器件在装配板上无法组合成像集成电路内部那样紧密的电子电路，装配板上的寄生参数与集成环境的完全不同。因此，在装配板上测试的特性将无法准确地描述集成电路的真实特性。所以，电子电路的传统设计方法已经不适应当前电子技术发展的要求，数字系统设计要借助于电子电路 EDA 技术。

5. 可测性设计

任何新设计的电子产品都必须经过严格、全面的测试，以确定设计是否合格。例如，要测试一个 32 位的加法器，它的 2 个加数各有 32 位，另有 1 个低位进位，共有 65 个输入端，若要将 65 个输入端的所有状态都测试一遍，则必须进行 2^{65} 次测试，即使使用目前自动化程度最高、速度最快的仪表，仍需要花费几年，这是不现实的。有资料表明，目前一些复杂数字系统的测试费用占到整个开发经费的 70%。所以，在设计较复杂的数字系统时，必须考虑可测性。这包括两个方面：一是采用怎样的电路结构来提高电路的可测性；二是采用怎样的测试方法以提高测试效率。当电路的可测性不佳时，设计阶段一旦出现逻辑错误，问题难以查找，就会延长开发时间，增加开发成本。

6. 可靠性和可维护性设计

数字系统的可靠性一般用平均无故障时间来衡量。通常，数字设备的平均无故障时间要求达到数万小时。电路出现故障时要便于维修，尽量缩短处理故障的时间，这是可维护性的设计要求。

7. 电磁兼容性

器件之间由静电感应和电磁感应造成的相互影响，传输导线的电阻、分布电容、电感对数字信号传输的影响，外界干扰信号对本系统的影响，本系统对外系统的影响，这些均属于电子电路的电磁兼容性范畴。在设计任何一种电子设备时，都必须考虑设备的电磁兼容性。

9.2 数字系统的一般结构和描述方法

数字系统是指对数字信息进行存储、传输、处理的电子系统，它的输入/输出都是数字量。通常把门电路、触发器等称为逻辑器件；将由逻辑器件构成的、能执行单一功能的电路，如计数器、加法器等称为逻辑功能部件；把由逻辑功能部件组成的能实现复杂功能的数字电路称为数字系统。数字系统与功能部件之间的区别之一在于功能是否单一，一个存储器尽管规模很大，存储量可以达到若干 GB，但因其功能单一，只能算是逻辑部件；数字系统与功能部件之间的区别之二在于是否包含控制电路，无论规模大小，有控制电路才能称为系统。

9.2.1 数字系统的一般结构

1. 数字系统模型

用于描述数字系统的模型有多种，各种模型描述数字系统的侧重点不同，下面介绍一种被普遍采用的模型，它是由 Mealy 时序电路模型细化而成的。这种模型根据数字系统的定义，将整个系统划分为控制器和数据处理器两大部分，如图 9-2 所示。

控制器是数字系统模型的核心部分，由记录当前逻辑状态的时序电路与进行次态判断和激励的组合电路组成。控制器可根据外部输入控制信号、由受控电路送回的反馈信号，以及控制电路内部的当前状态来控制逻辑运算的进程，并向受控电路和系统外部发出各种控制信号。

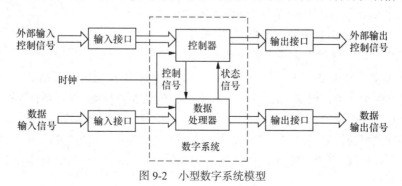

图 9-2 小型数字系统模型

数据处理器由一些组合电路和时序电路组成，可根据控制电路发出的控制信号对输入的数据信号进行处理并输出；同时，将反映受控电路自身状态和控制要求的状态信号反馈给控制器。

输入接口主要用于对控制器外部输入控制信号进行同步化处理。

输出接口输出整个系统的各类信号。

控制信号是控制器根据控制器外部输入控制信号和反馈信号经运算而产生的信号，用于控制受控电路和系统外部电路的操作。

外部输出控制信号是由控制电路产生并直接输出至本系统外部的控制信号。

外部输入控制信号是一组来自本系统外部的输入信号，作为控制电路的控制系数。

数据输入信号是一组来自系统外部的待处理的数据，其变化必须与系统时钟同步。如果实际系统中没有数据输入信号，则系统模型将与 Moore 时序电路模型相同。

状态信号由受控电路产生，带有受控电路本身的状态和控制电路转为次态所需的某些信息。

由于数字系统模型将整个系统划分为控制器和数据处理器两大部分，因此系统所有的输入和输出信号也相应地分为两类：一类是与控制器有关的信号（控制器外部输入控制信号、状态信号、控制信号和外部输出控制信号）；另一类是与数据处理器有关的信号（数据输入信号和数据输出信号）。本书讨论的是同步数字系统，所以要求这些信号与系统时钟同步；否则，需做同步化处理。

采用含有控制器和数据处理器的数字系统模型的优点如下。

（1）把小型数字系统划分为控制器和数据处理器两个主要部分，使设计者面对的电路规模减小，控制器和数据处理器可以分别设计。

（2）数字系统中控制器的逻辑关系比较复杂，将其独立划分出来后，可突出设计重点和分散设计难点。

（3）数字系统划分为控制器和数据处理器后，逻辑分工清楚，各自任务明确，这样的电路的设计、调测和故障处理都比较方便。

采用含有控制器和数据处理器的系统模型的缺点是，有时控制电路和受控电路的划分比较困难，需要反复比较和调整才能确定。

2. 控制器模型

控制器是数字系统的核心。不同的数字系统任务千差万别，逻辑操作各不相同，若是以同步时序电路实现控制器的各种逻辑操作，则它们的状态转移图都具有图 9-3 所示的形式。

尽管状态转移图表示的状态值和转换条件可能很复杂，但是，仔细分析可以发现，状态转移图中的逻辑操作只有 3 种：①以状态值表示逻辑操作的进程，例如，状态值"001"表示逻辑操作的第一步；②在当前状态下由输出译码电路决定输出信号，例

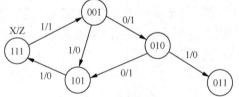

图 9-3　同步时序电路的状态转移图

如，在"001"状态下输出 Z="1"信号；③在下一个系统时钟有效触发沿到来时，由次态译码电路控制状态转向哪个次态，例如，在"001"状态下如果满足条件 X="0"则转换次态为"010"。如果控制器的这 3 种逻辑操作分别由状态寄存器、控制信号译码电路和次态译码电路这 3 部分逻辑电路来完成，则可使控制器内部分工明确，电路的独立性增强，给电路设计带来方便。在此基础上进一步划分控制器，根据内部电路的功能，考虑输入信号和输出信号的具体分类，建立图 9-4 所示的控制器模型。

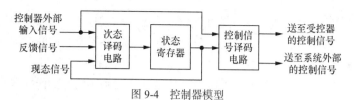

图 9-4 控制器模型

在控制器模型中：①逻辑进程可由状态寄存器记忆，进程的当前阶段由状态寄存器的状态值（现态信号）表示；②当前状态下的输出信号可经控制信号译码电路选择产生，当前的状态值是译码电路的必要输入参数，输出的控制信号的一组送至受控器，另一组送至系统外部（送至系统外部的控制信号是否存在，视逻辑需要而定）；③状态寄存器的状态值（现态信号）送给次态译码电路，与控制器外部输入信号和反馈信号一起作为次态译码输入，在下一个时钟有效触发沿到来时，经译码产生次态激励信号以控制状态的转换。

在建立控制器模型时，必须明确所讨论的控制器是一种同步时序电路。

控制器模型可清楚地表明控制器内部电路的类型和连接关系，它是逻辑电路设计的基本依据。控制逻辑电路设计的主要任务包括状态寄存器的选择、状态值分配、次态译码电路设计和输出译码电路设计。

3. 数据处理器逻辑操作明细表

控制器的逻辑操作类型比较统一，因此可以建立具有普遍意义的模型。而数据处理器承担的逻辑操作任务是各种各样的，对应的操作类型种类各异，很难用一个统一的模型来表示。一般的方法是，在设计数据处理器逻辑电路前，通过对系统逻辑的分析，明确受控电路的操作任务，做出数据处理器逻辑操作明细表，以此操作明细表作为设计依据。

9.2.2 逻辑流程图及 ASM 图

逻辑流程图是以数字系统控制器模型为基础，以实现逻辑要求的算法（框图）为依据，用规范的形式画成的反映系统逻辑进程和操作的流程图。它是对事件进程的一种描述方式，与软件程序流程图十分相似。尽管它与硬件的对应关系并不是直接的，但它是导出 ASM 图的必要环节。

在采用自顶向下的设计方法时，逻辑流程图由粗到细逐步细化，一直细化到便于电路实现为止，此时的逻辑流程图称为详细逻辑流程图。详细逻辑流程图有多种形式，本书采用的是与 ASM 图有直接对应关系的一种。现从工程应用角度对各种逻辑流程图符号及信号做出更为明确的约定。

1. 逻辑流程图符号

（1）启动框。

逻辑流程图中的启动框符号如图 9-5 所示。启动框表示数字系统的两种操作：系统的复位和无条件地自动进入下一个操作流程。由于启动操作只在系统开机时执行一次，与其他逻辑操作关系不大，所以有时可将启动框略去。

应该注意的是，启动时系统的复位是指系统恢复到初始状态，而系统初始状态是由电路设计者为控制电路中的状态寄存器设定的，初始状态可能是全零状态，也可能是其他值。读者不可将系统的复位理解为总的清零，否则在电路设计时容易出错。

（2）工作框。

逻辑流程图中的工作框符号如图 9-6（a）所示，它有两层含义：①它在整个流程图中的位置

启动

图 9-5 启动框符号

表示逻辑操作的进程到了哪一步；②它表示当前状态下正在进行某一种或多种逻辑运算，例如，令控制器内部某部分电路完成计数、位移、产生控制信号等。需要完成的逻辑操作应在工作框中用文字或符号标明，如图9-6（b）所示，框中文字标明了逻辑操作流程进入工作框 OP1 后，应完成使 D_1 寄存器置数和输出 OUT1 信号的操作。需要说明的是，此时工作框中指明的逻辑操作是针对总体框图而言的，并非针对某一具体电路，因为此时还未设计出具体电路。

逻辑流程图规定（下面将讲到）前后两个工作框之间无判断框时，前后两个工作框的转换应在一个系统时钟周期内完成，即如果当前在 OP1 工作框，则下一个时钟脉冲到来时，自动进入 OP2 工作框并完成 OP2 规定的逻辑操作。

（3）判断框。

逻辑流程图中的判断框符号如图9-7所示。判断框表示对某种条件的判断，判断框的输出有两个分支，标有"Y"的一个分支给出当满足判断条件时下一步的操作流向，标有"N"的一个分支给出当不满足判断条件时下一步的操作流向。

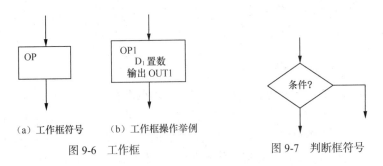

(a) 工作框符号　　(b) 工作框操作举例

图 9-6　工作框

图 9-7　判断框符号

判断框处于逻辑流程图的两个工作框之间，因为已约定两个工作框之间的转换应在一个系统时钟周期内完成，所以，判断操作也必须在这个系统时钟周期内完成。当两个工作框之间有多个判断框时，仍要求所有的判断在一个系统时钟周期内完成。在这一点上，逻辑流程图的判断操作与软件程序流程图中的判断操作不同。在软件程序流程图中，几个判断框前后相邻，表示先完成前面的判断操作再进行后面的判断操作，按时间顺序进行。而逻辑流程图中几个判断框相邻，并不表示判断的先后顺序，而是表示同时有几个判断条件。当用逻辑电路完成判断操作时，顺序相接的几个判断框中的条件将变为一个与运算的不同输入变量。

判断条件中的变量由控制器外部输入控制信号和来自受控电路的反馈信号组成，而判断条件则对应着控制电路中的逻辑运算关系，如与、或、异或、大于等运算。

（4）条件输出框及条件输出信号。

逻辑操作进入某工作框后，如果某种条件成立，则有输出信号，否则没有输出信号，这种输出信号称为条件输出信号。是否产生条件输出信号有两个判断条件：一是逻辑操作是否进入指定的工作框，如图9-8所示的工作框 OP1；二是某种逻辑条件是否满足。在逻辑流程图中用一方框内加一横线来表示有条件输出信号存在，条件输出信号在框内用文字注明，如图9-8所示。

2. 信号

（1）输入信号。

逻辑流程图中的输入信号包含来自外部的控制器输入信号和受控电路的反馈信号。在逻辑流程图中输入信号是判断框中的条件变量，它对应控制器中判断运算电路的输入变量。

前面已约定所讨论的系统是同步系统，即系统中所有的操作均应与系统时钟同步。在用逻辑电路实现判断操作时，要求控制器外部输入信号在判断操作之前已经存在或者在判断操作有效的起始时刻出现。如果满足这一要求，则称其为同步输入信号；否则称其为异步输入信号。异步输入信号必须经过同步处理才能被系统接收。在逻辑流程图的判断框中标上"*"号，表示该判断框中有异步输入变量，若无"*"号则意味着没有异步输入变量。含有异步输入变量的判断框如图 9-9 所示。

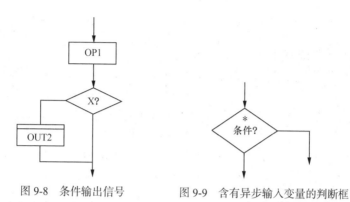

图 9-8　条件输出信号　　　　　图 9-9　含有异步输入变量的判断框

（2）输出信号。

输出信号是指控制电路向受控电路和系统外输出的控制信号，是由工作框中的逻辑操作产生的。逻辑流程图中的输出信号有如下 3 种形式。

① 脉冲输出信号。

脉冲输出信号是一种脉冲形式的输出信号，当逻辑流程进入某一工作框时产生，当逻辑流程离开这个工作框时消失。它的脉冲宽度与两个工作框之间的逻辑操作进程所需时间相等。如果两个工作框之间没有判断框，则两个工作框之间的转换时间为一个系统时钟周期，故脉冲输出信号的脉冲宽度与一个时钟周期相等，如图 9-10 所示。如果两个工作框之间有判断框，当判断条件不满足时需返回原工作框，在下一个时钟周期再次进行判断，直到条件满足进入下一个工作框为止。这种情况下，脉冲宽度则为从进入该工作框到离开该工作框的时钟周期之和，如图 9-11 所示。

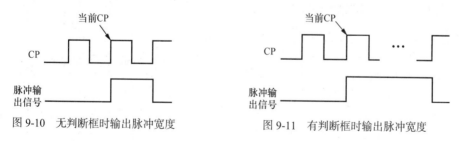

图 9-10　无判断框时输出脉冲宽度　　　　图 9-11　有判断框时输出脉冲宽度

② 输出有效。

当逻辑流程未进入该工作框时，输出信号电平为"0"，当逻辑流程进入该工作框时，输出信号电平变为"1"，并保持为"1"，直到进入另一个要求这个信号电平变为"0"的工作框为止，这种输出形式称为某信号输出有效，如图 9-12 所示。

③ 输出无效。

当逻辑流程未进入该工作框时，输出信号电平为"1"，当逻辑流程进入该工作框时，输出信号电平变为"0"，并保持为"0"，直到进入另一个要求这个信号电平变为"1"的工作框为止，这种输出形式称为某信号输出无效，如图 9-13 所示。

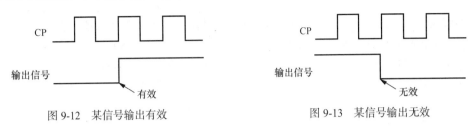

图 9-12 某信号输出有效 　　　　　图 9-13 某信号输出无效

3. 逻辑流程图作图要求

逻辑流程图的描述形式与软件程序流程图有相似之处，例如，要求作图时自顶向下，由粗到细，逐步细化。但是，逻辑流程图与软件程序流程图又有本质区别。软件程序流程图表示操作的时间进程，即每个处理框（形式类似于逻辑流程图的工作框）和判断框在图中的前后位置表示程序运算的时间顺序；而逻辑流程图的工作框和判断框表示对硬件的操作要求，例如，两个工作框之间顺序排列的多个判断框并不表示判断的先后顺序，而是表示有多少判断条件。不管两个工作框之间有多少个判断框，只要条件都成立，就必须在一个系统时钟周期内完成所有的判断操作。换句话说，逻辑流程图中若干个相连的判断框表示的是同一个与运算的若干个输入变量。

为了使逻辑流程图规范，现将作图的有关步骤、要求和约定分述如下。

（1）自顶向下，逐步细化。

逻辑流程图的作图要自顶向下，由粗到细，逐步细化。先将流程粗分为几部分，再对各个部分逐步细化，直至画出便于硬件实现的详细逻辑流程图。

（2）逻辑流程图的结构化要求。

逻辑流程图在描述逻辑流程操作时应力求将操作关系表达清楚。操作关系清楚才便于逻辑电路的设计。逻辑流程图的结构化好坏的标准与软件程序流程图相仿，图 9-14（a）和图 9-14（b）表示同一种逻辑关系，后者比前者结构好，因为图 9-14（a）以并行方式同时对两个条件（A=1?和 B=1?）做出判断，判断后有 4 种选择，图 9-14（b）则将两个判断条件分开，以串行方式表示，这样使参与判断的条件只有一个，更便于表述逻辑关系。又如，图 9-15（a）和图 9-15（b）表示同一种逻辑操作，后者比前者要简单，故图 9-15（b）比图 9-15（a）结构好。

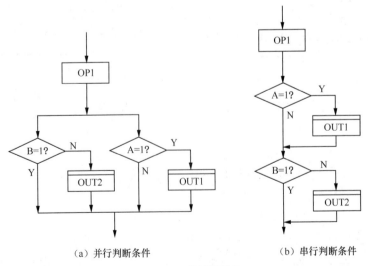

（a）并行判断条件 　　　　　　　　（b）串行判断条件

图 9-14 两种判断形式

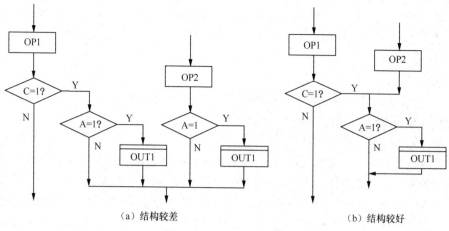

（a）结构较差　　　　　　　　　　　　（b）结构较好

图 9-15　流程图结构比较

（3）逻辑流程图表示的是同步逻辑操作。

由于异步时序电路还没有统一规范的系统设计方法，在此只讨论同步时序电路的系统设计，因此逻辑流程图表示的是同步逻辑操作关系。在同步时序电路中，所有提供状态值的时序电路使用的是同一个时钟。

（4）工作框之间转换的时间约定。

由于这里讨论的是同步时序电路，所以整个系统按同一个时钟提供的操作节拍工作。逻辑流程图中的工作框在流程图中的位置对应时序逻辑电路的状态值。两个相邻工作框之间的转换对应着时序电路两个状态值之间的转换，在同步电路中，两个相邻的状态值之间的转换只需一拍（一个时钟周期），尽管两个工作框之间可能有多个判断框，但是，所有的判断必须在这一拍中完成。图 9-16（a）中工作框 OP1 到工作框 OP2 的转换应在图 9-16（b）所示的一个周期内完成；工作框 OP2 和工作框 OP3 之间有两个判断框，如果两个判断条件均成立，那么工作框 OP2 到工作框 OP3 的转换也应在一个时钟周期内完成。

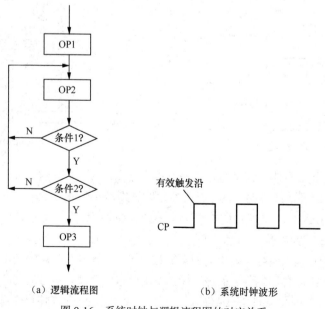

（a）逻辑流程图　　　　　　（b）系统时钟波形

图 9-16　系统时钟与逻辑流程图的对应关系

从逻辑流程图与逻辑电路的对应关系来讲，工作框对应着控制器中时序电路的一个状态值，以及在此状态下的一些逻辑操作，各判断框表示由当前工作框的状态值转换为下一个状态值的次态激励条件。

（5）逻辑操作有效时刻的约定。

为统一起见，约定数字系统中所有同步时序电路均在系统时钟的前沿（上升沿）时刻翻转，或者说时钟脉冲的上升沿有效，如图 9-16（b）所示。

（6）异步输入信号的处理要求。

异步输入信号是指早于或晚于系统时钟有效触发沿出现的输入信号。图 9-17 中输入信号 a 出现在当前时钟有效触发沿之前，而输入信号 b 出现在当前时钟有效触发沿之后，这两个输入信号都错过了系统时钟的有效时刻。在控制器中输入信号是判断运算中的变量，而逻辑电路中的判断运算是组合逻辑运算，运算结果在系统时钟有效时刻取出。由图 9-17 可以看出，在系统时钟的有效时刻，a 和 b 两信号均不起作用，这将导致误判。为了避免这种情况，必须对异步输入信号进行同步化处理，使之与系统时钟同步。

异步输入信号同步化处理的思路是，将异步输入信号寄存并保留到下个时钟脉冲出现为止，使其与下个系统周期的有效触发沿同步。由此可见，异步输入信号延缓了逻辑操作的进程。但是，在很多情况下这种延缓是系统逻辑设计所允许的。

图 9-18 所示是一种输入信号的同步化电路，若输入图 9-17 中的异步输入信号 a，则输出图 9-17 中的同步输入信号 A，同步后的输入可在当前系统时钟的有效时刻出现，并保持一个时钟周期。

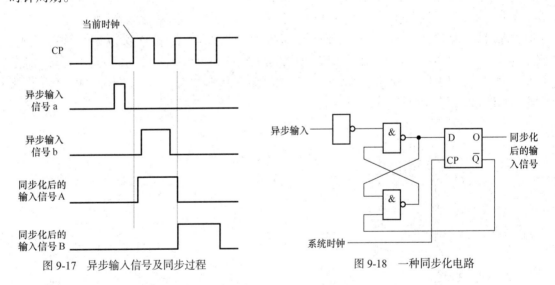

图 9-17　异步输入信号及同步过程　　　　　图 9-18　一种同步化电路

有时，两个相邻的工作框之间的判断框中有多个异步输入信号，这些异步输入信号不是在同一个系统时钟周期内出现的，而是跨越了几个系统时钟周期。例如，图 9-17 中的输入信号 a 和 b，当用两个图 9-18 所示的同步化电路对它们进行同步化处理时，结果为图 9-17 所示的同步输入信号 A 和同步输入信号 B。这两个同步化后的输入信号尽管都与系统时钟同步，但无法同时出现。一般情况下，若两个异步输入信号跨越不同的系统时钟周期，则同步化后的两个输入信号可能分别出现在两个不同的系统时钟周期内；而逻辑操作要求对这两个输入信号的判断必须在一个时钟周期内完成，例如，图 9-19 中条件 1、条件 2 和条件 3 同时满足才可能使操作从 OP1 转换到 OP2，这在逻辑电路设计时是个矛盾。解决这个矛盾的办法是在逻辑流程图中增加一个工作框。这个工作框不需要设置具体的逻辑操作（即空操作），但逻辑流程进入这个工作框就意味着系统已经接收到异步输入信号 a 且已将之同步化，并且已满足了条件 1 和条件 2。图 9-20 中的 OP4 就是新添的工作框，该工作框的任务就是告诉系统已收到异步输入信号 a，并满足了条件 1 和条件 2。在 OP4 至 OP3 或 OP2 的转换中只需要对条件 3 这一个条件做出判断，这个条件中只有一个异步输入信号。这个新添的工作框使得在一个时钟周期内无法完成的判断操作可以在两个时钟周期内分别完成。

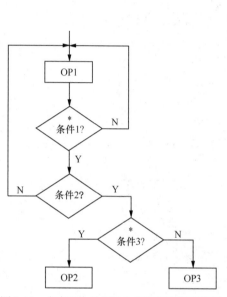

图 9-19　含有两个异步输入信号的逻辑流程图

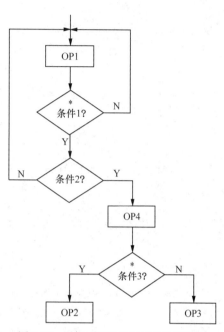

图 9-20　增加了新工作框的逻辑流程图

（7）系统正负逻辑和有效电平的约定。

在设计逻辑电路时必须根据需要确定系统采用的是正逻辑还是负逻辑，有效电平是高电平还是低电平。为了简化逻辑流程图，使之能更明确地描述系统的逻辑操作顺序和关系，现约定逻辑流程图表示的是正逻辑，"1" 为高电平，且为有效电平，"0" 为低电平，且为无效电平。这种约定与实际逻辑电路的逻辑关系或有效电平可能不一样，例如，实际逻辑可能为负逻辑，使某种操作有效的电平可能为低电平，但是，这种约定必不可少。其原因是，在描述逻辑关系时还未涉及器件，器件未定，有效电平也无法确定，先按最常用的高电平有效来约定便于作图，而正负逻辑的问题在逻辑电路设计时很容易处理，可按实际要求将正逻辑变为负逻辑。

4. 逻辑流程图转换为 ASM 图

图 9-21 所示为逻辑流程图与 ASM 图转换时的对应关系。ASM 图与硬件逻辑操作有较明确的对应关系，所以对 ASM 图中逻辑操作的含义必须有清楚的了解。

（1）多周期工作框转为 ASM 图。

如果逻辑流程图某一工作框中指明的所有逻辑操作均可在一个系统时钟周期内完成，则转换时一个工作框对应一个 ASM 状态块，如图 9-21 所示。但是，如果工作框中的操作需要多个系统时钟周期，则 ASM 图需要进一步处理。图 9-22（a）中工作框中的逻辑操作是做 8 次计数，则

ASM 图应如图 9-22（b）所示。

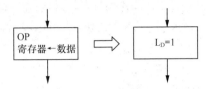

（a）逻辑流程图工作框转换为 ASM 图状态块

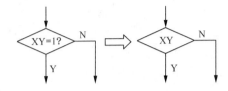

（b）逻辑流程图判断框转换为 ASM 图判断块

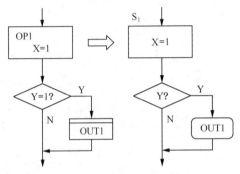

（c）逻辑流程图条件输出框转换为 ASM 图条件输出块

图 9-21　逻辑流程图转换为 ASM 图

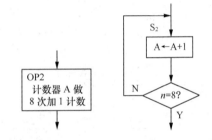

（a）逻辑流程图中的工作框（b）转换后的 ASM 图

图 9-22　含有多个操作步骤时 ASM 图的转换

（2）ASM 图中各种逻辑操作之间的时间关系。

现通过图 9-23 说明 ASM 图中各种逻辑操作之间的时间关系。图 9-23（a）中 ASM 图的逻辑操作可表述如下。第 1 个 CP 到来后进入 S_1 状态，计数器 A 清零，即 A 由 $Q_1Q_0=$ "10" 复位为 $Q_1Q_0=$ "00"。第 2 个 CP 到来后 S_1 无条件转入 S_2，本例中计数器 A 的输入信号也是系统时钟脉冲。由于 A 计数器的条件是在 S_2 状态下进行计数，故第 2 个 CP 的有效触发沿只引起 S_1 到 S_2 的转换，而不会使 A 计数。在第 3、4、5 个 CP 使 $Q_1Q_0=$ "11" 后，第 6 个 CP 到来时已满足一个次态转移条件，此时 G= "1"，故可转到 S_3 状态，J 只影响有无 H 信号输出，它不是状态转移的条件。条件输出信号 H=$S_2 \cdot Q_1Q_2 \cdot G \cdot J$，在此条件下 H= "1"，由于 J 信号脉冲宽度不是 CP 周期的整数倍，故 H 的脉宽也不是 CP 周期的整数倍，输出信号 X 的脉宽与 S_2 状态存在的时间相同。

上述分析有 4 点应引起注意：①ASM 图中的一个 ASM 状态块，即图 9-23（a）中虚线框内的 S_2 块所含的各种逻辑操作均在 S_2 存在的时段内完成；②对 S_2 状态下受控电路计数器 A 的计数起点时刻应认真分析，如果 A 的计数脉冲也用系统时钟，则 S_2 的建立与 A 的第 1 个计数操作不是同时的，如果 A 的计数脉冲采用其他信号，A 的计数操作也必须在 S_2 建立以后；③第 5 个 CP 以后，由 S_2 转为 S_3 的次状态条件均已满足，一旦第 6 个 CP 来到，立即由 S_2 转为 S_3，这说明 $Q_1Q_2=$ "11"，G= "1"，这两个转换条件的判断是一个系统时钟周期内完成的，而不是 2 个或 3 个系统时钟周期；④J= "1" 的判断不影响状态转换，它只对条件输出信号 H 有效，但是，$Q_1Q_0=$ "11" 的判断影响条件输出信号 Z，也影响状态转换。

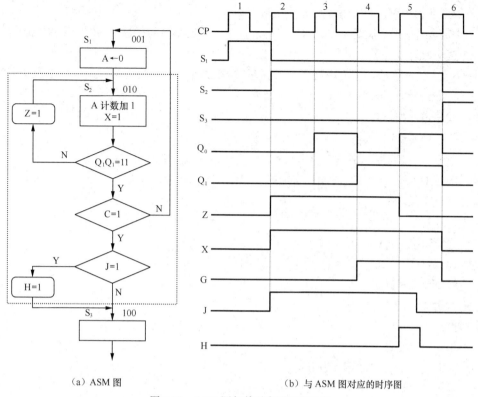

（a）ASM 图　　　　　　　　　（b）与 ASM 图对应的时序图

图 9-23　ASM 图与其时序图对应关系

9.2.3　小型数字系统设计举例

小型数字系统的设计步骤可总结如下。

（1）分析系统要求，形成设计思路，确定电路所要实现的功能。

（2）确定 ASM 图，为 ASM 图中的状态寄存器分配状态值。

（3）根据 ASM 图设计控制器，根据状态值及状态转移条件设计次态激励电路。

（4）根据 ASM 图设计数据处理器，建立数据处理器逻辑操作明细表。

（5）画出控制器和数据处理器，并把它们相对应的端点互连，加入时钟脉冲。

（6）实验并调测数字系统电路，使之满足功能要求。

例 9-1　在主干道和小道的十字交叉路口设置交通灯管理系统，管理车辆运行。如图 9-24 所示，小道路口设有传感器 C，当小道有车要求通行时，传感器输出 C="1"，否则 C="0"。主干道通车至少 16s。16s 后，若小道有车要求通行，即 C="1"，主干道绿灯灭，黄灯亮 3s，之后改为主干道红灯亮，小道绿灯亮。小道通车最长时间为 16s，在 16s 内，只要小道无车，即

图 9-24　路口交通灯示意图

C="0"，小道交通灯由绿灯亮变为黄灯亮，持续 3s 后变为红灯亮，主干道由红灯亮变为绿灯亮。

解：（1）系统指标分析。

交通灯管理系统的功能归纳如下。

① 小道上无车时，主干道绿灯亮，小道红灯亮。

② 小道上有车时，传感器输出 C="1"，且主干道通车时间超过 16s，主干道交通灯绿→黄→红，小道交通灯红→绿。

③ 小道上无车，或有车且小道通车时间超过 16s，则主干道交通灯红→绿，小道交通灯绿→黄→红。

输入变量定义如下。

小道传感信号 C：小道有车 C="1"，否则 C="0"。

定时信号 S：定时信号到 S="1"，否则 S="0"。

计时信号 E、F：16s 计时时间到 E="1"，4s 计时时间到 F="1"。

输出变量定义如下。

主干道绿灯亮，HG="1"。

主干道黄灯亮，HY="1"。

主干道红灯亮，HR="1"。

小道绿灯亮，FG="1"。

小道黄灯亮，FY="1"。

小道红灯亮，FR="1"。

（2）确定 ASM 图。

两个方向的控制信号共用 4 种状态。

T_0：主干道绿灯亮（HG="1"），小道红灯亮（FR="1"）。

T_1：主干道黄灯亮（HY="1"），小道红灯亮（FR="1"）。

T_2：主干道红灯亮（HR="1"），小道绿灯亮（FG="1"）。

T_3：主干道红灯亮（HR="1"），小道黄灯亮（FY="1"）。

画出系统初始结构图，如图 9-25 所示。画出 ASM 图，如图 9-26 所示。

需要说明的是，本例中没有详述 ASM 图的设计过程，这是因为确定 ASM 图是一个反复试凑的过程，难以尽述。

（3）控制器电路设计。

本例控制器中的状态寄存器采用一态一触发器结构，触发器采用 D 触发器。这种状态寄存器的

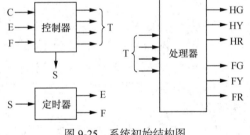

图 9-25　系统初始结构图

优点是，当状态数不多时，次态激励电路函数可依照 ASM 图直接写出，修改也较方便。从 ASM 图中可以看出，此系统共有 4 个状态：T_0（"0001"）、T_1（"0010"）、T_2（"0100"）、T_3（"1000"）。

根据 ASM 图可方便地写出 4 个 D 触发器的激励方程。

$$D_0 = T_0 \cdot (\overline{C} + \overline{E}) + T_3 \cdot F$$
$$D_1 = T_0 \cdot C \cdot E + T_1 \cdot \overline{F}$$
$$D_2 = T_1 \cdot F + T_2 \cdot \overline{E} \cdot C$$
$$D_3 = T_2 \cdot (E + \overline{C}) + T_3 \cdot \overline{F}$$

时序电路中，有些电路使用的触发器具有有效和无效两种状态，电路一旦进入无效状态，就失去了意义。在电源故障或干扰信号使电路进入无效状态后，电路会在无效状态下循环，其能否

自动回到有效状态成为关键。只有重新启动才能回到有效状态的电路叫不能自启动的电路，不用重新启动就能自动回到有效状态的电路叫自启动电路。

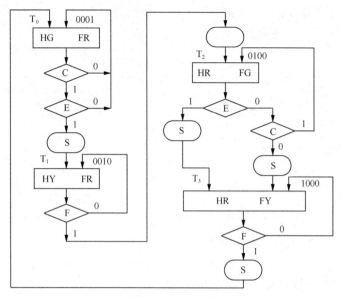

图 9-26 ASM 图

本例中有 4 个 D 触发器，一共 16 个状态，有效状态 4 个。刚打开电源时，触发器状态是随机的，如何保证开机时让触发器进入有效状态？在电路中加入控制器初始设置信号 K，接 Q_0 触发器置 "1" 端，接 Q_1、Q_2、Q_3 触发器置 "0" 端，使逻辑电路进入有效循环中的状态 "0001"。控制器的完整电路如图 9-27 所示。

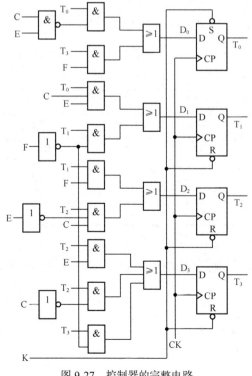

图 9-27 控制器的完整电路

（4）数据处理器设计。

根据 ASM 图可知，数据处理器包括定时信号 S 产生电路、计时 16s 及 4s 电路和红、黄、绿指示灯译码驱动电路 3 部分。交通灯数据处理器逻辑操作明细表如表 9-1 所示。

① 定时信号 S＝"1"产生电路。

表 9-1 交通灯数据处理器逻辑操作明细表

操作表		状态变量表	
控制信息	操 作	状态变量	定义
S	启动 4s	C、E	HG＝"1"，FR＝"1"
S	启动 16s	F	HY＝"1"，FR＝"1"
S	启动 4s	C、E	HR＝"1"，FG＝"1"
S	启动 16s	F	HR＝"1"，FY＝"1"

根据表 9-1 所示，S＝"1"的条件方程为

$$S = T_0 \cdot C \cdot E + T_1 \cdot F + T_2(E + \overline{C}) + T_3 \cdot F$$

根据 S 的表达式，可画出定时信号 S 的逻辑电路。

② 指示灯译码驱动电路。

指示灯译码驱动电路真值表如表 9-2 所示，可见指示灯驱动方程为

$$HG = T_0$$
$$HY = T_1$$
$$HR = T_2 + T_3$$
$$FG = T_2$$
$$FY = T_3$$
$$FR = T_0 + T_1$$

表 9-2 指示灯译码驱动电路真值表

状态	代 码					
	HG	HY	HR	FG	FY	FR
T_0	1	0	0	0	0	1
T_1	0	1	0	0	0	1
T_2	0	0	1	1	0	0
T_3	0	0	1	0	1	0

③ 定时电路。

由于 E 和 F 的计时长度分别为 16s 和 4s，因此，设计定时器时可采用 74161 集成电路。数据处理器电路如图 9-28 所示。

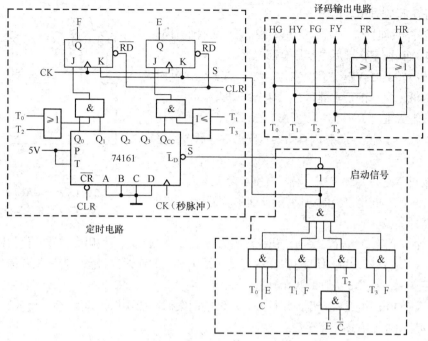

图 9-28 数据处理器电路

9.3 小型数字系统实验

一、实验目的

1. 学习和掌握将实际要求抽象为逻辑需求关系的方法。
2. 掌握将小型数字系统划分为控制器和数据处理器的方法。
3. 掌握依据 ASM 图设计小型数字系统的方法。
4. 掌握小型数字系统的调测方法。
5. 掌握可编程器件及其开发软件的使用方法。

二、预习要求

1. 复习 9.1 节和 9.2 节的内容。
2. 根据实验内容划分控制器和数据处理器。
3. 画出控制器的 ASM 图,并写出激励函数表达式。
4. 写出数据处理器表达式。
5. 画出总体电路图。

三、实验内容

用 ASM 图设计控制电路,不允许用试凑法实现。

1. 某公园有一处 4 种颜色的彩色艺术图案灯,它的艺术图案由 4 种颜色的灯顺序点亮构成,绿色灯亮 16s,红色灯亮 10s,蓝色灯亮 8s,黄色灯亮 5s,周而复始。试设计这种灯的控制系统。

2. 某汽车尾灯及其控制电路框图如图 9-29 所示,该汽车尾灯的控制要求如下。

（1）正常行驶时车灯均灭。

（2）按左转键时 ZZ= "1"，左尾灯 Z3、Z2、Z1 同时闪烁，每秒闪烁 1 次；按正常键后左尾灯全部熄灭。

（3）按右转键时 YZ= "1"，右尾灯 Y3、Y2、Y1 同时闪烁，每秒闪烁 1 次；按正常键后右尾灯全部熄灭。

（4）按告警键时 JC= "1"，左尾灯 Z3、Z2、Z1 和右尾灯 Y3、Y2、Y1 同时闪烁，每秒闪烁 1 次；按正常键后全部尾灯停止闪烁。

（5）按正常键后 ZC= "1"，左、右尾灯全部熄灭。

试设计该汽车的尾灯控制电路，设计前由教师指定所用的实验箱和器件类型。

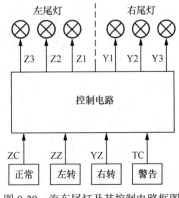

图 9-29　汽车尾灯及其控制电路框图

3. 设计一个 8 位串行数字锁，开锁代码为 8 位二进制数。当代码的位数和位值同锁内给定密码一致，锁被打开，开锁指示灯点亮；否则，系统进入"错误"状态，发出报警信号。要求锁内密码是可调的，且预置方便，保密性好。

4. 由 8 个 LED 组成的彩灯一字排开，彩灯的图案循环变换步骤如下。

（1）彩灯由左至右逐个亮至最后全亮。

（2）彩灯由右至左逐个灭至最后全灭。

（3）彩灯由右至左逐个亮至最后全亮。

（4）彩灯由左至右逐个灭至最后全灭。

（5）8 个彩灯全亮。

（6）8 个彩灯全灭。

（7）8 个彩灯全亮。

（8）8 个彩灯全灭。

按以上要求设计彩灯控制系统。

四、实验提示

1. 将实际要求抽象为逻辑需求关系。

这是系统设计中最难的一环，目前没有规范的方法，只能靠反复修改来达到目的。

2. 将总体的逻辑需求划分为控制逻辑和数据处理逻辑两大部分。

（1）两类电路的划分结果不是唯一的，应以控制电路尽量简单为划分前提。

（2）划分结果不同，逻辑流程图和 ASM 图不同。

3. 根据总的逻辑需求明确控制电路和数据处理电路之间的信号关系。

（1）分析控制器有哪些输入和输出信号。

（2）分析数据处理器有哪些输入和输出信号。

（3）分析所有信号的因果关系和处理流程。

（4）画出逻辑流程图。

4. 将逻辑流程图转换为 ASM 图。

5. 根据 ASM 图设计控制器电路。

（1）选择状态寄存电路形式，建议用一态一 D 触发器的设计方案。

（2）为状态寄存器分配进程状态。

（3）根据 ASM 图中各个状态块之间的判断条件，设计次态激励电路。

（4）根据 ASM 图的输出信号和条件输出信号设计输出电路。

6．设计数据处理器电路。

（1）根据控制器所需的输入信号设计数据处理电路。

（2）根据控制器输出信号对数据处理的控制关系设计数据处理器电路。

五、实验报告要求

1．设计 ASM 图，画出完整的电路设计图，要有详细的设计过程分析。

2．写出单元电路的测试方法，记录测试结果。

3．对实验过程进行总结，分析成功或失败的原因，写出自己的体会。

六、思考题

1．什么是数字系统的 ASM 图？它与一般的算法流程图有什么不同？ASM 块的时序意义是什么？

2．控制电路采用一态一 D 触发器的设计方案，该电路没有自启动特性，如何设计开机时刻的启动电路？

附录 A　DGDZ‑5 型电工电子综合实验箱使用说明

1. 实验箱电源

1.1 交流 220V/50Hz 输入,由实验箱内部开关电源产生 ± 12V 直流电源,电源插座在实验箱后部,电源开关在插座旁,实验结束后电源线请勿拔下。

1.2 实验箱电源由电源接线柱输入:单电源使用时在 "+12V" 和 "GND" 之间加 +12V,双电源使用时在 "+12V" "GND" 和 "-12V" 之间加 ±12V。

1.3 以上两种电源输入方式可以任选。

1.4 实验箱上标注 "+5V" 的插孔已经和电源 "+5V" 连接,标注 "GND" 或 "地" 的插孔已经和电源 "GND" 连接。

1.5 每个子模块的上端两个接线柱和电源 "+5V" 连接,下端两个接线柱和 "地" 连接。

2. 数字电路信号源

2.1 信号源使用前必须按下信号源模块左上角的电源开关,电源指示灯亮。

2.2 信号源模块可以产生以下信号:6 路时钟信号,频率分别为 1MHz、16kHz、8kHz、4kHz、2kHz 和 1Hz;8 路逻辑电平输出,LED 指示;2 路正负单脉冲输出,脉冲宽度大于 100ms。

3. 直流信号源

实验箱电源模块包含一个 -5V ～ +5V 的直流可调信号源,输出信号电压值通过多圈电位器调整。

4. 显示模块

4.1 显示模块使用前必须按下显示模块左上角的电源开关,电源指示灯亮。

4.2 6 位动态显示数码管为共阴数码管,实验箱内部已加显示译码电路和驱动电路,数据信号 DCBA 高电平有效,位选信号 W1～W6 低电平有效,数码管从左到右依次为 W1～W6。

4.3 提供 8 个大型贴片 LED 的逻辑电平指示,有红、绿、黄三种颜色,高电平 LED 点亮。

5. 分立元件

5.1 实验箱上分立元件模块含 1k、47k 和 100k 三个多圈电位器,功率 1W;20Ω、100Ω 和 1kΩ 三个电阻,功率 1W;5.6MH、10MH 和 22MH 三个电感;0.1μF 和 1μF 两个电容。

5.2 分立元件接线区最右一列为大插孔,用于插 LED 和稳压管等管脚较粗元件。

6. 可编程器件 XC3S50AN TQG144 实验板

6.1 该模块在实验箱上使用时必须按下模块左上角的电源开关,电源指示灯亮,20 脚和 40 脚不需再接电源。单独使用该模块时 20 脚插针必须接 "地",40 脚插针必须接电源 "+5V",否则无法下载使用。

6.2　下载用 USB 接口在实验箱后部，下载器安装在实验箱内部。

6.3　该模块提供 12MHz 晶振信号，由 XC3S50AN 集成电路 57 脚输入。

Xilinx XC3S50AN TQG144 集成电路管脚与实验箱插座对应关系表

实验箱插座	40	晶振	38	37	36	35	34	33	32	31	30	29	28	27	26	25	24	23	22	21
XC3S50AN	V_{CC}	57	32	31	30	29	28	27	21	20	19	15	13	12	10	7	6	5	4	3
									25											
XC3S50AN	76	77	78	79	90	91	92	93	102	103	104	105	110	111	113	114	124	125	126	GND
实验箱插座	1	2	3	4	5	6	7	8	9	10	11	12	13	14	15	16	17	18	19	20

注：XC3S50AN TQG144 集成电路 124 脚为 GCLK4、125 脚为 GCLK5、126 脚为 GCLK6。

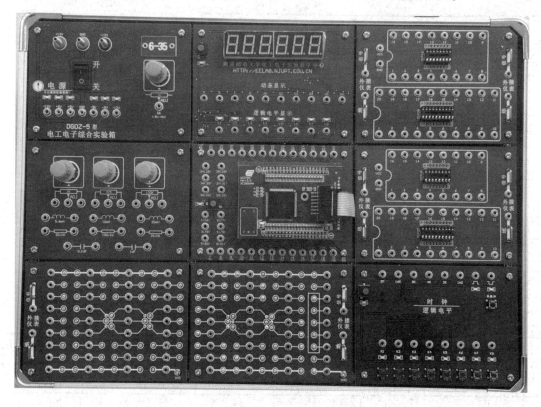

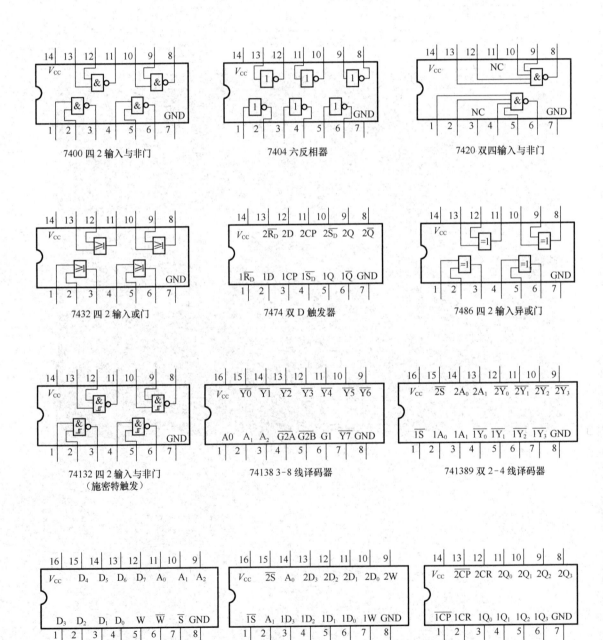

7400 四 2 输入与非门

7404 六反相器

7420 双四输入与非门

7432 四 2 输入或门

7474 双 D 触发器

7486 四 2 输入异或门

74132 四 2 输入与非门
（施密特触发）

74138 3-8 线译码器

741389 双 2-4 线译码器

74151 8 选 1 数据选择器

74153 双 4 选 1 数据选择器

74393 双 4 位二进制计数器

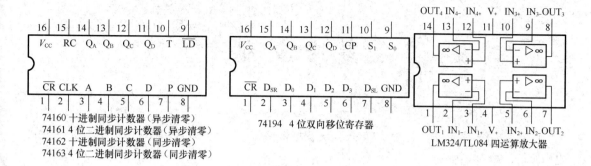

74160 十进制同步计数器（异步清零）
74161 4 位二进制同步计数器（异步清零）
74162 十进制同步计数器（同步清零）
74163 4 位二进制同步计数器（同步清零）

74194 4 位双向移位寄存器

LM324/TL084 四运算放大器

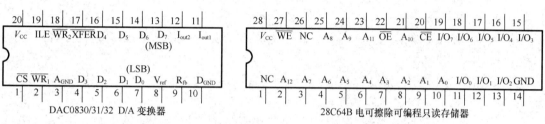

DAC0830/31/32 D/A 变换器

28C64B 电可擦除可编程只读存储器

集成电路功能表请查阅《电工电子实验手册》。

参 考 文 献

[1] 王杰，王诚，谢龙汉. Xilinx FPGA / CPLD 设计手册[M]. 北京：人民邮电出版社，2011.

[2] 王春平，张晓华，赵翔. Xilinx 可编程逻辑器件设计与开发：基础篇[M]. 北京：人民邮电出版社，2011.

[3] 田耘，徐文波. Xilinx FPGA 开发实用教程[M]. 北京：清华大学出版社，2008.

[4] 马克斯菲尔德. FPGA 权威指南[M]. 杜生海，译. 北京：人民邮电出版社，2012.

[5] 马克斯菲尔德. FPGA 设计指南：器件、工具和流程[M]. 杜生海，邢闻，译. 北京：人民邮电出版社，2007.

[6] 科弗，哈丁. FPGA 快速系统原型设计权威指南[M]. 吴厚航，姚琪，杨碧波，译. 北京：机械工业出版社，2014.

[7] 成谢锋，孙科学，张学军. 现代电子设计技术与综合应用[M]. 北京：人民邮电出版社，2011.

[8] 邓元庆，关宇，贾鹏，等. 数字设计基础与应用[M]. 2 版. 北京：清华大学出版社，2010.

[9] 马彧. 数字电路与系统实验教程[M]. 北京：北京邮电大学出版社，2008.

[10] 张纪成. 电路与电子技术：下册 数字电子技术[M]. 北京：电子工业出版社，2008.

[11] 刘宝琴，罗嵘，王德生. 数字电路与系统[M]. 北京：清华大学出版，2007.

[12] 万玉秀，李家虎，张学军，等. 电工电子基础实验[M]. 南京：东南大学出版社，2006.

[13] 张豫滇，谢劲草. 电子电路设计与实验技术[M]. 南京：河海大学出版社，2002.

[14] 许文龙，李家虎. 电工电子实验技术[M]. 南京：河海大学出版社，2008.

[15] 李锡华，施红军，李慧忠. 电子电路基础实验教程[M]. 北京：科学出版社，2012.

[16] 和平. 电路电子技术实验及设计教程[M]. 北京：清华大学出版社，2011.

[17] 高文焕，张尊侨，徐振英. 电子电路实验[M]. 北京：清华大学出版社，2008.

[18] 孙肖子，张启明. 模拟电子技术基础[M]. 西安：西安电子科技大学出版社，2001.

[19] 康华光. 电子技术基础：模拟部分[M]. 4 版. 北京：高等教育出版社，1999.

[20] 康华光. 电子技术基础：数字部分[M]. 5 版. 北京：高等教育出版社，2006.

[21] 许文龙. 电路信号与系统实验[M]. 南京：河海大学出版社，2002.

[22] 成谢锋，周井泉. 电路与模拟电子技术基础[M]. 北京：科学出版社，2012.

[23] 王延才. Multisim 11 电子电路仿真软件与设计[M]. 北京：机械工业出版社，2012.

[24] 聂典，李北雁. 基于 NI Multisim 11 的 PLD/PIC/PLC 的仿真设计[M]. 北京：电子工业出版社，2011.

[25] 陈尚松，郭庆，黄新. 电子测量与仪表[M]. 3 版. 北京：电子工业出版社，2012.

[26] 赵会兵，朱云. 电子测量技术[M]. 北京：高等教育出版社，2011.

[27] 汤琳宝. 电子技术实验教程[M]. 北京：清华大学出版社，2008.

[28] 孙肖子. 电子设计指南[M]. 北京：高等教育出版社，2006.

[29] 巨辉，周蓉. 电路分析基础[M]. 北京：高等教育出版社，2012.